L 频段数字航空通信系统干扰抑制方法与性能

Interference Mitigation Methods and Performance for L-DACS1 System

刘海涛　张学军　李冬霞　王　磊　著

科学出版社
北　京

内 容 简 介

L 频段数字航空通信系统 1（L-DACS1）是民航未来沿陆地航路部署的空地蜂窝通信系统，该系统为陆地航路、终端区及机场等区域飞行的航空器提供空中交通管制，以及为航空公司运行控制业务提供数据与话音通信服务。本书围绕测距仪（DME）干扰 L-DACS1 系统正交频分复用（OFDM）接收机的关键技术问题，介绍了 4 类测距仪干扰抑制方法，并定量分析了非线性干扰抑制法对 OFDM 系统链路传输可靠性的影响。

全书 11 章分为 3 个部分。第 1 部分由第 1～3 章组成，主要介绍了 L-DACS1 系统基本概念、DME 干扰 L-DACS1 系统 OFDM 接收机问题的来源及该领域国内外研究现状；第 2 部分由第 4～8 章组成，该部分主要介绍 OFDM 接收机 DME 干扰抑制方法，主要包括非线性干扰抑制法、压缩感知信号重构干扰抑制法、阵列天线空域滤波法及脉冲熄灭子载波间干扰补偿法；第 3 部分由第 9～11 章组成，主要介绍了脉冲熄灭法对 OFDM 系统链路传输性能的影响。

本书结构完整、逻辑严谨、叙述简明，可作为高等学校航空通信专业本科生及研究生的参考书，也可作为航空通信及航空电子领域科技工作者的参考读物。

图书在版编目（CIP）数据

L 频段数字航空通信系统干扰抑制方法与性能/刘海涛等著. —北京：科学出版社，2018.5

ISBN 978-7-03-055760-5

Ⅰ. ①L… Ⅱ. ①刘… Ⅲ. ①航空通信－数字通信系统－通信干扰－研究 Ⅳ. ①V243.1

中国版本图书馆 CIP 数据核字（2017）第 298633 号

责任编辑：赵丽欣　常晓敏／责任校对：马英菊
责任印制：吕春珉／封面设计：耕者设计工作室

科学出版社 出版
北京东黄城根北街 16 号
邮政编码：100717
http://www.sciencep.com

北京中科印刷有限公司印刷
科学出版社发行　各地新华书店经销
*
2018 年 5 月第一版　开本：787×1092 1/16
2018 年 5 月第一次印刷　印张：13
字数：290 000

定价：98.00 元

（如有印装质量问题，我社负责调换〈中科〉）
销售部电话 010-62136230　编辑部电话 010-62134021

前　言

L 频段数字航空通信系统 1（L-band digital aeronautical communication system 1，L-DACS1）是一个民航未来沿陆地航路部署的空地蜂窝通信系统，该系统主要为陆地航路、终端区及机场飞行的航空器提供空中交通管制，以及为航空公司运行控制等业务提供数据与话音通信服务。L-DACS1 系统是民航新一代空中交通管理系统的重要通信基础设施。为解决 L-DACS1 系统频率资源匮乏的问题，国际民航组织（International Civil Aviation Organization，ICAO）建议，L-DACS1 系统未来部署在航空无线电导航频段的测距仪（distance measure equipment，DME）波道间，由于 DME 与 L-DACS1 信号的频谱存在部分重叠，因此不可避免产生 DME 信号干扰 L-DACS1 系统正交频分复用（orthogonal frequency-division multiplexing，OFDM）接收机的问题。相关研究表明：如果 L-DACS1 系统 OFDM 接收机不采取干扰抑制措施，L-DACS1 系统链路传输的可靠性将显著恶化，无法满足新一代空中交通管理系统高速、大容量、可靠空地数据通信的需求。因此，针对 DME 干扰 L-DACS1 系统 OFDM 接收机的关键技术问题，开展 OFDM 接收机 DME 干扰抑制的研究具有重要意义，本书是作者六年来在该领域持续研究的一个总结。全书共 11 章：

第 1 章首先介绍航空移动通信的基础知识，并概要介绍民航典型的航空移动通信系统，包括甚高频话音通信系统、高频话音通信系统、飞机通信寻址与报告系统、甚高频数据链系统及航空移动卫星通信系统；随后阐述民航航空移动通信系统的未来发展趋势及 L-DACS1 系统存在的 DME 脉冲干扰问题；最后，对 L-DACS1 系统 OFDM 接收机干扰抑制问题的国内外研究现状进行综述。

第 2 章首先介绍 L-DACS1 系统的基础知识；其次介绍 L-DACS1 系统物理层参数及物理层帧结构；随后叙述 L-DACS1 系统物理层编码与调制的过程；最后对 L-DACS1 系统物理层提供的服务进行总结。

第 3 章首先介绍 DME 系统无线电脉冲测距的工作原理；然后理论分析给出 DME 信号带外泄漏功率的计算方法；随后，在典型干扰场景下，通过链路预算给出 L-DACS1 系统机载接收机输入信干比；最后，构建 L-DACS1 系统 DME 干扰抑制仿真平台，仿真验证 DME 对 L-DACS1 系统链路差错性能的影响。

第 4 章围绕 OFDM 接收机非线性干扰抑制方法，重点介绍脉冲熄灭法、脉冲限幅方法、联合脉冲熄灭与限幅法的工作原理，并构建仿真平台，仿真比较以上三种非线性脉冲干扰抑制方法的性能。

针对 OFDM 接收机脉冲熄灭干扰抑制方法产生的子载波间干扰恶化 OFDM 系统链路传输可靠性的问题，第 5 章介绍两种子载波间干扰补偿方法：硬判决反馈迭代子载波间干扰抑制方法及软符号重构迭代子载波间干扰补偿方法；最后构建 L-DACS1 系统 DME 干扰抑制仿真平台，仿真比较以上两种子载波间干扰补偿方法的性能。

第 6 章针对 DME 信号干扰 L-DACS1 系统 OFDM 接收机，显著恶化 L-DACS1 系统链路传输可靠性的问题，提出了基于联合压缩感知信号重构与残留 DME 信号白化的抑制方法，最后构建联合压缩感知信号重构及残留 DME 信号白化的仿真平台，仿真比较了所提出干扰抑制方法的性能。

针对 DME 干扰恶化 L-DACS1 系统 OFDM 接收机链路传输可靠性的问题，第 7 章开展了基于阵列天线空域滤波的 DME 干扰抑制方法研究，共提出三种空域滤波方法：联合 DOA 估计与主波束形成的干扰抑制方法、联合正交投影与盲波束形成的干扰抑制方法及联合正交投影与 CLEAN 的干扰抑制方法，最后构建基于空域滤波的 L-DACS1 系统干扰抑制仿真平台，仿真验证了所提出方法的性能。

第 8 章为解决频率选择性衰落信道下脉冲熄灭 OFDM 接收机最佳熄灭门限的设置问题，提出了基于解调器输出信噪比最大准则的门限设置方法，并仿真验证了所提出方法的正确性与有效性。

为定量给出频率选择性衰落信道下脉冲熄灭 OFDM 接收机的链路差错性能，第 9 章通过理论分析给出了理想脉冲熄灭 OFDM 接收机的符号差错概率计算公式，并进一步分析给出了基于最大比值合并的理想脉冲熄灭 OFDM 接收机的符号差错概率计算公式，最后构建仿真平台仿真验证了理论分析结果的正确性。

采用与第 9 章相同的研究方法，第 10 章将第 9 章的研究成果进一步推广到峰值脉冲熄灭 OFDM 系统，得到了频率选择性衰落信道下峰值脉冲熄灭 OFDM 系统的链路差错性能计算公式。

为定量给出脉冲熄灭方法对 OFDM 系统信道容量的影响，第 11 章通过分析给出理想脉冲熄灭、峰值脉冲熄灭及任意脉冲熄灭 OFDM 系统的信道容量计算公式，并仿真比较不同方法对 OFDM 系统信道容量的影响。

本书是项目组近六年研究成果的结晶，是 L-DACS1 系统 DME 干扰抑制研究工作的一个总结，本书的撰写得到了国家自然科学基金项目 U1233117、U1733120 及 U1633108 的资助，同时也得到了国家重点研发计划项目 2016YFB0502402 的资助，在此作者对国家自然科学基金委员会及科技部的支持表示衷心的感谢。

本书由刘海涛、张学军、李冬霞及王磊共同撰写。其中，刘海涛撰写了第 1 章、第 3 章、第 7～10 章，张学军撰写了第 2 章、第 4 章及第 6 章，王磊撰写了第 5 章，李冬霞撰写了第 11 章。在本书的撰写过程中，作者还得到实验室历届研究生的帮助，他们是成玮、张智美、崔颜敏、刘亚洲、尹志胜、李思、张慧敏、丛婉、曾伟忠、赵文强、陈仟及刘国庆，作者在此表示感谢！限于作者的水平，书中不当之处在所难免，敬请读者批评指正。

目　录

第1章　航空移动通信系统

1.1　民航典型航空移动通信系统

航空移动业务定义为[1]：飞行员与地面管制人员、飞行员与航空公司调度员之间或飞行员与飞行员之间的无线电通信业务。承载航空移动业务的电信系统称为航空移动通信系统。民航典型航空移动通信系统包括甚高频（very high frequency，VHF）话音通信系统、高频（high frequency，HF）话音通信系统、飞机通信寻址与报告系统（aircraft communications addressing and reporting system，ACARS）、甚高频数据链系统（very high frequency digital link，VDL）、航空移动卫星通信系统（aeronautical mobile satellite system，AMSS）。按照国际民航组织（ICAO）的规定[1]，航空移动通信系统主要提供四种类型的通信服务：空中交通服务（air traffic service，ATS）、航空运行控制（aeronautical operational control，AOC）、航空行政管理（airline administrative control，AAC）及航空旅客通信（airline passenger communication，APC）。

空中交通服务通信是指与空中交通服务有关的通信，此类通信通常与飞行安全、航班正常运行密切相关。通信内容包括管制指令、航行情报、气象信息、位置报告等。通信可能发生在飞行员与地面空中交通管制（air traffic control，ATC）服务人员之间，如管制指令的发布；也可能在不同的地面空中交通服务人员之间进行，如管制中心之间进行管制移交。航空运行控制通信是飞行过程中航空公司运行控制中心工作人员与航空器机组之间的通信，通信的主要目的是保障飞行的安全和航班正常运行，提高运行效率。航空运行控制通信的内容比较丰富，包括航班计划、航班执行情况、航空器状态监视等，其中部分信息与飞行安全相关。航空行政管理通信通常是航空运输企业有关航班运营和运输服务方面的商务信息，如运输服务预定、飞机与机组安排或其他后勤保障类的信息，通信的目的是提高运营的效率。航空旅客通信指乘客或机组成员出于个人目的的话音通信和数据通信，这类通信与飞行安全无关。

1.1.1　甚高频话音通信系统

甚高频话音通信系统主要利用甚高频无线电视距传播的特性来提供航空器电台与地面电台间的话音通信。航空甚高频话音通信系统主要用于空中交通管制部门、航空公司运行控制部门与飞行员之间的话音通信服务。根据《国际民用航空公约》附件10《航空电信》第3卷关于地空移动通信业务的规定[1]，民航甚高频话音通信系统调制方式为双边带调幅（amplitude modulation，AM），工作频段为118～136.975MHz，信道间隔为25kHz。1995年《国际民用航空公约》附件10修订版进一步规定在航空繁忙区域可使用8.33kHz的信道间隔。

相对于高频话音通信系统，甚高频话音通信具有信号质量稳定、话音清晰等优点，单个甚高频地面站的通信覆盖范围达 350km，因此甚高频话音通信系统非常适合机场、终端区及航路飞行阶段飞行员与管制员间的话音通信服务。目前甚高频话音通信系统是使用最广泛的航空移动通信系统。

1.1.2　高频话音通信系统

高频话音通信系统主要利用高频无线电波通过电离层反射来实现远距离航空器电台与地面电台间的话音通信。高频话音通信系统主要用于空中交通管制部门、航空公司航务管理部门与飞行员之间的话音通信服务。根据《国际民用航空公约》附件 10《航空电信》的规定[1]，民航高频话音通信系统的调制方式为单边带（single side band，SSB）调制，发射边带为上边带，工作频段为 2.8～22MHz。

相对于甚高频话音通信系统，高频话音通信系统存在以下几个方面的缺陷：①电离层的传播特性随昼夜及季节的变化而改变，导致接收信号不稳定；②高频信道容易受太阳黑子活动的影响，导致接收信号强度产生扰动；③高频信道中存在多径传播的现象，导致接收信号的强度快速变化；④高频频带较窄，接收机容易受到同频及邻台的干扰。总之，相对于甚高频话音通信系统及航空移动卫星通信系统，高频话音通信系统的通信质量较差。

目前，高频话音通信系统主要用于越洋飞行及偏远地区等甚高频话音通信系统无法覆盖区域的航路飞行通信，而在陆地甚高频话音通信系统已覆盖区域，高频话音通信系统则主要作为甚高频话音通信系统的备份系统。

1.1.3　飞机通信寻址与报告系统

飞机通信寻址与报告系统[2]（ACARS）是 20 世纪 70 年代美国航空无线电通信公司（aeronautical radio incorporated，ARINC）开发的一种在航空器和地面站之间通过甚高频无线电传输短消息的空地数据链通信系统。ACARS 的工作频段为民航甚高频通信频段，采用半双工方式工作，传输带宽为 25kHz，调制方式为最小移频键控（minimum shift keying，MSK），比特传输速率为 2400bit/s，媒体存取访问采用非坚持-载波侦听多路访问协议，数据链路层差错控制采用“停-等”协议。

ACARS 广泛应用于航空公司运行控制通信领域，典型应用包括舱单上传、飞机位置报告、飞行计划变更报告及气象信息传输等。目前 ACARS 也开始应用于空中交通管制服务领域，典型应用包括数字化起飞放行服务（digital pre-departure clearance，D-PDC）、数字化终端区信息服务（digital automatic terminal information service，D-ATIS）、航路气象信息服务（digital broadcast meteorological information，D-VOLMET）、管制员飞行员数据链通信（controller pilot data link communication，CPDLC）与合同式自动相关监视服务（automatic dependent surveillance-contract，ADS-C）。

相对于甚高频话音通信系统，ACARS 数据链系统具有以下几个方面的优势：①提高了空地之间数据传输的准确性和快速性；②方便实现数据的共享，提高了航空公司的管理效率；③提高了空地数据传输的实时性，降低航空公司的运营成本。

1.1.4　甚高频数据链系统

尽管 ACARS 在航空公司运行控制通信领域获得广泛应用，但 ACARS 仍存在某些先天不足和缺陷，如数据传输速率低、不支持实时业务、无优先权功能、存在共信道干扰及保密性差等。为克服 ACARS 存在的以上缺陷，1997 年 ICAO 组织制定了四个甚高频数据链技术标准[2]：甚高频数据链模式 1（VDL Mode 1）、甚高频数据链模式 2（VDL Mode 2）、甚高频数据链模式 3（VDL Mode 3）及甚高频数据链模式 4（VDL Mode 4）。经过 20 年的发展，目前甚高频数据链模式 2 系统标准获得国内外业界的广泛认可。

甚高频数据链模式 2 系统工作频段为民航甚高频频段，传输带宽为 25kHz，调制方式为 D8PSK、码元速率为 10 500Bd，信息速率为 31.5kbit/s，媒体存取访问采用了非自适应 p-持续的载波侦听多路访问（p-CSMA），数据链路层采用了航空甚高频链路控制（aviation VHF link control，AVLC）协议，空地链路间采用交换虚电路连接方式，数据链可提供航空电信子网服务，数据分组的比特差错率达到 10^{-6}，系统可用性达到 99.9%。甚高频数据链模式 2 系统主要作为 ACARS 升级换代的空地通信的技术手段，其应用的领域与 ACARS 完全相同。

1.1.5　航空移动卫星通信系统

随着卫星通信技术的发展，20 世纪 90 年代卫星通信也逐渐应用于民用航空通信领域。航空移动卫星通信系统主要由机载卫星地球站、卫星转发器（中继卫星）及地面地球站三个部分组成。典型的航空移动卫星通信系统包括国际移动卫星组织（International Mobile Satellite Organization，INMSART）及铱星通信系统（Iridium Satellite Communication System，IRIDIUM）等。利用卫星通信链路，飞行员可实现与空中交通管制部门、航空公司航务管理部门的双向话音通信，此外卫星通信系统也可为航空旅客与地面人员间提供双向话音通信服务。

相对于其他空地通信手段，航空移动卫星通信系统具有技术先进、通信覆盖范围广（除南北极地区）、通信距离远、话音质量好的优点，但卫星通信系统也存在机载卫星通信终端设备昂贵、单位时间通话成本高等缺点。目前航空移动卫星通信系统主要用于航空公司跨洋飞行过程中的航务管理通信及航空旅客通信。

1.2　民航宽带航空数据链系统

1.2.1　L 频段数字航空通信系统简介

进入 21 世纪，全球民用航空运输业的飞速发展给民航空中交通管理系统带来巨大挑战，据研究预测[3,4]：未来 15～20 年，欧洲各国、美国及亚洲各国空中交通繁忙区域航空器的数量将达到空中交通管理系统容量的极限。为应对全球民用航空运输业飞速发展带来的挑战，2005—2006 年在 ICAO 的协调下欧洲各国与美国相续启动了“SESAR[5]”与“NextGen[6]”研究计划。这些计划的共同目标：研究新一代空中交通管理系统，保障民用航空器安全、可靠、高效的飞行。

新一代空中交通管理系统对民航未来航空移动通信系统提出更高的要求，为寻找未来航空移动通信的解决方案，2007 年 ICAO 启动了“未来通信研究”研究计划[7]。该计划的研究结果[8]：未来航空移动通信系统主要依赖三种通信技术手段：①L 频段数字航空通信系统[9]（L-Band digital aeronautical communication system，L-DACS）；②航空移动机场通信系统[10]（aeronautical mobile airport communication system，AeroMACS）；③新一代航空移动卫星通信系统[11]。以上三种航空通信系统将构成新一代空中交通管理系统的通信基础设施。

L-DACS[12]是未来民航沿陆地航路部署的空-地蜂窝通信系统，该系统为陆地航路、终端区及机场区域飞行的航空器提供空中交通管制，以及为航空公司运行控制业务提供数据与语音通信服务。目前，L-DACS 有两种候选的技术方案：L-DACS1[13]与 L-DACS2[14]。L-DACS1 采用多载波 OFDM 传输体制，L-DACS2 采用单载波高斯最小频移键控（gaussian filtered minimum shift keying，GMSK）传输体制。两种技术方案比较表明[15-17]，L-DACS1 具有以下几个方面的优势：频谱效率高、传输容量大、系统吞吐量高，多载波传输体制更适合航空移动信道，系统同时支持话音与数据业务，系统扩展后可支持航空导航与非合作监视。鉴于以上优势，L-DACS1 获得航空制造界与学术界的广泛关注，该系统被视为民航未来航空数据链系统的重要技术手段。

1.2.2　L 频段数字航空通信系统 DME 干扰抑制

为推动 L-DACS 的研究、开发与标准化，2007 年世界无线电大会 417 号决议批准了 ICAO 提出的将 L-DACS 系统部署于航空无线电导航 L 频段的建议[18]，其中，L-DACS1 系统以内嵌方式部署在 L 频段 DME 的波道间。航空无线电导航频段原主要分配给无线电导航设备使用，该频段的主要设备是 DME 系统。DME 系统带宽 0.5MHz，波道间隔 1.0MHz，根据 ICAO 的建议，L-DACS1 系统将部署在 DME 系统的波道中央，占用带宽 0.5MHz。由于 DME 与 OFDM 信号频谱存在部分交叠，且 DME 系统发射功率较高，因此不可避免地产生 DME 信号干扰 L-DACS1 系统 OFDM 接收机的问题[19]。

根据德国宇航研究中心（German Aerospace Center，德文简称 DLR）的相关研究[19,20]：DME 对 L-DACS1 系统 OFDM 接收机的干扰呈现以下特点：①干扰强度大，典型干扰场景下 OFDM 接收机解调器输入信干比（signal to interference ratio，SIR）达 −3.8dB；②干扰密集，典型干扰场景下单个 OFDM 符号传输时间内，OFDM 接收机被单个 DME 脉冲干扰的概率为 88%；③干扰持续时间长，由于 DME 台站沿陆地航路部署，航空器在沿航路飞行过程中会持续收到 DME 的干扰信号。此外，DLR 的研究结果还表明[21]：如果 L-DACS1 系统 OFDM 接收机不采取干扰抑制措施，L-DACS1 系统空地链路传输可靠性将显著恶化，从而无法满足新一代空中交通管理系统高速、大容量、可靠空地数据通信的需求。因此，针对 DME 信号干扰显著恶化 L-DACS1 系统 OFDM 接收机的关键问题，开展 OFDM 接收机脉冲干扰抑制与信号解调技术的研究具有重要意义。

1.2.3　国内外研究现状

DME 信号干扰 L-DACS1 系统 OFDM 接收机的本质原因：由于 L-DACS1 系统以内嵌方式部署在 DME 系统波道的中央，造成 OFDM 与 DME 信号频谱存在部分交叠，而 OFDM 接收机射频、中频及基带抗混叠滤波器无法完全消除邻道 DME 信号的干扰，造成 OFDM 解调器输入信号包含高强度的 DME 信号分量，最终造成 OFDM 接收机链路可靠性显著下降。

L-DACS1 系统 OFDM 接收机 DME 信号抑制的科学问题：如何充分利用 DME 与 OFDM 信号在时域、频域、空域特性的差异，基于统计信号处理方法消除 DME 信号的干扰，提高 L-DACS1 系统 OFDM 接收机的可靠性。

1. 国外研究状况

针对 DME 信号干扰 L-DACS1 系统 OFDM 接收机的问题，DLR 组成了以 M. Schell 为核心的研究团队。近年来，该研究团队开展了以下五个方面的研究：①DME 干扰信号的建模[22]；②DME 干扰对 OFDM 接收机链路传输可靠性影响的评估[22]；③利用 DME 信号呈现为脉冲干扰的特性，提出了脉冲熄灭干扰抑制方法[23]；④为克服脉冲熄灭导致 OFDM 接收机产生子载波间干扰（inter carrier interference，ICI）的问题，提出脉冲熄灭 ICI 干扰补偿方法[24,25]；⑤针对脉冲熄灭门限设置困难的问题，提出了自适应脉冲熄灭门限设置方法[26]。此外，新加坡南洋理工大学的研究人员也提出一种基于判决反馈脉冲噪声估计的 DME 干扰抑制方法[27]。

DLR 团队的学术思想：①利用 DME 信号在时域呈现为脉冲干扰的特点，基于脉冲熄灭方法消除 DME 干扰；②针对脉冲熄灭产生的 ICI 干扰，利用迭代干扰补偿方法进一步消除 ICI 干扰。所提出的方法应用于实际系统时，存在以下几个方面的问题：①脉冲熄灭将导致 OFDM 信号产生 ICI，而 ICI 干扰仍将恶化 OFDM 接收机的可靠性；②ICI 干扰补偿法要求精确知晓各个子信道的衰落信息，而在干扰环境下各个子信道衰落信息的精确获得本身就非常困难。

2. 国内研究状况

围绕 DME 信号干扰 L-DACS1 系统 OFDM 接收机的问题，国内相关研究主要由北京航空航天大学与中国民航大学联合开展，主要研究内容包括：①利用 DME 信号在时域呈现为脉冲干扰且稀疏的特性，提出压缩感知 DME 信号重构，然后进行干扰消除的方法[28,29]；②利用 DME 与 OFDM 信号在小波域特性的差异，提出基于小波变换 DME 信号重构与干扰消除的方法[30]；③利用 DME 与 OFDM 信号空域波达方向不同的特性，提出基于阵列天线空域滤波的 DME 信号干扰抑制方法 [31-33]；④定量分析给出脉冲熄灭法对 OFDM 接收机链路差错性能的影响[34-37]。此外，重庆大学曾孝平教授也提出了基于高阶统计量的 DME 脉冲干扰抑制方法[38]。

以上研究存在的不足：①压缩感知干扰消除后的信号存在残留干扰，降低了 OFDM 解调器输入信噪比，限制接收机链路可靠性的进一步提高；②基于小波变换脉冲重构的方法也存在类似的问题；③基于空域滤波的方法虽可取得较好的干扰抑制效果，但需要接收机安装阵列天线，限制了该方法的应用范围；④基于高阶累积量的方法存在运算复杂度高的缺陷。

1.3 本章小结

本章首先概要介绍了航空移动通信系统的基本概念，然后介绍了民航典型的航空移动通信系统，包括甚高频话音通信系统、高频话音通信系统、飞机通信寻址与报告系统、甚高频数据链系统及航空移动卫星通信系统；随后阐明了民航宽带航空数据链系统的未来发展趋势，重点介绍了 L 频段数字航空通信系统及 DME 信号干扰 L-DACS1 系统 OFDM 接收机的问题；最后对 L-DACS1 系统 DME 信号干扰抑制的国内外研究现状进行综述。

参 考 文 献

[1] INTERNATIONAL CIVIL AVIATION ORGANIZATION. Annex 10 to the convention on international civil aviation: aeronautical telecommunications[M]. Catalogue of ICAO Publications, 2013.

[2] 张军. 现代空中交通管理[M]. 北京:北京航空航天大学出版社,2005.

[3] STATISTICS AND FORECAST. Challenges of growth, task 4: European air traffic in 2035 [EB/OL]. (2013-06-01) [2017-06-22]. http://www.eurocontrol.int/statfor.

[4] SOLOMOS G, URLASS S, BHADRA D, et al. Capacity needs in the national airspace system: analysis of airport and metropolitan area demand and operational capacity in the future[R]. MITRE center for advance aviation system development. McLean, VA, MP 04W0000109, 2004.

[5] GERALD L. Next Generation Air Transportation System[EB/OL]. (2012-09-01)[2017-06-22]. http://www.faa.gov/nextgen/.

[6] SESAR Joint Undertakings (JU) News[N/OL]. (2013-08-01)[2017-06-22]. http://www.sesarju.eu/.

[7] EUROCONTROL/FAA FUTURE COMMUNICATIONS STUDY OPERATIONAL CONCEPTS AND REQUIREMENTS TEAM. Communications operating concept and requirements for the future radio System [Z]. Version 2.0, Tech. Rep., 2007, 2:1-172.

[8] ICAO. Future communication study action plan 17 final conclusions and recommendations report[R]. ACPWGT/1-WP/06_AP17, Montreal, 2007.

[9] SCHNELL M, EPPLE U, SHUTIN D, et al. LDACS: Future aeronautical communications for air traffic management[J]. IEEE communications magazine, 2014, 52(5):104-110.

[10] BARTOLI G, FANTACCI R, MARABISSI D. AeroMACS: A new perspective for mobile airport communications and services[J]. IEEE wireless communications, 2013, 20(6):44-50.

[11] MORLET C, ONGARO F, RICARD N,et al. ESA Iris programme: design options for the satellite communication sub-network of the European air traffic management system[C]// 29th Digital Avionics Systems Conference, Salt Lake City: IEEE/AIAA 2010:3.C.1-1 - 3.C.1-13.

[12] NEJI N, LACERDA R D, AZOULAY A E, et al. Survey on the future aeronautical communication system and its development for continental communications[J]. IEEE transactions on vehicular technology, 2013, 62(1):182-191.

[13] SAJATOVIC M, HAINDL B, SCHNELL M. L-DACS1 system definition proposal: deliverable D2[Z]. EUROCONTROL, Version 1.0, Brussels, Belgium, 2009.

[14] FISTAS N. L-DACS2 system definition proposal: deliverable D2[Z]. EUROCONTROL, Version 1.0, Brussels, Belgium, Tech. Rep., 2009.

[15] JAIN R, TEMPLIN F, YIN K S. Analysis of L-band digital aeronautical communication systems: L-DACS1 and L-DACS2[C]// Aerospace Conference, Montana, 2011:1-10.

[16] FILIP A, SHUTIN D, SCHNELL M. LDACS1-based non-cooperative surveillance[C]// Integrated Communications, Navigation and Surveillance Conference, Herndon, VA, 2014:O1-1 - O1-10.

[17] SCHNECKENBURGER N, SHUTIN D, SCHNELL M. Precise aeronautical ground based navigation using LDACS1[C] // Integrated Communications, Navigation and Surveillance Conference, Herndon, VA, 2012: B1-1-B1-10.

[18] FINAL ACTS of the World Radio Communication Conference (WRC-2007)[C/OL]. Geneva, Switzerland, 2007. http://www.itu.int/pub/ R-ACT-WRC.8-2007/en.

[19] EPPLE U, SCHNELL M. Overview of legacy systems in L-band and its influence on the future aeronautical communication system LDACS1[J]. IEEE aerospace and electronic systems magazine, 2014, 29(2): 31-37.

[20] BRANDES S, SCHNELL M. Interference mitigation for the future aeronautical communication system in the L-Band[C]// 7th International Workshop on Multi-Carrier Systems & Solutions, 2009, 41: 375-384.

[21] EPPLE U, SCHNELL M. Overview of interference situation and mitigation techniques for LDACS1[C]// 2011 IEEE/AIAA 30th Digital Avionics Systems Conference, Seattle, WA, 2011:4C5-1-4C5-12.

[22] EPPLE U，BRANDES S，GLIGOREVIC S，et al. Receiver optimization for L-DACS1[C]// IEEE /AIAA 28th digital avionics Systems Conference, Piscataway, NJ: IEEE Press, 2009: 4.B.1-1-4.B.1-12.

[23] EPPLE U, SHUTIN D, SCHNELL M. Mitigation of impulsive frequency-selective interference in OFDM based systems[J]. IEEE wireless communications letters, 2012, 1(5):484-487.

[24] BRANDES S, EPPLE U, SCHNELL M. Compensation of the impact of interference mitigation by pulse blanking in OFDM systems[C]// IEEE Global Telecommunications Conference, Piscataway, NJ:IEEE Press, 2009:1-6.

[25] LI Q Y, ZHANG J, XIE J D, et al. Iterative interference mitigation and channel estimation for LDACS1[C]// 2014 IEEE/AIAA 33rd Digital Avionics Systems Conference, Colorado Springs, Colorado, 2014:3B2-1- 3B2-11.

[26] EPPLE U, SCHNELL M. Adaptive threshold optimization for a blanking nonlinearity in OFDM receivers[C]// IEEE global Communications Conference, Piscataway, NJ:IEEE Press，2012:3661-3666.

[27] RAJA M, VINOD A P, M A S. DME interference mitigation for L-DACS1 based on decision directed noise estimation[C]// 2015 Integrated Communication, Navigation and Surveillance Conference, Herdon, VA, USA, 2015:1- 10.

[28] 刘海涛, 张智美, 成玮, 等. 联合压缩感知与干扰白化的脉冲干扰抑制方法[J]. 北京航空航天大学学报, 2015, 41(8): 1367-1373.

[29] 刘海涛, 成玮, 张学军. 联合正交变换与信号交织的测距仪脉冲干扰抑制方法[J]. 航空学报, 2014, 35(5):1365-1373.

[30] 李冬霞, 高贝贝, 刘海涛. 联合小波变换与残留干扰白化的测距仪脉冲干扰抑制方法[J]. 信号处理, 2015, 31(6): 710-719.

[31] 刘海涛, 刘亚洲, 成玮, 等. 联合正交投影与盲波束形成的干扰抑制方法[J]. 系统工程与电子技术, 2015,37(8): 1880-1886.

[32] 刘海涛, 刘亚洲, 张学军. 联合 DOA 估计与主波束形成的干扰抑制方法[J]. 哈尔滨工业大学学报, 2016,48(11): 103-108.

[33] 刘海涛, 刘亚洲, 张学军. 联合正交投影与 CLEAN 的测距仪脉冲干扰抑制方法[J]. 信号处理, 2015, 31(5):536-543.

[34] LIU H T, YIN Z S, JIA M, et al. SER analysis of the MRC-OFDM receiver with pulse blanking over frequency selective fading channel[J]. Journal on wireless communications and networking, 2016, 1: 135.

[35] 刘海涛, 尹志胜, 张学军. 频率选择性瑞利衰落信道脉冲熄灭 OFDM 接收机差错性能分析[J]. 北京邮电大学学报, 2015, 38(4):28-32.

[36] 刘海涛, 尹志胜, 李冬霞, 等. 脉冲熄灭 STBC-OFDM 接收机差错性能分析[J]. 系统工程与电子技术, 2016,38(5): 1159-1163.

[37] 刘海涛, 丛婉, 尹志胜, 等. 峰值门限脉冲熄灭 OFDM 接收机符号差错概率[J]. 西安电子科技大学学报, 2017,44(1): 125-129.

[38] 曾孝平, 贺渊, 简鑫, 等. 基于高阶统计量的 L-DACS1 系统自适应干扰消除技术研究[J]. 电子学报, 2016, 44(10): 2377-2383.

第 2 章　L 频段数字航空通信系统

2.1　L-DACS1 系统

2.1.1　L-DACS1 系统概述

L-DACS1 是一个基于 OFDM 多载波传输技术的航空移动通信系统[1,2]。L-DACS1 主要为陆地航路及终端区飞行的航空器提供数据及语言通信服务。为了满足空-地之间高速、大容量数据通信的需求，同时最大限度提高系统的频谱利用率，L-DACS1 系统[3,4]采用了频分双工（frequency-division duplex，FDD）工作方式。系统前向链路（地面站 GS-机载站 AS）采用 OFDM 传输方案，工作频段为 985.5～1085.5MHz，前向链路比特传输速率为 303～1373kbit/s；系统反向链路（机载站 AS-地面站 GS）采用 OFDMA-TDMA 接入方式，工作频段为 1048.5～1075.5MHz，反向链路比特传输速率为 220～1038kbit/s。

L-DACS1 系统有两种工作模式：①空-地通信模式（air-to-ground，A/G）；②空-空通信模式（air-to-air，A/A）。在空-地通信模式下，以 L-DACS1 系统地面站（GS）为核心构成空地蜂窝通信系统，地面站沿陆地航路部署，其通信覆盖范围可达 350km，位于地面站覆盖范围内的所有机载站（AS）均通过地面站接入网络。

图 2-1 所示为 L-DACS1 系统的网络架构（空-地通信模式）。L-DACS1 系统由三部分组成：L-DACS1 机载子系统、L-DACS1 地面站及地面专用通信网络。L-DACS1 系统地面站沿陆地航路固定部署，地面站为其通信覆盖范围内的所有机载站提供无线接入功能；L-DACS1 系统各地面站通过地面专用通信网络连接在一起；此外，空中交通管制系统及航空公司运行控制系统则通过专用网关接入地面专用通信网络。

当 L-DACS1 系统工作于空-空通信模式时，L-DACS1 系统机载站无须地面站的支持就可构成无中心的航空自组织网络（aeronautical ad hoc network）。利用航空自组织网络可实现机载站与机载站之间的广播监视数据链通信，使飞行员获得飞机态势的实时感知能力，极大地保障飞行的安全。需要说明：当 L-DACS1 系统工作模式由空-地通信模式转换为空-空通信模式时，由于通信的对象由机载站与地面站转变为机载站与机载站，而空-地信道与空-空信道传输特性完全不同，因此在空-空通信模式下，尽管 L-DACS1 系统仍采用 OFDM 传输技术，但空-空通信模式 L-DACS1 系统的技术参数完全不同于空-地通信模式的技术参数。本书的研究对象是 L-DACS1 系统空-地通信模式，不涉及空-空通信模式。

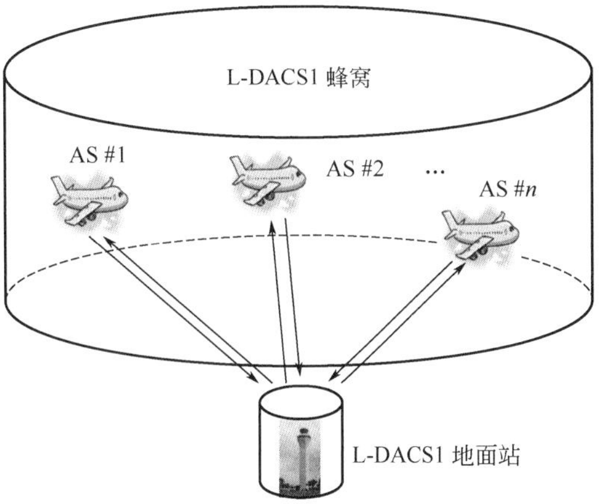

图 2-1　L-DACS1 系统的网络架构（空-地通信模式）

2.1.2　L-DACS1 系统帧结构

图 2-2 所示为 L-DACS1 系统的超帧（supper frame）结构。超帧是 L-DACS1 系统前向链路与反向链路的基本传输单元。前向链路与反向链路超帧的长度为 240ms，每个超帧可传输 2000 个 OFDM 符号，从地面站的角度，前向链路与反向链路超帧的起始时刻是完全对齐的，但从机载站的角度，前向链路与反向链路超帧的起始时刻可能存在差异。

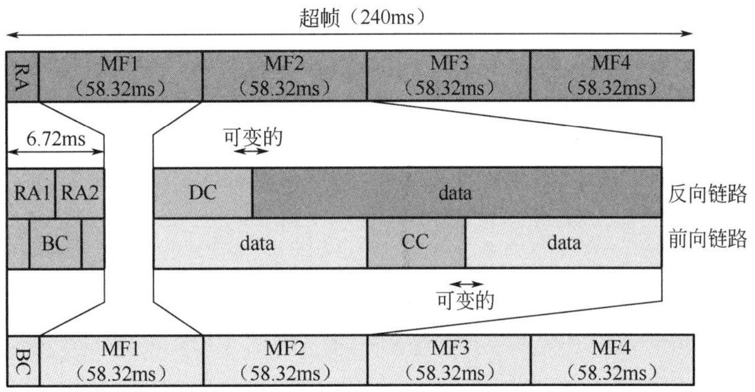

图 2-2　L-DACS1 系统的超帧结构

在前向链路中，前向链路超帧由 1 个广播（BC）帧和 4 个多帧（multi frame，MF）组成。其中，广播帧的长度为 6.72ms，可传输 56 个 OFDM 符号，每个多帧的长度为 58.32ms，其进一步包含 9 个 data/CC 子帧。

在反向链路中，反向链路超帧由 1 个随机接入（RA）帧和 4 个多帧组成。其中，随机接入帧的长度为 6.72ms，其进一步分为两个等长的子帧 RA1 与 RA2。反向链路多帧的长度与前向链路多帧的长度保持一致，但内部结构不同。

2.1.3　L-DACS1 系统协议结构

图 2-3 所示为 L-DACS1 系统的协议结构[3,4]。L-DACS1 系统协议结构由三层构成：物理层、数据链路层及更高层。在 L-DACS1 系统物理层，从信号发射的角度，物理层

实体主要完成比特扰码、信道编码、比特交织、符号调制、成帧、OFDM 调制、时域加窗、数模转换、正交调制、上变频及射频功率放大等功能；从信号接收的角度，物理层实体主要完成射频信号的接收、下变频、正交解调、模数转换、定时同步、载波同步、OFDM 解调、信道估计、信道均衡、软解调、解交织、信道译码及比特解扰等功能[5,6]。

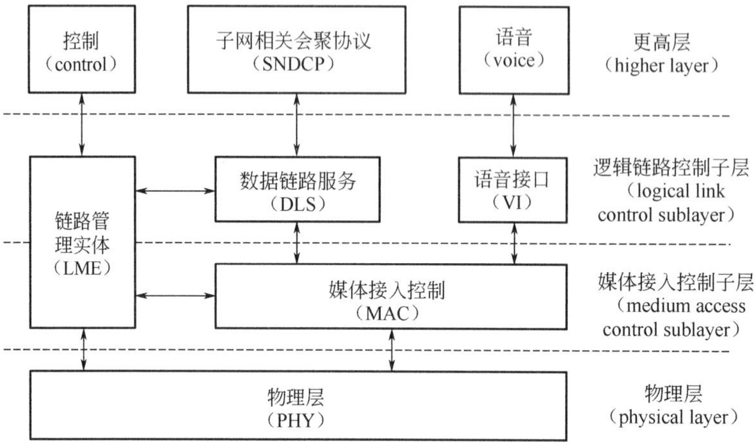

图 2-3　L-DACS1 系统的协议结构

L-DACS1 系统数据链路层实体包括媒体接入控制（medium access control，MAC）、链路管理实体（link management entity，LME）、数据链路服务（data link service，DLS）及语音接口（voice interface，VI）。其中，MAC 实体完成两个方面的功能[7,8]：一方面将高层逻辑信道产生的协议数据单元（protocol data unit，PDU）映射到物理层相应的时隙（slot）传输；另一方面，MAC 实体从物理层各时隙中提取高层协议数据单元。LME 主要完成空地链路的管理与空地链路的维护功能。空地链路管理主要包括机载站注册、机载站注销、机载站寻址、邻小区扫描、机载站的移动切换等；在空地链路维护方面，通过地面站与机载站 LME 实体的协作，机载站通过调整信号发射功率、发射频率及发射定时来保障空地链路的可靠传输；通过地面站与机载站 LME 的协作，地面站可实现时频资源的分配与调度，此外地面站根据信道衰落特性的变化自适应调整链路的编码与调制方式，以提高链路的传输速率。地面站与机载站的 DLS 实体主要完成确认的数据传输与非确认的数据传输。语音接口支持虚电路功能，虚电路可由地面站永久建立，也可以根据需要动态创建，虚电路的创建由数据链路层 LME 负责，而 VI 实体仅提供语音数据的传输功能。

为支持高层协议数据单元在 L-DACS1 系统空地链路之间透明地传输，高层实体通过子网相关会聚协议（sub-network dependent convergence protocol，SNDCP）提供的网络接口来实现高层数据的传输。

2.1.4　L-DACS1 系统逻辑信道

为便于实现数据链路层各个实体之间的数据传输，L-DACS1 系统引入了逻辑信道的概念[3,4]。图 2-4 所示为机载站与地面站数据链路层对等实体间的逻辑信道。

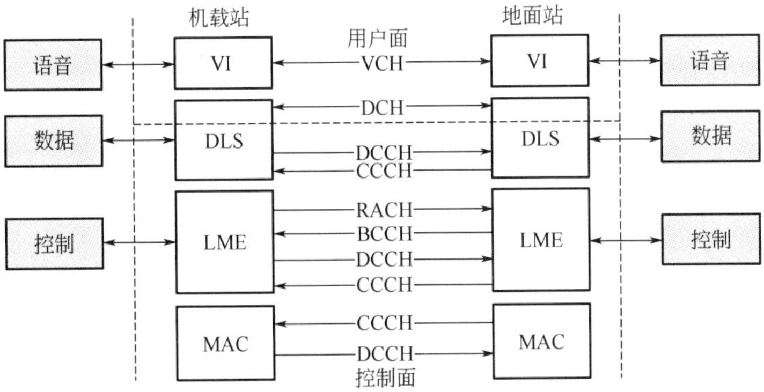

图 2-4　机载站与地面站数据链路层对等实体间的逻辑信道

在空地链路 MAC 实体之间，定义了两个逻辑信道：公共控制信道（common control channel，CCCH）及专用控制信道（dedicated control channel，DCCH）。其中，CCCH 为前向链路信道，DCCH 为反向链路信道。地面站实体 MAC 通过 CCCH 向机载站 MAC 实体传输协议数据单元，而机载站 MAC 实体则通过 DCCH 向地面站 MAC 实体传输协议数据单元。

在空地链路 LME 之间，定义了四个逻辑信道：广播控制信道（broadcast control channel，BCCH）、随机接入信道（random access channel，RACH）、CCCH 及 DCCH。其中，BCCH 与 CCCH 为前向链路信道，RACH 与 DCCH 为反向链路信道。当机载站没有注册到地面站时，机载站 LME 实体通过接收 BCCH 来获取地面站 MAC 广播的相关信息；当机载站向地面站发送飞机注册信息时，机载站 LME 实体则通过 RACH 向地面站 LME 实体传输飞机的注册信息；当机载站成功注册到地面站后，机载站 LME 实体则通过 DCCH 向地面站 LME 实体传输链路状态信息；而地面站 LME 实体则通过 CCCH 向机载站 LME 实体传输空地链路的维护信息。

在空地链路 DLS 实体之间，定义了三个逻辑信道：数据信道（data channel，DCH）、CCCH 及 DCCH。其中，DCH 为双向信道，CCCH 为前向链路信道，DCCH 为反向链路信道。机载站与地面站 DLS 实体之间的双向数据传输通过 DCH 完成，而空地 DLS 实体之间的链路管理信息交换则通过 CCCH 与 DCCH 实现。

在空地链路 VI 实体之间，定义了一个双向逻辑信道——语音信道（voice channel，VCH）。VCH 用于实现机载站与地面站 VI 实体间的双向语音数据传输。

图 2-5 所示为 L-DACS1 系统物理层的时隙结构。图 2-5 所示的时隙结构与 L-DACS1 系统帧结构保持一致。在前向链路中，定义了三种类型的时隙：

1）广播时隙（BC slot）：用于传输 BCCH。

2）公共控制时隙（CC slot）：用于传输 CCCH。

3）数据时隙（data slot）：用于传输前向链路 DCH 或前向链路 VCH。

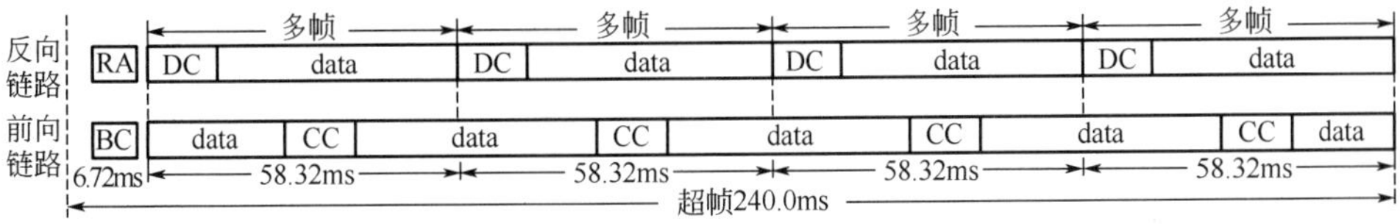

图 2-5　L-DACS1 系统物理层的时隙结构

在反向链路中，定义了三种类型的时隙：

1）随机接入时隙（RA slot）：用于传输 RACH。

2）专用控制时隙（DC slot）：用于传输 DCCH。

3）数据时隙：用于传输反向链路 DCH 或反向链路 VCH。

2.2　L-DACS1 系统时频符号结构与物理层参数

2.2.1　前向链路符号结构

图 2-6 所示为 L-DACS1 系统前向链路 OFDM 符号的频域结构[3,4]。从左到右，子载波（子信道）的序号依次记为{−32, −31,⋯, −1, 0, 1,⋯, 31}。其中，序号为 0 的子载波称为直流子载波，为避免基带信号具有直流成分，直流子载波通常不承载任何调制符号；此外为避免 OFDM 信号带外泄漏造成对邻道的干扰，序号为{−32, −31,⋯, −27, −26}及{26,⋯, 30, 31}的子载波不承载传输任何符号，这些子载波称为空子载波；序号{−25, −24,⋯, −1, 1,⋯, 24, 25}的子载波可用于传输调制符号或导频符号，其中，调制符号用于承载高层的比特信息，导频符号则主要用于接收机信道估计。为了提高接收机信道估计的精度，OFDM 符号中导频符号的位置不是固定不变的。此外，为了实现前向链路符号定时同步，前向链路的某些 OFDM 符号也作为同步符号使用。

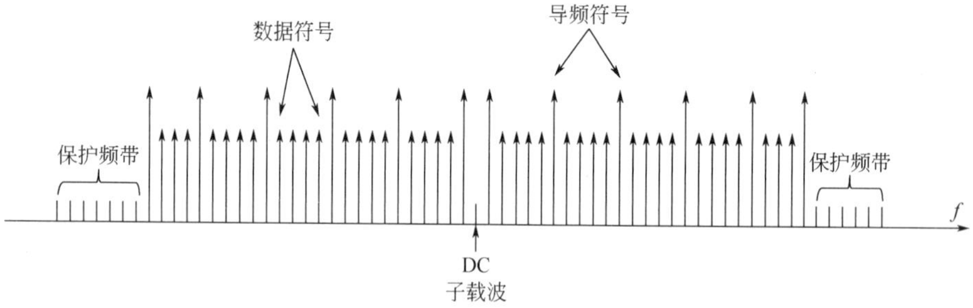

图 2-6　L-DACS1 系统前向链路 OFDM 符号的频域结构

图 2-7 所示为对图 2-6 给出的频域 OFDM 符号进行快速傅里叶逆变换（inverse fast Fourier transform，IFFT）后得到的 OFDM 符号的时域结构。在时域内，OFDM 符号的有效信号长度记为 T_u，将有效信号尾部的 T_{cp} 个样值复制到有效信号的前部作为 OFDM 符号的循环前缀（cyclic prefix，CP），另外将有效信号前部 T_w 个样值复制并添加到有效信号的尾部作为时间窗，以消除 OFDM 信号的带外泄漏，降低 OFDM 信号对邻带系统的干扰。

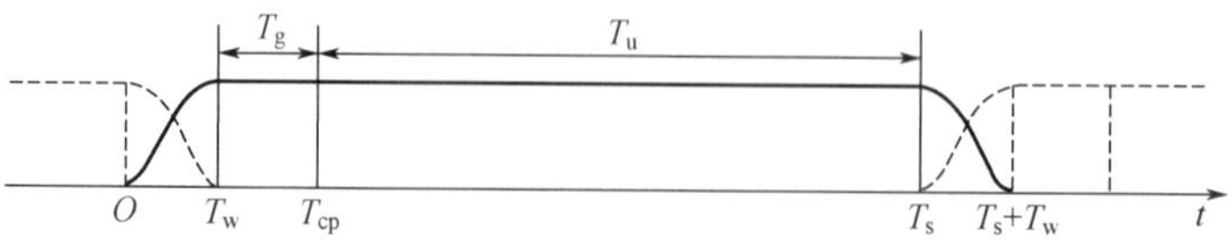

图 2-7　OFDM 符号的时域结构

2.2.2　反向链路符号结构

与前向链路不同，L-DACS1 系统反向链路为多址接入信道，因此 L-DACS1 系统反向链路的符号结构需要具备多个机载站同时接入的能力。为满足 L-DACS1 系统反向链路多个机载站同时接入的需求，L-DACS1 系统引入了数据片（tile）的概念[3,4]。一个数据片由 6 个时域连续 OFDM 符号及 25 个频域符号（子信道）构成，25 个频域符号可位于直流子载波的左侧或右侧。当 25 个频域符号位于直流子载波的左侧时，该数据片称为左数据片（left tile）；当 25 个符号位于直流子载波右侧时，该数据片称为右数据片（right tile）。在引入数据片的概念后，L-DACS1 系统反向链路可允许两个机载站同时接入地面站。

图 2-8 所示为两个机载站用户分别使用左数据片及右数据片同时接入地面站时，两个机载站发送 OFDMA 信号的频域结构。其中，图 2-8（a）是机载站 1 发射的 OFDMA 信号的频域结构，图 2-8（b）是机载站 2 发射的 OFDMA 信号的频域结构。

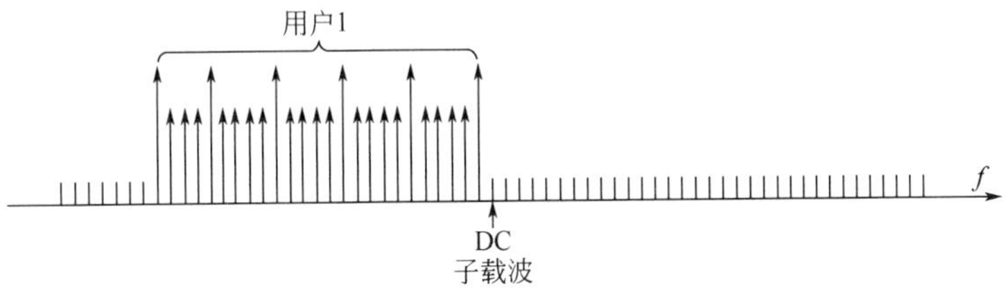

(a)

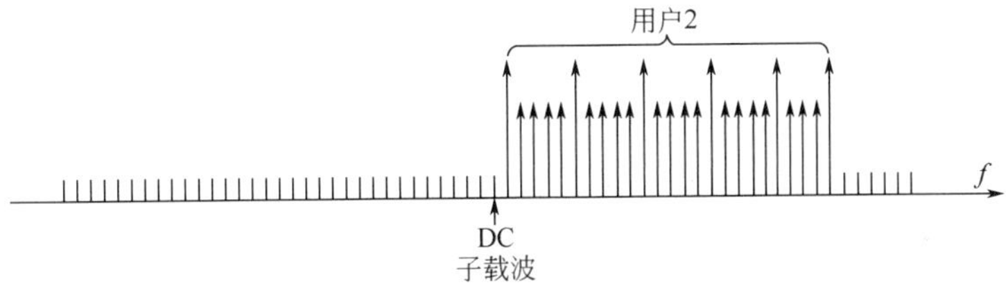

(b)

图 2-8　反向链路机载站 OFDMA 频域结构

（机载站 1 使用左数据片，机载站 2 使用右数据片）

2.2.3　物理层技术参数

表 2-1 所示为 L-DACS1 系统物理层的主要技术参数。OFDM 系统子载波数为 64 个，其中，有效子载波为 50 个，直流子载波与虚拟子载波共 14 个，子载波间隔为 9.765 625kHz，传输带宽 498.05kHz，OFDM 有效符号长度为 102.4μs，循环前缀长度为 17.6μs，OFDM 符号总长度为 120μs。

表 2-1　L-DACS1 系统物理层的主要技术参数[3,4]

参数	取值
子载波个数	64
采样间隔/ μs	1.6
子载波间隔 Δf / kHz	9.765 625

续表

参数	取值
有效符号长度 T_u / μs	102.4
循环前缀长度 T_{cp} / μs	17.6
OFDM 符号总长度 T_s / μs	120
保护间隔长度 T_g / μs	4.8
加窗时长 T_w / μs	12.8
有效子载波个数 N_u	50
直流子载波 左侧空子信道数 $N_{g,left}$	7
直流子载波 右侧空子信道数 $N_{g,right}$	6
空子载波的序号	−32, −31,⋯, −26 26, 27,⋯, 31
射频信号带宽（前向链路/反向链路） B_{eff} / kHz	498.05

2.3 物理层帧结构

在前向链路与反向链路中，为方便调制符号映射到各种数据帧中，L-DACS1 系统引入了 OFDM 时频平面的概念[3,4]。

图 2-9 所示为 L-DACS1 系统 OFDM 时频平面及承载符号的编号。在图 2-9 给出的 OFDM 时频平面中，垂直方向使用 t 表示 OFDM 符号的时域序号，t 的取值为{1, 2,⋯}；水平方向子载波的序号使用 f 来表示，参数 f 的取值范围为{−32, −31,⋯, −1, 0, 1,⋯, 31}，则第 t 个 OFDM 符号中第 f 个子载波承载的符号记为 $S(t,f)$。例如，$S(1,-32)$ 表示时域第 1 个 OFDM 符号，频域第−32 个子载波传输的符号。

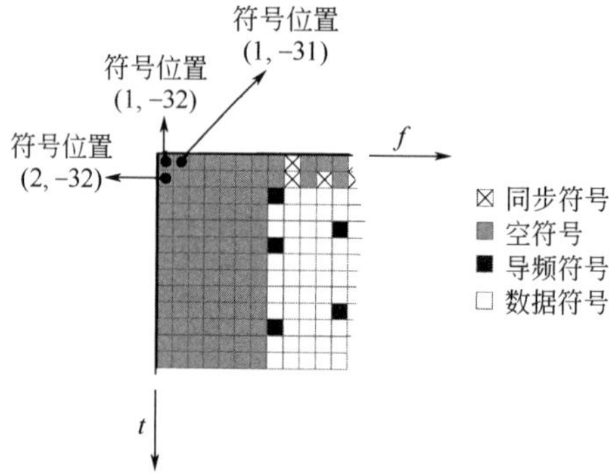

图 2-9 OFDM 时频平面及承载符号的编号

2.3.1 前向链路帧结构

图 2-10 所示为前向链路 data/CC 帧的结构。前向链路 data/CC 帧由 54 个 OFDM 符号组成，持续时间为 6.48ms。在 data/CC 帧中，前 2 个 OFDM 符号作为同步符号使用，机载站接收机利用同步符号完成接收机符号定时同步的功能；其余 52 个 OFDM 符号用于承载高层的调制符号。为了方便机载站接收机获取各个子信道的衰落系数，随后的 52

个 OFDM 符号中部分子载波承载导频符号，这些符号用于机载站接收机的信道估计。图 2-10 中，同步符号为☒，数据符号为□，导频符号为■，空符号为▒。由图 2-10 可清晰地观测到：在 data/CC 帧中，导频符号的位置是变化的，但具有一定的规律性。

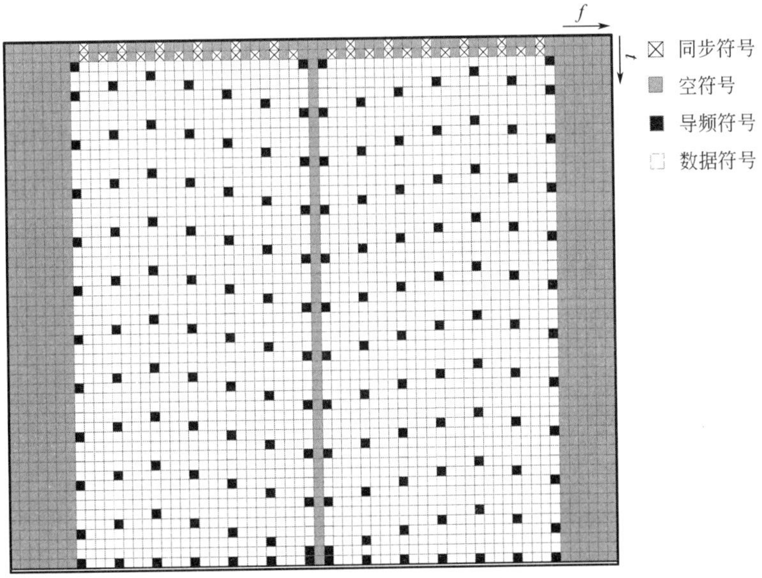

图 2-10　前向链路 data/CC 帧的结构

表 2-2 所示为前向链路 data/CC 帧中导频符号的位置。由表 2-2 可观测到在前向链路 data/CC 帧第 3 个 OFDM 符号中，第{−25, −1, 1, 25}个子信道传输的是导频符号，其他符号的导频位置可通过表 2-2 给出。在前向链路 data/CC 帧中，共设置了 158 个导频符号，因此前向链路 data/CC 帧中可用于传输调制符号的个数为 2442 (52×50−158)个符号。

表 2-2　前向链路 data/CC 帧导频符号的位置

OFDM 符号序号 n		导频符号位置
n=3		−25, −1, 1, 25
$n=3+5p+i$, $p=0,\cdots,9$	i=1	−17, 17
	i=2	−21, −13, 13, 21
	i=3	−25, −9, 9, 25
	i=4	−5, 5
	i=5	−1, 1
n=54		−25, −21, −17, −13, −9, −5, −1, 1, 5, 9, 13, 17, 21, 25

图 2-11 所示为前向链路广播帧的结构。前向链路广播帧由 3 个子帧组成，它们分别是 BC1、BC2 及 BC3，图 2-11 上图所示为 BC1/BC3 子帧的结构，图 2-11 下图所示为 BC2 子帧的结构。BC1 与 BC3 子帧的结构完全相同，共包含 15 个 OFDM 符号，持续时间为 1.8ms，其中，前 2 个 OFDM 符号作为同步符号使用，主要用于机载站接收机的符号定时同步，随后 13 个 OFDM 符号用于传输前向链路的广播信息；BC2 子帧由 26 个 OFDM 符号组成，持续时间为 3.12ms，其中，前 2 个 OFDM 也作为同步符号使用，随

后 24 个 OFDM 符号用于传输前向链路的广播信息。由图 2-11 可观测：BC1 与 BC3 子帧共包含 48 个导频符号，BC1 与 BC3 帧可承载的调制符号数为 602 (13×50−48)个符号；BC2 帧共包含 80 个导频符号，BC2 帧可承载的调制符号数为 1120(24×50−80)个符号。BC1、BC2 及 BC3 合计前向链路广播帧总共可承载调制符号数为 2324(2×602+1120)个符号。表 2-3 所示为前向链路 BC1、BC2 及 BC3 子帧中导频符号的位置。

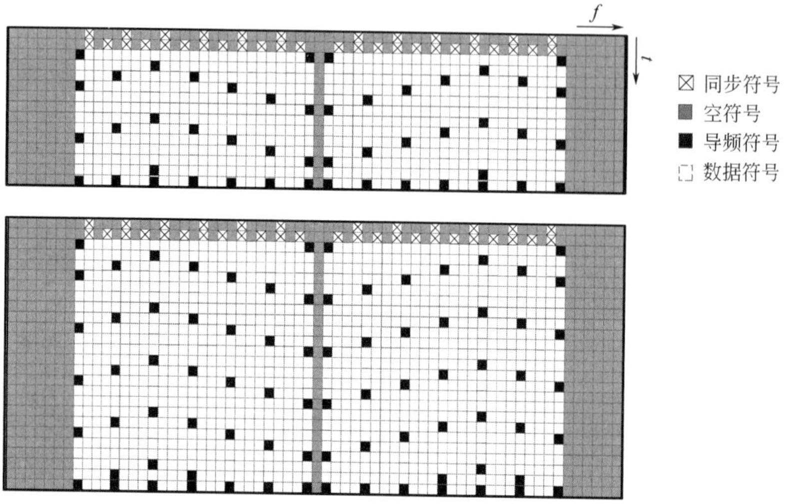

图 2-11　前向链路广播帧的结构

表 2-3　前向链路 BC1、BC2 及 BC3 帧导频符号的位置

BC1 与 BC3 帧			BC2 帧		
OFDM 符号序号 n		导频符号位置	OFDM 符号序号 n		导频符号位置
n=3		−25, −1, 1, 25	n=3		−25, −1, 1, 25
$n=3+5p+i$, $p=0,1$	i=1	−17, 17	$n=3+5p+i$, $p=0,\cdots,3$	i=1	−17, 17
	i=2	−21, −13, 13, 21		i=2	−21, −13, 13, 21
	i=3	−25, −9, 9, 25		i=3	−25, −9, 9, 25
	i=4	−5, 5		i=4	−5, 5
	i=5	−1, 1		i=5	−1, 1
n=14		−17, 17	n=24		−17, 17
n=15		−25, −21, −17, −13, −9, −5, −1, 1, 5,9,13,17,21,25	n=25		−21, −13, 13, 21
			n=26		−25, −21, −17, −13, −9, −5, −1, 1, 5, 9, 13, 17, 21, 25

2.3.2　反向链路帧结构

本节首先概要介绍反向链路数据片的概念，随后重点介绍反向链路数据段及专用控制段的结构，最后详细介绍反向链路随机接入帧的结构。

1. 反向链路数据片

图 2-12 所示为反向链路数据片的结构。反向链路数据片由 6 个时域连续 OFDM 符

号及 25 个频域连续符号构成。根据频域符号在直流子载波的左侧或右侧，反向链路数据片分为左数据片和右数据片。在数据片中可传输三种类型的符号：导频符号（■）、峰均比（peak to average power ratio，PAPR）符号（◙）及数据符号（□）。其中，导频符号用于地面站接收机进行信道估计；PAPR 符号用于反向链路发射机降低 OFDMA 信号的峰均比；数据符号用于承载反向链路的调制符号。每个数据片可传输的符号总数为 150(25×6)个符号，其中，包含 4 个 PAPR 符号与 12 个导频符号，因此剩余的符号数为 134 个。L-DACS1 技术规范规定：数据片是反向链路资源分配的最小单元。

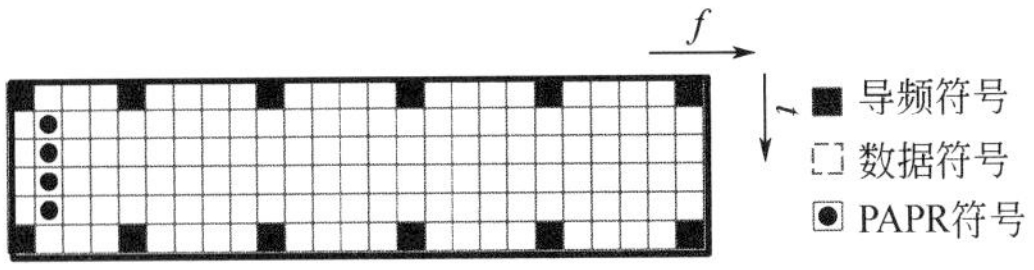

图 2-12　反向链路数据片的结构

表 2-4 所示为左数据片中导频符号及 PAPR 符号的位置，表 2-5 所示为右数据片中导频符号及 PAPR 符号的位置。

表 2-4　左数据片中导频符号及 PAPR 符号的位置

OFDM 符号序号 n	导频符号位置	PAPR 符号位置
n=1,6	−25,−21,−16,−11,−6,−1	—
n=2,3,4,5	—	−24

表 2-5　右数据片中导频符号及 PAPR 符号的位置

OFDM 符号序号 n	导频符号位置	PAPR 符号位置
n=1,6	1,6,11,16,21,25	—
n=2,3,4,5	—	23

2. 数据段

在反向链路中，为高效组织反向链路数据传输，L-DACS1 系统在数据片的基础上进一步引入数据段的概念。

图 2-13 所示为反向链路数据段的结构，一个反向链路数据段由 N 个数据片组成，其中，包含 $N/2$ 个左数据片和 $N/2$ 个右数据片。图 2-13 所示的数据段中包含 8 个数据片。

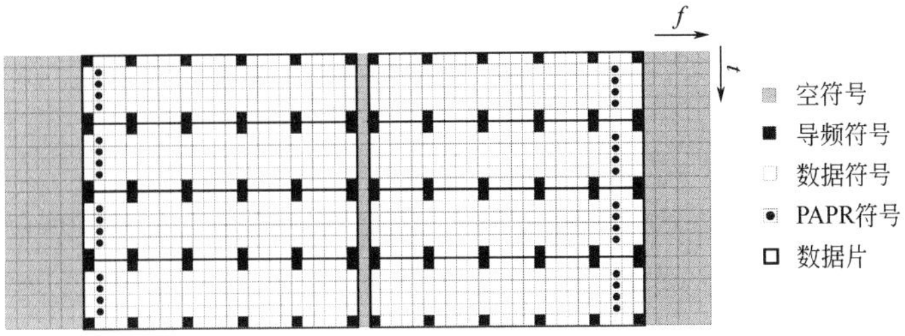

图 2-13　反向链路数据段的结构

3. 专用控制段

图 2-14 所示为反向链路专用控制 DC 段的结构，专用控制段由三部分组成：同步片

（synchronization tile）、AGC 导频符号及数据段。专用控制段长度可变，其中，前 5 个 OFDM 符号构成了同步片，随后一个符号是 AGC 导频符号，最后是数据段。

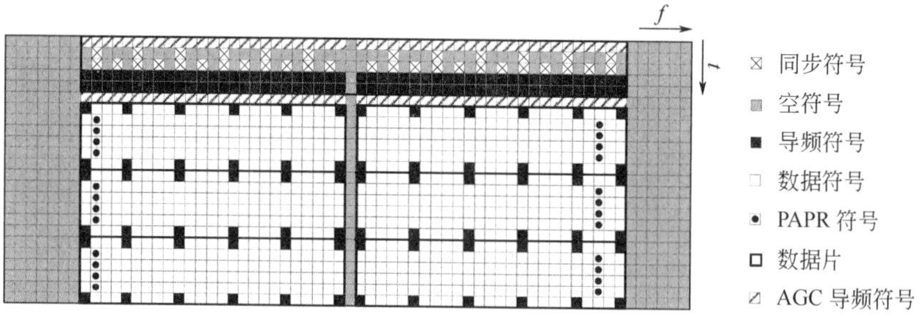

图 2-14　反向链路专用控制段的结构

图 2-15 所示为反向链路同步片的结构，同步片由 5 个 OFDM 符号组成，其中，第一个 OFDM 符号是 AGC 导频符号，地面站接收机利用该符号来实现接收电路的自动增益控制；随后两个 OFDM 符号是标准的同步符号，其用于地面站接收机建立符号定时同步；再随后的两个 OFDM 符号承载导频符号，其用于地面站接收机进行信道估计。表 2-6 所示为同步片中导频符号的位置。

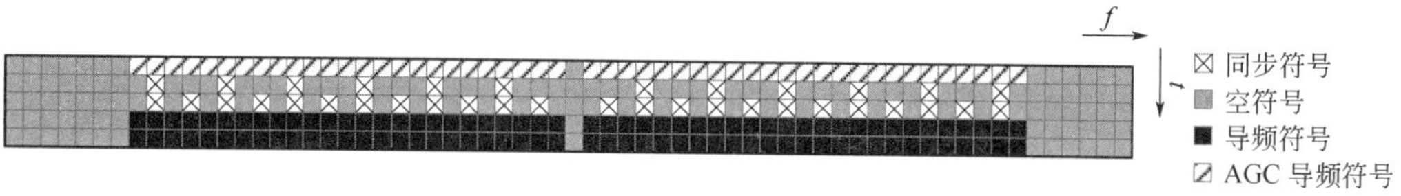

图 2-15　反向链路同步片的结构

表 2-6　同步片中导频符号的位置

OFDM 符号序号 n	导频符号位置
n=4, 5	−25, −24, ···, −1, 1, 2, ···, 25

4．随机接入时隙

图 2-16 所示为反向链路随机接入时隙的结构。随机接入时隙长度为 6.72ms，其进一步分为两个等长子时隙 RA1 与 RA2，子时隙长度为 3.36ms。在每个子时隙中，可传输一个随机接入帧，随机接入子帧长度为 840μs，子帧前后均设置 1.26ms 的保护间隔。从图 2-16 可观测到：在一个超帧传输时间内，机载站可选择任何一个子时隙发送随机接入信号，随机接入帧前后的 1.26ms 保护时间可支持机载站与地面站的最大距离为 350km。

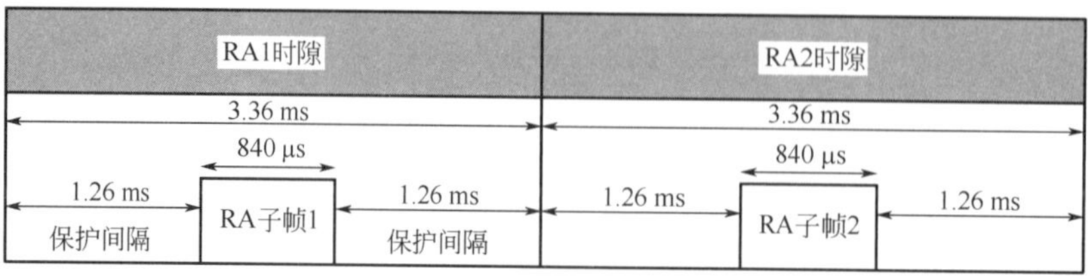

图 2-16　反向链路随机接入时隙的结构

图 2-17 所示为随机接入帧的频域结构。随机接入帧由 7 个 OFDM 符号组成，持续时间为 840μs，其中，第一个 OFDM 符号是 AGC 导频符号，其主要用于地面站接收机建立接收机自动增益同步；随后 2 个符号是同步符号，用于地面站接收机建立符号定时同步；最后 4 个 OFDM 符号用于传输随机接入信息。表 2-7 所示为随机接入帧中导频符号与 PAPR 符号的位置。

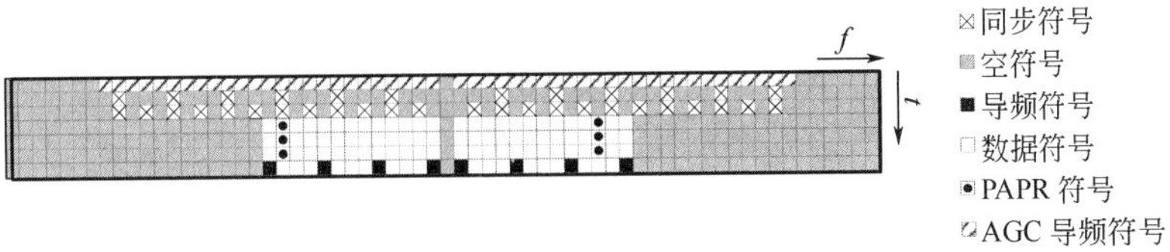

图 2-17　随机接入帧的频域结构

表 2-7　随机接入帧中导频符号与 PAPR 符号的位置

OFDM 符号序号 n	导频符号位置	PAPR 符号位置
n=7	−13,−9,−,5,−1,1,5,9,13	—
n=4,5,6	—	−12,11

2.3.3　前向链路与反向链路成帧

本节首先介绍前向链路超帧结构及前向链路超帧的成帧方法；随后介绍反向链路超帧结构及反向链路超帧的成帧方法。

1. 前向链路超帧

在 L-DACS1 系统中，前向链路的数据传输是以超帧为单位来组织的。图 2-18 所示为 L-DACS1 系统的前向链路超帧结构。

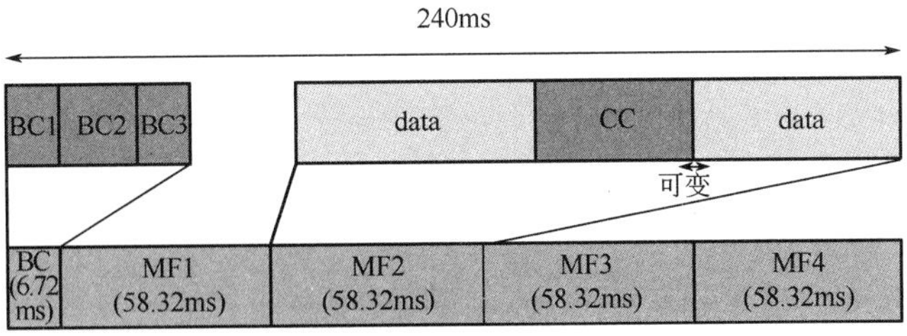

图 2-18　L-DACS1 系统的前向链路超帧结构

L-DACS1 系统前向链路的超帧由广播帧和四个多帧组成，其中，广播帧持续时间为 6.72 ms，广播帧又进一步分为 BC1、BC2 与 BC3 子帧，前向链路 BCCH 映射到 BC1、BC2 及 BC3 子帧传输。超帧中包含的四个多帧具有相同的长度 58.32 ms，四个多帧分别记为 MF1、MF2、MF3 和 MF4。

图 2-19 所示为前向链路多帧的结构。每个多帧进一步由 9 个子帧组成，每个子帧长度为 6.48ms，可承载一个 data 子帧或 CC 子帧，其中，前向链路 DCH 可映射到 data 帧传输，前向链路 CCCH 可映射到 CC 子帧传输。

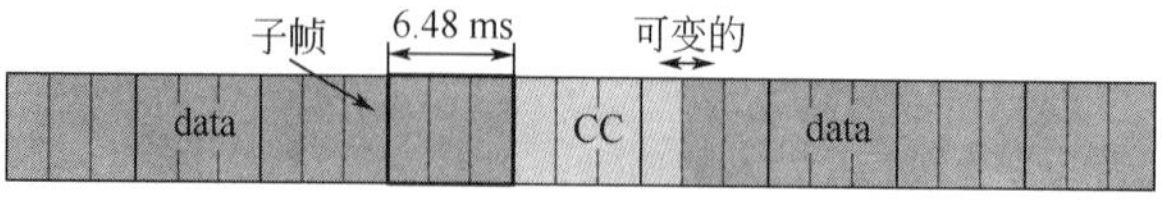

图 2-19　前向链路多帧的结构

2. 反向链路超帧

图 2-20 所示为 L-DACS1 系统的反向链路超帧结构。在反向链路超帧中，一个超帧由一个随机接入帧及四个多帧组成。随机接入帧长度为 6.72ms，又进一步分为两个子帧，记为 RA1 与 RA2。反向链路的随机接入信道映射到 RA1 或 RA2 子帧传输。反向链路超帧也包含四个等长度的多帧，分别记为 MF1、MF2、MF3 和 MF4。一个多帧可承载专用控制段及数据段，其中，专用控制段长度可变化，反向链路的 DCCH 及 DCH 分别映射到专用控制段和数据段内传输。

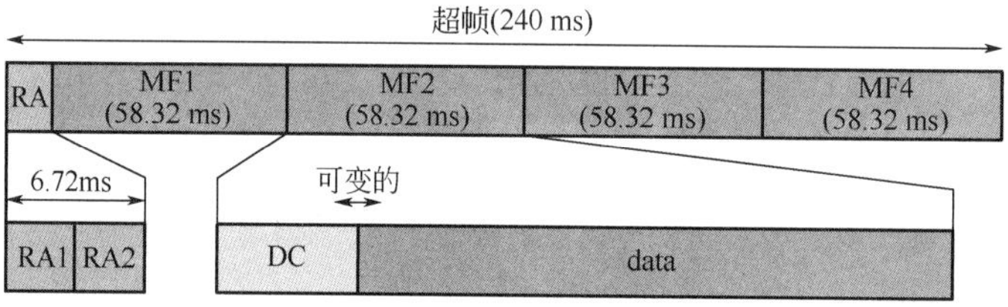

图 2-20　L-DACS1 系统的反向链路超帧结构

2.4　编码与调制

本节重点介绍 L-DACS1 系统的编码方案[3,4]，具体内容包括比特扰码器、信道编码、调制器及数据映射。

2.4.1　比特扰码器

在发射机中，通过比特扰码器将待传输的比特序列随机化。图 2-21 所示为比特扰码器的结构。比特扰码器由两个单元组成：伪随机序列发生器和模二加运算器。当开始传输高层协议数据单元时，伪随机序列发生器的寄存器为初始状态，即 $\{p_0, p_1, p_2, \cdots, p_{14}\} = \{0,0,0,0,0,0,0,1,0,1,0,1,0,0,1\}$。

2.4.2　信道编码

为了提高 L-DACS1 系统空地链路传输的可靠性，L-DACS1 系统前向链路及反向链路均采用级联编码方案[4]。其中，外编码器采用 RS 编码，内编码器采用卷积编码。图 2-22 所示为 L-DACS1 系统编码器与交织器的结构。

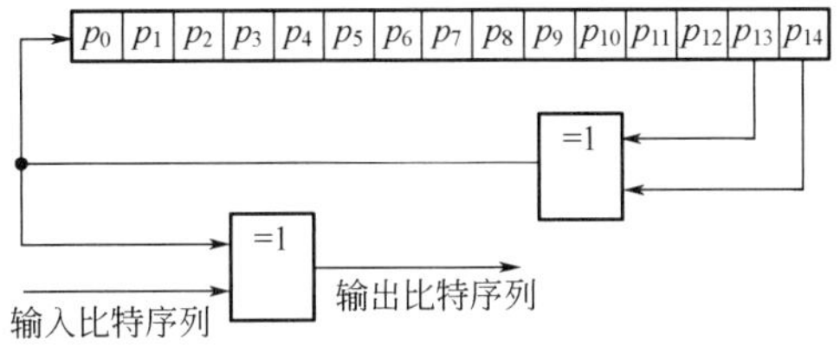

图 2-21　比特扰码器的结构

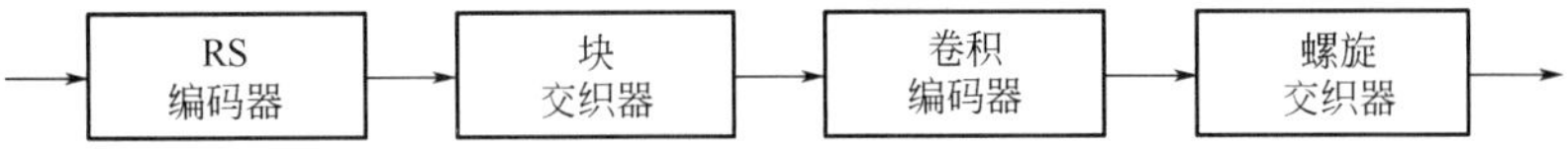

图 2-22　L-DACS1 系统编码器与交织器的结构

1. RS 编码器

RS 编码器的参数为 $RS(N=2^8-1,K,F)$，其中 N 代表 RS 编码器输出码字比特的长度，K 代表 RS 编码器输入信息比特的长度，F 代表 RS 码可纠正错误比特数。RS 编码器的本原多项式为

$$p(x)=x^8+x^4+x^3+x^2+1 \tag{2-1}$$

RS 编码器的生成多项式为

$$g(x)=\prod_{i=1}^{2F}(x+\lambda^i),\quad \lambda=0.2_{\text{HEX}} \tag{2-2}$$

2. 卷积编码器

内编码器采用非递归的二进制卷积码，卷积编码器的码率分别为 1/2、2/3 和 3/4。图 2-23 所示为 1/2 码率卷积编码器（171,133,7）的结构，其生成多项式为

$$\begin{cases}G_1=171_{\text{OCT}}=1+X+X^2+X^3+X^6\\ G_2=133_{\text{OCT}}=1+X^2+X^3+X^5+X^6\end{cases} \tag{2-3}$$

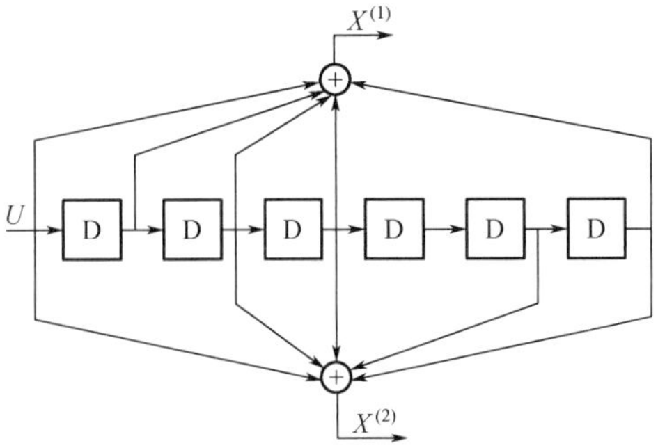

图 2-23　1/2 码率卷积编码器的结构

为满足 L-DACS1 系统前向链路与反向链路多码率传输的需求，可在 1/2 码率卷积码基础上通过删余（puncturing）处理进一步得到 2/3 和 3/4 码率的卷积码。

表 2-8 所示为卷积编码器（171, 133, 7）的删余图样（puncturing pattern）。当卷积编码为 1/2 码率时，码字比特不进行删余处理，则编码后输出码字比特序列为$\{X_1^{(1)}\ X_1^{(2)}\}$；当卷积编码为 2/3 码率时，按照删余图样处理后，则编码后输出码字比特序列为$\{X_1^{(1)}\ X_1^{(2)}\ X_2^{(2)}\}$；当卷积编码为 3/4 码率时，按照删余图样处理后，则编码后输出码字比特序列为$\{X_1^{(1)}\ X_1^{(2)} X_2^{(2)} X_3^{(1)}\}$。

表 2-8　卷积编码器的删余图样

码率	1/2	2/3	3/4
$X^{(1)}$	1	10	101
$X^{(2)}$	1	11	110
$X^{(1)}X^{(2)}$	$X_1^{(1)}X_1^{(2)}$	$X_1^{(1)}X_1^{(2)}X_2^{(2)}$	$X_1^{(1)}X_1^{(2)}X_2^{(2)}X_3^{(1)}$

3. 块交织器

RS 编码器输出的码字比特序列随后送入块交织器（block interleaver），块交织器的工作原理可通过交织矩阵来描述。交织矩阵的行数等于同时参与交织的 RS 码的码字个数，而交织矩阵的列数等于 RS 码的码字比特长度。RS 编码器输出各个码字比特序列按行写入交织矩阵中，全部码字比特写入交织矩阵后，按照列增加的次序依次读出，就可实现码字比特的块交织。

4. 螺旋交织器

为保证卷积编码器输出的码字比特调制后均匀分布到 L-DACS1 系统 OFDM 时频平面内，卷积编码器输出的码字比特序列进一步送入螺旋交织器（helix interleaver）。假设卷积编码器输出码字比特序列的长度为$N = a\cdot b$，螺旋交织器输入比特序列的序号记为k，螺旋交织后输出比特序列的序号为m_k，则m_k的计算方法为

for $l = 0 : a-1$

　for $n = 0 : b-1$

　$k = l\cdot b + n + 1,$

　$m_k = b\cdot(3\cdot n + l)_{\mathrm{mod}\ a} + n + l$

　end

end

2.4.3　调制器

L-DACS1 系统采用了三种调制方式，它们分别是 QPSK、16QAM 及 64QAM。

图 2-24 所示为 L-DACS1 系统的调制星座（QPSK、16QAM 及 64QAM）。在调制星座中，通过与因子 c 相乘使调制星座的平均功率归一化。此外，在调制星座中，b_0 代表信息比特最低有效位。为方便读者理解信息比特和调制符号的映射关系，表 2-9 进一步给出 QPSK 调制时信息比特与调制符号的映射关系。

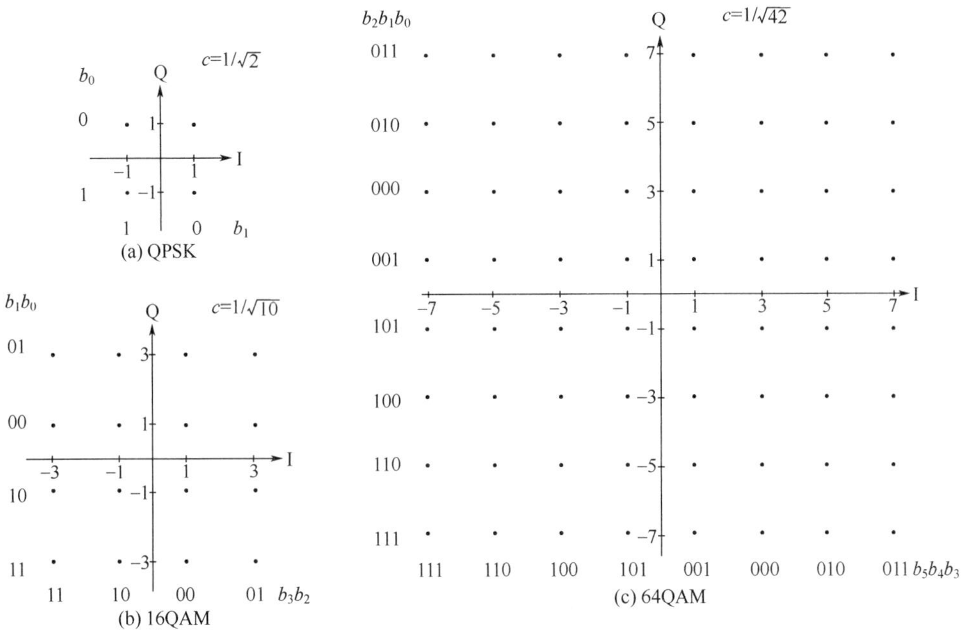

图 2-24　L-DACS1 系统的调制星座

表 2-9　采用 QPSK 调制时信息比特与调制符号的映射关系

输入比特	调制符号	输入比特	调制符号
00	$\frac{1}{\sqrt{2}}(1+i)$	11	$\frac{1}{\sqrt{2}}(-1-i)$
01	$\frac{1}{\sqrt{2}}(1-i)$	10	$\frac{1}{\sqrt{2}}(-1+i)$

2.4.4　调制符号的映射

本节首先介绍 L-DACS1 系统前向链路调制符号是如何映射到数据帧的，随后介绍在反向链路中调制符号的映射方法[3,4]。

1. 前向链路调制符号的映射

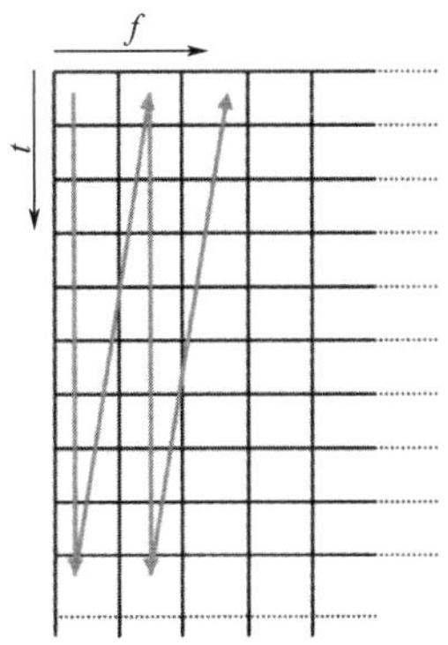

图 2-25　调制符号映射到 OFDM 时频平面

在生成前向链路 BC1、BC2、BC3 帧及 data/CC 帧时，前向链路物理层实体应首先在 OFDM 时频平面内插入同步符号及导频符号，随后按照图 2-25 给出的映射次序将调制符号序列映射到前向链路 BC1、BC2、BC3 及 data/CC 帧。参考图 2-25 给出的调制符号映射顺序，调制符号首先按照时域序号增加的顺序进行映射，随后按照频域序号增加的顺序映射。即第 1 个调制符号首先映射到 OFDM 时频平面的（1, −25）单元，第 2 个符号映射到（2, −25）单元，……，如果数据帧可传输 OFDM 符号个数为 k，则第 k 个调制符号映射到（k, −25），第 k+1 个调制符号则映射到（1, −24），按照以上映射的顺序，直至所有调制符号全部映射到 OFDM 时频平面中。需要说明，在按照以上给出的顺序映射过程中，如果时频平面内某个单元已被系统设置为导频符号或其他符号，则映射时跳过此单元，直接映射到下一个单元。例如，第 n 个符号映射到（5, −20），而时频平面内（6, −20）单元已被系统设置为导频符号，因此第 n+1 调制符号跳过（6, −20）单元直接映射到（7, −20）单元。

2. 反向链路调制符号的映射

在反向链路中，专用控制段及数据段的基本单元是数据片，因此调制器输出的调制符号序列需要依次映射到数据片内。映射的次序如下：首先按照时域符号增加的顺序映射，随后按照频域序号增加的顺序映射。反向链路的映射次序与前向链路相同，差异仅在于映射的目的不是时频平面而是数据片。

2.5 导频、同步、AGC 序列及 PAPR 符号

本节介绍 L-DACS1 系统前向链路与反向链路中导频序列、同步序列、AGC 序列及 PAPR 符号的生成方法[4]。

2.5.1 导频序列

为了实现接收机的软解调，接收机需要知道精确获取 OFDM 系统各个子信道的频率响应。因此在前向链路及反向链路传输过程中，发射机需要在特定的子载波上传输导频符号。下面分别介绍前向链路及反向链路导频序列的生成方法。

1. 前向链路导频序列

表 2-10 所示为前向链路不同子载波传输导频符号的取值。例如，在子载波{−25, −1, 1, 25}上传输导频符号的取值为{1, −1, −1, 1}，在{−17, 17}子载波上传输导频符号的取值为{1, −1}，其他以此类推。

表 2-10　前向链路不同子载波传输导频符号的取值

子载波序号	导频符号取值
−25, −1, 1, 25	1, −1, −1, 1
−17, 17	1, −1
−21, −13, 13, 21	1, 1, j, −j
−25, −9, 9, 25	1, −1, −j, −j
−5, 5	1, −j
−1, 1	1, −1
−25, −21, −17, −13, −9, −5, −1, 1, 5, 9, 13, 17, 21, 25	1, −j, j, 1, j, j, −1, −1, j, j, 1, j, −j, 1

2. 反向链路导频序列

在反向链路中，不同数据帧导频序列的产生方法不相同。在随机接入帧中，导频序列的计算方法为

$$S_{\mathrm{RA}}(k)=\exp\left(\mathrm{j}\frac{2\pi}{64}P_{\mathrm{RA}}(k)\right),\quad k=1,\cdots,8 \tag{2-4}$$

其中，$P_{\mathrm{RA}}=\{61,46,11,57,40,50,18,28\}$。

在反向链路专用控制段与数据段中，导频序列的计算方法为

$$S_{\mathrm{tile}}(k)=\exp\left(\mathrm{j}\frac{2\pi}{64}P_{\mathrm{tile,l/r}}(k)\right),\quad k=1,\cdots,12 \tag{2-5}$$

其中，$P_{\mathrm{tile,l}}=\{2,40,10,2,56,4,2,40,10,2,56,4\}$；$P_{\mathrm{tile,r}}=\{4,56,2,10,40,2,4,56,2,10,40,2\}$。

2.5.2　同步序列

图 2-26 所示为 L-DACS1 系统同步符号的频域结构。从图 2-26 可观测到：同步符号由 2 个 OFDM 符号组成。在第一个同步符号中，每相隔 4 个子信道传输一个同步符号，且同步符号之间的所有子信道均传输空符号，这种同步符号的设置方法使第一个同步符号在时域上由完全相同的四部分组成；在第二个同步符号中，每相隔 2 个子信道传输一个同步符号，且同步符号之间的所有子信道均传输空符号，这种同步符号的设置方法使第二个同步符号在时域上由完全相同的两部分组成。

图 2-26　L-DACS1 系统同步符号的频域结构

图 2-27 所示为 L-DACS1 系统同步符号的时域结构。从图 2-27 可观测到：在第一个同步符号中，除去循环前缀部分以外，长度为 $T_{\mathrm{u}}=102.4\mu\mathrm{s}$ 的 OFDM 有效信号由完全相同的四部分组成；在第二个同步符号中，除去循环前缀部分以外，长度为 $T_{\mathrm{u}}=102.4\mu\mathrm{s}$ 的 OFDM 有效信号由完全对称的两部分组成。

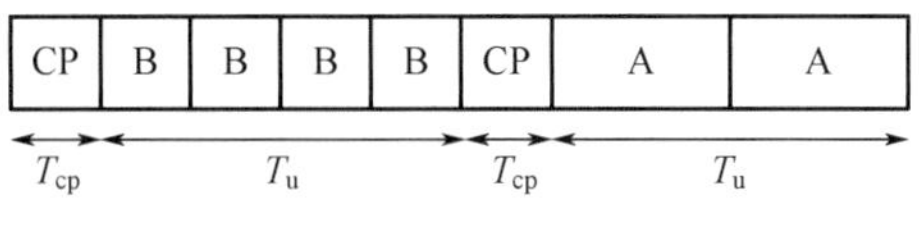

图 2-27　L-DACS1 系统同步符号的时域结构

表 2-11 所示为第一个与第二个同步符号中，承载同步符号的子载波的序号，即第一个 OFDM 同步符号内传输 12 个符号，这 12 个符号依次映射到第一个同步符号的第{−24, −20, −16, −12, −8, −4, 4, 8, 12, 16, 20, 24}个子信道传输，其他子信道传输空符号，第一个同步序列的计算方法为

$$S_{\text{sy1},k} = \sqrt{4}\exp\left(\mathrm{j}\cdot\pi\frac{5k^2}{N_{\text{sy1}}}\right), \quad k = 0,\cdots,N_{\text{sy1}} - 1 \tag{2-6}$$

其中，参数 $N_{\text{sy1}} = 12$ 。

表 2-11　同步符号的位置

同步符号的序号	同步符号的位置
1	−24, −20, −16, −12, −8, −4, 4, 8, 12, 16, 20, 24
2	−24, −22, −20, −18, −16, −14, −12, −10, −8, −6, −4, −2, 2, 4, 6, 8, 10, 12, 14, 16, 18, 20, 22, 24

第二个同步符号传输 24 个符号，24 个同步符号依次映射到第二个 OFDM 同步符号的第{−24, −22,⋯, −4, −2, 2, 4,⋯, 20, 24}个子信道传输，第二个同步序列的计算方法为

$$S_{\text{sy2},k} = \sqrt{4}\exp\left(\mathrm{j}\cdot\pi\frac{k^2}{N_{\text{sy2}}}\right), \quad k = 0,\cdots,N_{\text{sy2}} - 1 \tag{2-7}$$

其中，参数 $N_{\text{sy2}} = 24$ 。

2.5.3　AGC 序列

在反向链路传输中，为便于地面站接收机建立 AGC 同步，反向链路随机接入帧、专用数据段及数据段均设置 AGC 导频符号。AGC 序列映射到 AGC 符号的{−25,−24,⋯,−1,1,⋯,24,25}子信道传输，AGC 序列的计算方法为

$$S_{\text{AGC}}(k) = \exp\left(\mathrm{j}\cdot\frac{2\pi}{64}P_{\text{AGC}}(k)\right), \quad k = 1,\cdots,50 \tag{2-8}$$

其中，P_{AGC}= {29, 8, 35, 53, 30, 17, 21, 16, 7, 37, 23, 35, 40, 41, 8, 46, 32, 47, 8, 36, 26, 53, 12, 26, 33, 4, 31, 42, 0, 6, 48, 18, 60, 24, 2, 15, 16, 58, 48, 37, 61, 22, 38, 52, 23, 3, 63, 36, 49, 42}。

2.5.4　PAPR 符号

在 L-DACS1 系统反向链路传输中，为了降低机载发射机发射信号的 PAPR，在反向链路每个数据片中均插入 4 个 PAPR 符号，而在随机接入子帧中则插入 6 个 PAPR 符号。PAPR 符号的位置请参阅图 2-13 与图 2-17。此外，由于 PAPR 符号不承载任何信息，其仅用于降低反向链路发射信号的 PAPR，因此 L-DACS1 系统技术规范没有给出 PAPR 符号的计算方法。

2.6　物理层服务

本节首先介绍 L-DACS1 系统机载站物理层提供的服务，随后概要介绍 L-DACS1 系统地面站物理层提供的服务。

2.6.1 机载站物理层服务

为方便读者理解 L-DACS1 系统物理层的工作原理，本节对 L-DACS1 系统机载站物理层的功能进行概要描述[4]。

1. 机载站发射功能

在机载站物理层接收到来自高层协议数据单元后，机载站物理层按照以下步骤进行发送处理：

- 接收来自高层的比特序列，送入比特扰码器进行比特扰码处理；
- 比特扰码器输出的比特序列送入 RS 编码器、块交织器、卷积编码器及螺旋交织器处理；
- 螺旋交织器输出的比特序列送入调制器进行符号映射；
- 生成导频序列、AGC 序列、同步序列及 PAPR 符号；
- 调制符号及各类序列映射到随机接入帧、专用控制段或数据段；
- 通过离散傅里叶逆变换（inverse discrete Fourier transform，IDFT）完成 OFDM 调制；
- 插入循环前缀，然后完成时域加窗处理；
- 并行数据转换为串行数据；
- 通过 D/A 转换器转换为模拟基带信号；
- 模拟基带信号通过发射机转换为射频信号；
- 射频信号通过天线送入信道传播。

2. 机载站接收功能

机载站物理层接收来自天线的射频信号，并按照以下方式处理：

- 来自天线的射频信号通过射频前端转换为模拟基带信号；
- 通过 A/D 转换器转换为数字基带信号，最后转换为数字低通等效信号；
- 利用广播帧的特定结构建立接收机超帧定时，并以超帧同步为基础建立 OFDM 符号定时，且每个超帧更新符号定时同步；
- 利用前向链路各数据帧的同步符号估计获得接收信号的载波频偏，并对载波频偏进行补偿；
- 将串行数据转换为并行数据，并移除循环前缀；
- 通过离散傅里叶变换（discrete Fourier transform，DFT）完成 OFDM 解调；
- 提取导频信号，并通过信道估计得到各个子信道的频率响应；
- 根据各个子信道接收信号及子信道的频率响应进行软解调；
- 解调器输出软比特信息通过解交织器完成交织处理；
- 解交织后的软比特信息通过卷积译码器及 RS 译码器完成信道译码；
- 译码器输出的比特序列经过解扰，最后上报给高层。

3. 其他功能

机载站物理层除了完成以上两个方面功能外，还需提供以下服务：

（1）定时同步维持

为了保证机载站接收机正确接收前向链路信号，要求机载站接收机必须建立符号定时同步，并根据机载站接收机观测得到的定时误差信号不断调整机载站定时同步。

（2）频率同步维持

为了保证机载站接收机正确接收前向链路信号，要求机载站接收机必须建立频率同步，并根据机载站接收机估计得到的载波频偏值不断调整机载站的频率同步。

（3）地面站信号功率测量

为了实现机载站的移动切换，机载站在控制地面站的调度下对其他地面站发射信号的功率值进行测量，并将测量值反馈给控制地面站，控制地面站根据机载站测量值确定机载站发起移动切换的最佳时刻。

（4）机载站发射功率管理

为保证各个机载站发送信号达到地面站接收机时具有相同强度，以保证地面站接收机可同时解调各个机载站的信号，要求机载站发射机根据地面站反馈的功率控制信息动态调整机载站发射信号的功率。

2.6.2　地面站物理层服务

为方便读者理解 L-DACS1 系统物理层的工作原理，本节对 L-DACS1 系统地面站物理层的功能进行概要描述[4]。

1．地面站发射功能

地面站物理层接收到高层协议数据单元后，按照以下步骤发射信号：

- 接收高层的比特序列后，首先进行比特扰码，随后根据传输帧的类型，选择合适的编码及调制方式，并进行 RS 编码、块交织、卷积编码及螺旋比特交织；
- 交织后比特序列进行符号调制（QPSK、16QAM 及 64QAM）；
- 生成导频序列、AGC 序列、同步序列；
- 调制符号及各类序列映射到 BC1 帧、BC2 帧、BC3 帧、专用数据（DD）帧、数据帧；
- 通过 IDFT 完成 OFDM 调制；
- 插入循环前缀，然后进行时域加窗处理；
- 并行数据转换为串行数据；
- 通过 D/A 转换器转换为模拟基带信号；
- 模拟基带信号通过射频发射机转换为射频信号；
- 射频信号通过天线送入信道传播。

2．地面站接收功能

地面站物理层接收来自天线的射频信号，并按照以下方式进行处理：

- 来自天线的射频信号通过射频前端转换为模拟基带信号；
- 模拟基带信号通过 A/D 转换器转换为数字基带信号，最后转换为数字低通等效信号；
- 利用反向链路的同步符号估计接收信号的载波频偏，并对接收信号存在的载波频偏进行补偿；

- 将串行数据转换为并行数据，并移除循环前缀；
- 移除循环前缀后的数据通过 DFT 完成 OFDM 解调；
- 提取导频信号，并进行信道估计获取各个子信道的频率响应；
- 根据各个子信道接收信号及子信道的频率响应，计算得到各个子信道传输符号的软比特信息（软解调）；
- 软比特信息通过解交织器完成信道交织处理；
- 解交织后的比特序列通过卷积译码器及 RS 译码器得到发送比特序列；
- 译码器输出的比特序列通过解扰码处理，最后上报给高层。

3. 其他方面的功能

除了完成以上两个方面功能以外，地面站物理层还需要完成以下服务：

（1）机载站发射信号功率测量

为了保证所有机载站发射信号达到地面站时具有相同的功率，在地面站高层实体的调度下，地面站物理层对机载站发送的随机接入信号或专用控制段信号的强度进行测量，并将测量的结果报告给地面站的高层实体。

（2）机载站定时同步维护

为保证不同机载站发射信号准确达到地面站分配的时隙，要求地面站物理层提供定时同步维护服务。该服务体现在以下两个环节：①随机接入过程；②正常通信的过程。当机载站发起随机接入时，地面站通过接收随机接入信号，并通过相关运算可获得机载站发射信号的定时偏差，并将机载站的定时偏差信息上报给地面站高层实体。地面站高层实体则将定时偏差信息通过前向链路反馈给机载站，机载站收到定时偏差信息后，则在随后的发射中对定时偏差进行预补偿，以保证发射信号准确到达地面站分配时隙。

在机载站与地面站正常通信过程中，地面站可调度机载站在专用控制段指定时隙发送同步信号，地面站通过测量机载站同步信号到达的时刻可确定机载站的定时偏差，并上报给地面站高层实体，高层实体进一步通过前向链路反馈给机载站，机载站在获得其发送定时偏差后，调整发送定时，以保证机载站发射信号准确达到地面站指定的时隙。

（3）机载站载波同步维护

由于反向链路为多址接入信道，为保证地面站接收机可正确接收各个机载站发射的信号，要求各个机载站发射信号达到地面站时信号频率与接收机本地载波保持一致，否则地面站接收机无法同时解调两个机载站的信号，因此需要地面站与机载站一起协调实现链路频率同步。地面站载波频率同步体现在以下两个环节：①随机接入过程；②反向链路正常通信过程。在机载站发起随机接入时，地面站通过接收随机接入信号，并通过相关运算可估计得到随机接入信号的载波频偏值，地面站物理层将获取的载波频偏值信息上报给地面站高层实体。地面站高层则将载波偏差信息通过前向链路反馈给相应机载站，机载站则通知其 MAC 层实体对载波频偏进行发射机预补偿，以保障机载站发射的信号经过信道传播后到达地面站接收机并与接收机载波频率保持一致。

在机载站与地面站正常通信过程中，地面站可调度机载站在专用控制段指定的时隙发送同步信号，地面站通过测量专用控制段特定时隙的同步信号可获得机载站的载波频偏值，并上报给地面站高层实体，地面站高层则通过前向链路反馈给机载站的 MAC 实体，机载站 MAC 实体将载波频偏信息告知机载站发射机进行发射机预补偿，以保障随后发射的信号载波频率与地面站接收机载波频率保持一致。

2.7 本章小结

本章首先概要介绍了 L-DACS1 系统的基础知识；随后介绍了 L-DACS1 系统前向链路及反向链路的符号结构；2.3 节介绍了 L-DACS1 系统前向链路及反向链路的帧结构；2.4 节介绍了 L-DACS1 系统信道编码、交织器、调制器及调制符号的映射方法；2.5 节介绍了 L-DACS1 系统导频序列、同步序列及 AGC 序列的产生方法；2.6 节概要介绍了 L-DACS1 系统地面站及机载站物理层实体的服务。

参 考 文 献

[1] SCHNELL M, EPPLE U, SHUTIN D, et al. LDACS: Future aeronautical communications for air traffic management[J]. IEEE communications magazine, 2014,52(5):104-110.

[2] NEJI N, LACERDA R D, AZOULAY A E, et al. Survey on the future aeronautical communication system and its development for continental communications[J]. IEEE transactions on vehicular technology, 2013, 62(1):182-191.

[3] SAJATOVIC M, HAINDL B, SCHNELL M. L-DACS1 system definition proposal: deliverable D2[R]. Eurocontrol study report, Version 1.0, Brussels, 2009.

[4] SAJATOVIC M, HAINDL B, SCHNELL M. Updated L-DACS1 system specification: deliverable D2[R]. EUROCONTROL, Brussels, 2011.

[5] BRANDES S , EPPLE U, GLIGOREVIC S, et al. Physical layer specification of the L-band digital aeronautical communications system (L-DACS1) [C]// 2009 Integrated Communications, Navigation and Surveillance Conference, Arlington, VA, USA, 2009:1-12.

[6] GLIGOREVIC S, EPPLE U, SCHNELL M. The L-DACS1 physical layer design[M]. Dr. Simon Plass(Ed.) Future Aeronautical Communications, InTech, Sept Open Access Publisher, 2011.

[7] GRÄUPL T, EHAMMER M, ROKITANSKY C H. L-DACS1 data link layer design and performance[C]// 2009 Integrated Communications, Navigation and Surveillance Conference, Arlington, VA, USA, 2009: H2.

[8] GRÄupl T, EHAMMER M. The L-DACS1 link layer design[M]. Dr. Simon Plass(Ed.) Future Aeronautical Communications, InTech Open Access Publisher, 2011.

第3章　测距仪对L频段数字航空通信系统的影响

3.1　DME 系统简介

测距仪[1]（distance measure equipment，DME）是一种无线电脉冲测距系统，该系统工作于航空无线电导航频段，工作频率为960～1215MHz。在民航实际应用中，DME地面台通常与甚高频全向信标（VHF omnidirectional radio range，VOR）地面台安装在一起，二者结合构成了国际民航标准的$\rho-\theta$近程无线电导航系统。

图3-1所示为DME系统的组成。DME系统由机载测距设备和地面测距设备两部分组成，其中机载测距设备称为询问器（interrogator），地面测距设备称为应答器（beacon）。DME系统测距原理如下：机载询问器产生一系列的询问脉冲，询问脉冲由一对高斯脉冲信号构成，高斯脉冲对的间隔通常为12μs，机载询问器将询问脉冲调制到询问频率，然后发送给地面应答器。地面应答器在询问频率上接收到机载询问器发送的询问脉冲后，将接收到的脉冲信号固定延迟50μs，并使用应答频率将脉冲信号发送给机载询问器，应答频率高于或低于询问频率63MHz。机载询问器在应答频率上接收地面应答器发送的应答脉冲信号，通过比较应答脉冲到达时刻及询问脉冲的发送时刻，并减去地面应答器50μs固定延迟就可以得到飞机至地面站之间双程无线电的传播时间，并进一步根据无线电电波的传播速率可换算得到飞机与地面站之间的斜距。如果飞机的飞行高度远小于飞机与地面站之间的斜距，则可将此斜距视为飞机到地面站的水平距离。

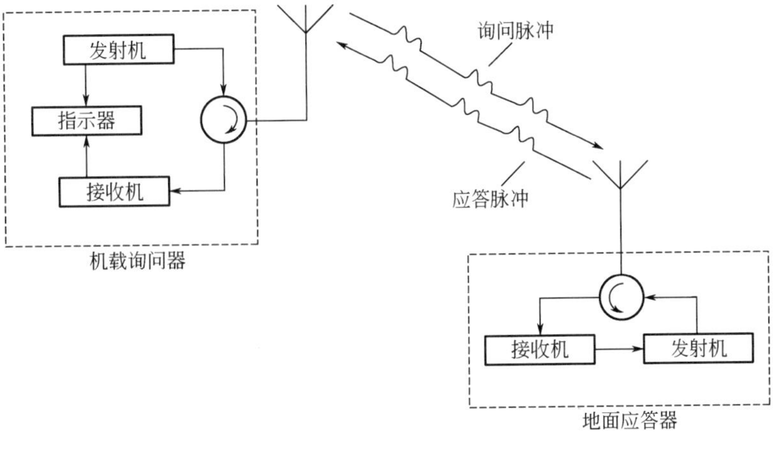

图3-1　DME系统的组成

图3-2所示为机载询问器产生的高斯脉冲对信号波形。机载询问器发送的询问脉冲

由一系列高斯脉冲对构成，其中每个脉冲信号的波形呈现为高斯波形，高斯脉冲的半幅宽度为 3.5μs，高斯脉冲对之间的间隔由 DME 信道的工作方式决定。当 DME 信道以 X 方式工作时，高斯脉冲对的时间间隔取值为 12μs；当信道以 Y 方式工作时，高斯脉冲对的时间间隔取值为 30μs。机载询问器发送高斯脉冲对的重复频率与询问器的工作状态有关，当询问器处于搜索状态时，询问器发送询问高斯脉冲对的重复频率为 40～150 对/s；当询问器处于跟踪状态时，询问器发送询问脉冲对的重复频率为 10～30 对/s，机载询问器的峰值发射功率为 50W～2kW。

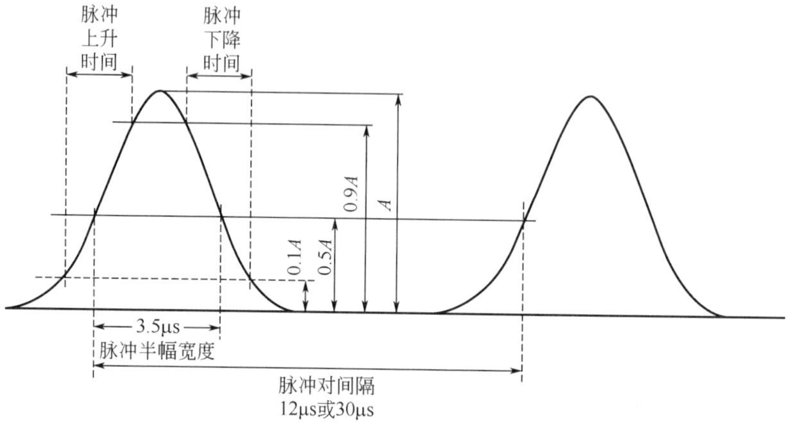

图 3-2　机载询问器产生的高斯脉冲对信号波形

由于地面应答器通常为其服务区域内的多架飞机同时提供无线电测距服务，因此地面应答器发送高斯脉冲对的重复频率远高于机载询问器，一般情况下，地面应答器发送高斯脉冲对的重复频率为 1000～2700 对/s。地面应答器通常部署在终端区或沿航路部署，地面应答器峰值发射功率为 1～20kW。

DME 系统工作于航空无线电导航频段，该频段的频率范围为 960～1215MHz，在该频段范围内共设置 256 个 DME 波道，波道间隔为 1.0MHz，其中机载询问器发射询问信号的频率为1025～1150MHz，地面应答器发射应答信号的频率为962～1213MHz，应答频率与询问频率的频率间隔为±63MHz。

3.2　L-DACS 1 系统的未来部署

为解决 L-DACS 频率资源匮乏的问题，同时为推动 L-DACS 的研究、开发与标准化，2007 年世界无线电大会 417 号决议批准了 L-DACS 部署于航空无线电导航 L 频段的建议[2]。图 3-3 所示为 L-DACS 1 在航空无线电导航频段的频率分配。L-DACS1 系统前向链路（地面站-机载站）工作频段为 985.5～1008.5MHz，反向链路（机载站-地面站）工作频段为 1048.5～1071.5MHz。由图 3-3 可观测到：L-DACS1 系统的工作频段与 DME 系统的工作频段重叠。为避免 L-DACS1 系统与 DME 系统相互干扰，建议 L-DACS1 系统部署在 DME 波道的中央，占用信号带宽 0.5MHz。

图 3-4 所示为 L-DACS1 系统以内嵌方式部署在 DME 系统波道中央，造成 OFDM 与 DME 信号频谱交叠的现象（绘图条件：OFDM 信号功率被归一化，DME 信号平均功

率高于 OFDM 信号功率 3.8dB，即信干比（SIR）为−3.8dB），图 3-4 中虚线代表 DME 信号的功率谱，实线代表 OFDM 信号的功率谱。从图 3-4 可观测到：L-DACS1 系统以内嵌方式部署在 DME 波道中央导致 DME 与 OFDM 信号在频域产生交叠，可能造成两个系统的相互干扰。

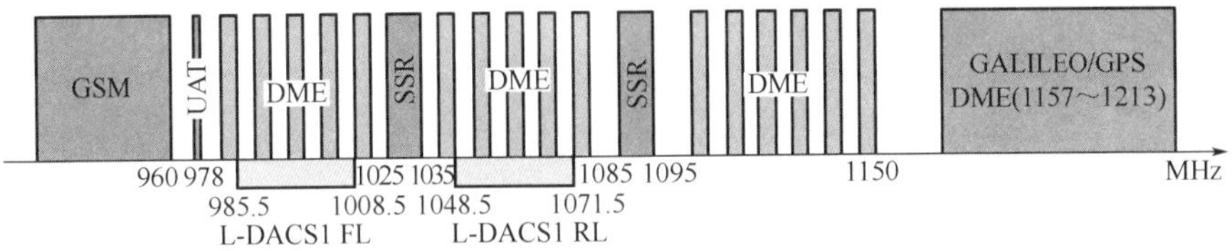

图 3-3　L-DACS1 系统在航空无线电导航频段的频率分配

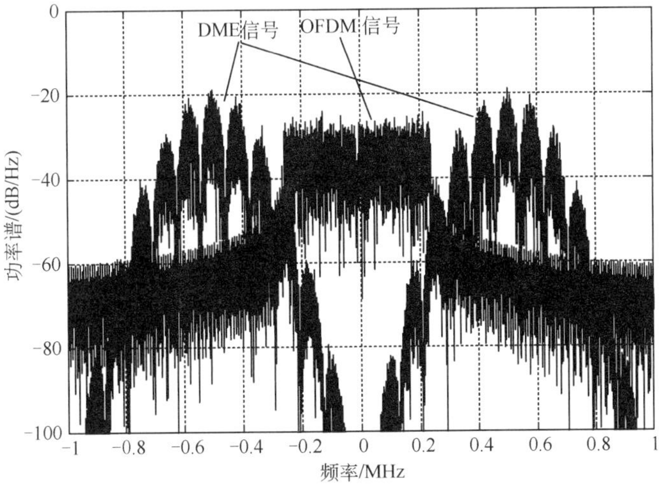

图 3-4　OFDM 与 DME 信号频谱交叠的现象

（OFDM 信号功率归一，SIR=−3.8dB）

为了克服 L-DACS1 系统 OFDM 调制带外泄漏功率大可能造成 L-DACS1 信号干扰邻道 DME 系统的问题，DLR 的研究人员提出了五种带外泄漏干扰抑制方法[3-7]：①时域窗函数法（time domain windowing）；②多选择序列法（multiple choice sequence）；③子载波加权法（subcarrier weighting）；④取消子载波法（cancellation carriers）；⑤组合方法。DLR 的研究结果表明：采用以上带外泄漏抑制方法后，可显著降低 L-DACS1 系统 OFDM 信号的带外泄漏，降低 L-DACS1 发射机对邻道 DME 接收机的干扰。

另一方面，为解决邻道 DME 信号对 L-DACS1 系统 OFDM 接收机干扰的问题，DLR 开展大量研究[8,9]，研究表明：DME 信号对 L-DACS1 系统 OFDM 接收机的干扰呈现以下特点：①干扰强度大，典型干扰场景下，OFDM 接收机解调器输入信干比（SIR）达−3.8dB；②干扰密集，典型干扰场景下，单个 OFDM 符号传输时间内，OFDM 接收机被单个 DME 脉冲干扰的概率为 88%；③干扰持续时间长，由于 DME 地面站沿陆地航路部署，航空器在沿航路飞行过程中会持续受到 DME 信号的干扰。DLR 的研究结果还表明[10]：如果 L-DACS1 系统 OFDM 接收机不采取干扰抑制措施，L-DACS1 系统链路的传输可靠性将显著恶化，将无法满足新一代空中交通管理系统高速、大容量、可靠空地数据通信的要求。因此，针对 L-DACS1 系统以内嵌方式部署在 DME 波道间，带来 DME 信号干扰 L-DACS1 系统 OFDM 接收机的问题，开展 OFDM 接收机 DME 干扰抑制方法的研究具有重要意义。

3.3 DME 信号带外泄漏功率

为定量给出 DME 信号对 L-DACS1 系统 OFDM 接收机空地链路传输可靠性的影响，本节首先给出截断高斯脉冲的信号模型，以此为基础给出截断高斯脉冲对的信号模型，最后通过理论分析给出 DME 信号带外泄漏功率的计算方法[11]。

3.3.1 截断高斯脉冲信号

DME 系统基带信号为高斯脉冲信号，由于高斯脉冲信号在时域衰减较慢，不便于理论分析，因此首先使用矩形窗函数对高斯脉冲进行截断得到截断的高斯脉冲信号。

图 3-5 所示为使用矩形窗对高斯脉冲信号在时域进行截断得到的截断高斯脉冲信号。截断的高斯脉冲信号表示为[11]

$$g(t)=\exp\left[-4\times\ln 2\cdot\left(\frac{t}{T_{\mathrm{p}}}\right)^2\right]\cdot\mathrm{rect}\left(\frac{t}{T_{\mathrm{r}}}\right) \tag{3-1}$$

其中，T_{p} 为高斯脉冲的半幅宽度，该参数取值为 3.5μs；T_{r} 为矩形窗的宽度，矩形截断窗函数表示为

$$\mathrm{rect}\left(\frac{t}{T_{\mathrm{r}}}\right)=\begin{cases}1, & |t|\leqslant\dfrac{T_{\mathrm{r}}}{2}\\ 0, & 其他\end{cases} \tag{3-2}$$

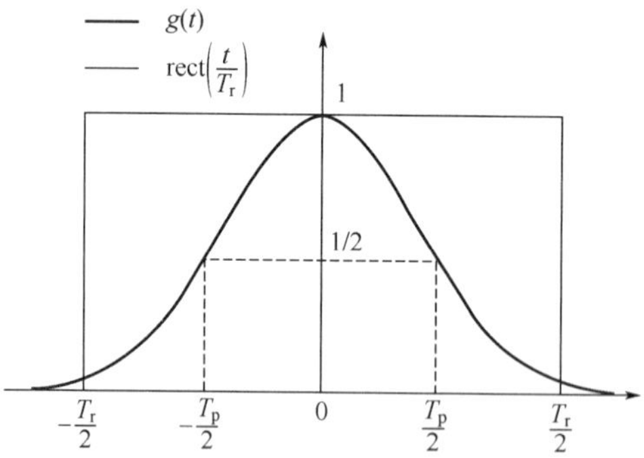

图 3-5　使用矩形窗截断高斯脉冲信号

由参考文献[11]的研究结果可得到截断高斯脉冲信号的能量为

$$E_{\mathrm{g}}=\frac{T_{\mathrm{p}}}{2}\cdot\sqrt{\frac{\pi}{2\times\ln 2}}\cdot\mathrm{erf}\left(\sqrt{2\times\ln 2}\cdot\frac{T_{\mathrm{r}}}{T_{\mathrm{p}}}\right) \tag{3-3}$$

其中，$\mathrm{erf}(\cdot)$ 为高斯误差函数。对 $g(t)$ 信号进行傅里叶变换可得到截断高斯脉冲信号的傅里叶变换 $G(f)$ 为

$$G(f)=\sqrt{\frac{\pi}{\ln 2}}\cdot\frac{T_{\mathrm{p}}}{2}\cdot\exp\left[-\frac{\pi^2}{4\cdot\ln 2}\cdot(T_{\mathrm{p}}\cdot f)^2\right] \cdot\Re\left[\mathrm{erf}\left(\sqrt{\ln 2}\cdot\frac{T_{\mathrm{r}}}{T_{\mathrm{p}}}+\mathrm{j}\cdot\frac{\pi}{2\cdot\sqrt{\ln 2}}\cdot T_{\mathrm{p}}\cdot f\right)\right] \tag{3-4}$$

其中，$\Re(\cdot)$ 为取实部运算。进一步对 $G(f)$ 的模取平方，可得到截断的高斯脉冲信号 $g(t)$ 的能量谱密度为

$$\Phi_{\mathrm{g}}(f)=\frac{\pi}{\ln 2}\cdot\left(\frac{T_{\mathrm{p}}}{2}\right)^2\cdot\exp\left(-\frac{\pi^2}{2\cdot\ln 2}\cdot(T_{\mathrm{p}}\cdot f)^2\right) \cdot\Re^2\left\{\mathrm{erf}\left(\sqrt{\ln 2}\cdot\frac{T_{\mathrm{r}}}{T_{\mathrm{p}}}+\mathrm{j}\cdot\frac{\pi}{2\cdot\sqrt{\ln 2}}\cdot T_{\mathrm{p}}\cdot f\right)\right\} \tag{3-5}$$

利用计算机绘图可得到截断高斯脉冲信号 $g(t)$ 的能量谱密度，如图 3-6 所示。其中，横坐标为频率，纵坐标为信号的归一化能量谱密度。由式（3-5）可进一步计算得到截断高斯脉冲信号的 3dB 带宽，即

$$\mathrm{BW}_{-3\mathrm{dB}}=\frac{2\sqrt{2}\times\ln 2}{\pi}\cdot\frac{1}{T_{\mathrm{p}}}\approx 178\mathrm{kHz} \tag{3-6}$$

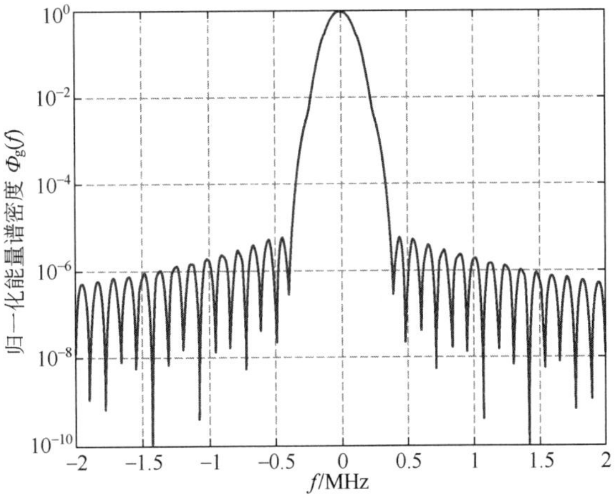

图 3-6　截断高斯脉冲信号的归一化能量谱密度

（T_{p}=3.5μs， T_{r} = 8.5μs）

3.3.2　截断高斯脉冲对信号

利用 3.3.1 节给出的矩形窗截断方法，可得到截断高斯脉冲对信号 $e(t)$ 的时域表达式为

$$e(t)=\sqrt{\frac{1}{2}\cdot\frac{P_{\mathrm{s}}}{E_{\mathrm{g}}}\cdot\frac{1}{Q}}[g(t)+g(t-\Delta t)] \tag{3-7}$$

其中，P_{s} 为 DME 信号的功率；Q 为高斯脉冲对的重复频率；$g(t)$ 与 E_{g} 分别由式（3-1）与式（3-3）给出；Δt 为高斯脉冲对的间隔，通常情况下 Δt 取值为 12μs 或 30μs。

图 3-7 所示为截断高斯脉冲对信号 $e(t)$ 的波形。根据式（3-3）可得到截断高斯脉冲信号对 $e(t)$ 的能量，即

$$E_{\mathrm{e}}=\frac{P_{\mathrm{s}}}{Q} \tag{3-8}$$

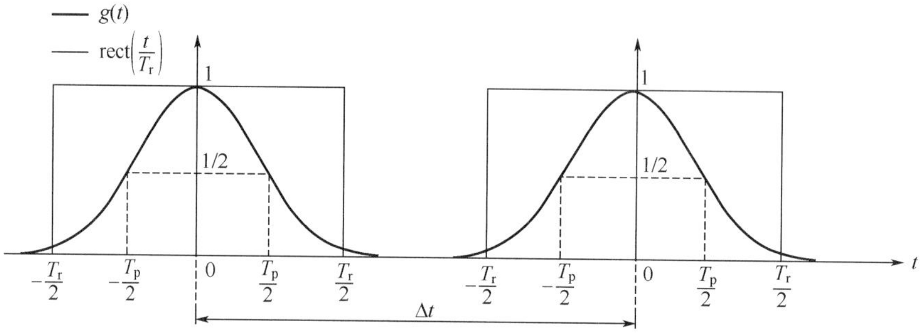

图 3-7　截断高斯脉冲对信号的波形

对信号 $e(t)$ 进行傅里叶变换，可得到截断高斯脉冲对信号 $e(t)$ 的傅里叶变换[11]，即

$$E(f)=\sqrt{2\cdot\frac{P_{\mathrm{s}}}{E_{\mathrm{g}}}\cdot\frac{1}{Q}}\cdot\exp(-\mathrm{j}\pi\cdot\Delta t\cdot f)\cdot\cos(\pi\cdot\Delta t\cdot f)\cdot G(f) \tag{3-9}$$

对 $E(f)$ 取模并进行平方运算可得到 $e(f)$ 信号的能量谱密度，即

$$\varPhi_{\mathrm{e}}(f)=2\cdot\frac{P_{\mathrm{s}}}{E_{\mathrm{g}}}\cdot\frac{1}{Q}\cdot\cos^2(\pi\cdot\Delta t\cdot f)\cdot\varPhi_{\mathrm{g}}(f) \tag{3-10}$$

利用 Matlab 软件绘图可得到截断高斯脉冲对信号 $e(t)$ 的能量谱密度，如图 3-8 所示。其中，横坐标为频率，纵坐标为信号的归一化能量谱密度。由图 3-8 可观测到：截断高斯脉冲对信号的能量主要集中于−0.25～0.25MHz。

3.3.3　DME 信号带外泄漏功率

DME 系统发射的基带信号由一系列高斯脉冲对组成，高斯脉冲对的重复频率记为 Q。为便于理论分析，假设 DME 发射的高斯脉冲对是等间隔出现的（注：机载询问器发射高斯脉冲对的间隔与机载询问器的工作状态有关，不同工作状态下询问器发送高斯脉冲对的重复频率是不相同的），在以上假设情况下，DME 系统的基带信号表示为[11]

$$s(t)=\sum_{k}e(t-k\cdot\tau) \tag{3-11}$$

其中，$\tau=\dfrac{1}{Q}$，代表高斯脉冲对的时间间隔。由参考文献[11]推导可得 DME 信号在频率

范围$[f_1, f_2]$内的信号功率为

$$P_{\mathrm{int}} = Q \cdot \int_{f_1}^{f_2} \Phi_{\mathrm{e}}(f) \cdot \mathrm{d}f = \frac{\sqrt{\dfrac{2\pi}{\ln 2}}}{\mathrm{erf}\left(\sqrt{2 \times \ln 2} \cdot \dfrac{T_{\mathrm{r}}}{T_{\mathrm{p}}}\right)} \cdot P_{\mathrm{s}} \cdot T_{\mathrm{p}} \cdot I(f_1, f_2) \tag{3-12}$$

其中，

$$I(f_1, f_2) = \int_{f_1}^{f_2} \cos^2(\pi \cdot \Delta t \cdot f) \cdot \exp\left(-\frac{\pi^2}{2 \cdot \ln 2} \cdot (T_{\mathrm{p}} \cdot f)^2\right) \cdot \Re^2\left[\mathrm{erf}\left(\sqrt{\ln 2} \cdot \frac{T_{\mathrm{r}}}{T_{\mathrm{p}}} + \mathrm{j} \cdot \frac{\pi}{2 \cdot \sqrt{\ln 2}} \cdot T_{\mathrm{p}} \cdot f\right)\right] \mathrm{d}f \tag{3-13}$$

利用数值积分的方法，可计算得到$I(f_1, f_2)$。

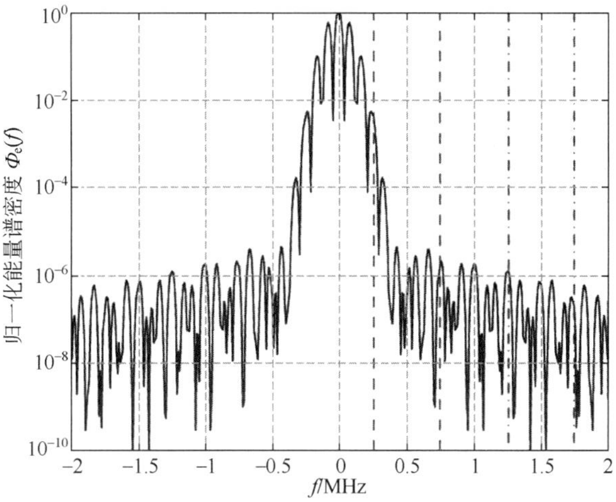

图 3-8　截断高斯脉冲对信号的归一化能量谱密度
（$T_{\mathrm{p}} = 3.5\mu\mathrm{s}$，$T_{\mathrm{u}} = 8.5\mu\mathrm{s}$，$\Delta t = 12\mu\mathrm{s}$）

在 DME 信号带宽{−0.25, +0.25}内：

$$I^{(0)}(-0.25, 0.25) \approx 0.1895 \cdot \Delta f \tag{3-14}$$

在第一邻道 L-DACS1 带宽内：

$$I^{(1)}(0.25, 0.75) \approx 1.1914 \times 10^{-4} \cdot \Delta f \tag{3-15}$$

在第二邻道 L-DACS1 带宽内：

$$I^{(2)}(1.25, 1.75) \approx 2.2845 \times 10^{-7} \cdot \Delta f \tag{3-16}$$

在第三邻道 L-DACS1 带宽内：

$$I^{(3)}(2.25, 2.75) \approx 8.1709 \times 10^{-8} \cdot \Delta f \tag{3-17}$$

其中，$\Delta f = f_2 - f_1$，参量 f_2 与 f_1 的单位为 MHz。利用式（3-14）～式（3-17）的结果可计算得到 DME 信号泄漏到相邻 L-DACS1 信道的功率如下：

在 DME 信号带宽内

$$P_{\text{int}}^{(0)}[\text{dB}] \approx P_{\text{s}}[\text{dB}] - 0.0055 \tag{3-18}$$

泄漏到第一邻道 L-DACS1 带宽内的功率为

$$P_{\text{int}}^{(1)}[\text{dB}] \approx P_{\text{s}}[\text{dB}] - 32.02 \tag{3-19}$$

泄漏到第二邻道 L-DACS1 带宽内的功率为

$$P_{\text{int}}^{(2)}[\text{dB}] \approx P_{\text{s}}[\text{dB}] - 59.19 \tag{3-20}$$

泄漏到第三邻道 L-DACS1 带宽内的功率为

$$P_{\text{int}}^{(3)}[\text{dB}] \approx P_{\text{s}}[\text{dB}] - 63.66 \tag{3-21}$$

根据式（3-18）～式（3-21）的计算结果，可得到以下结论[11]：①随着频率的增加，泄漏到邻近 L-DACS1 信道的 DME 信号功率呈现快速衰减趋势；②DME 在最近 L-DACS1 信道内泄漏的信号功率仅比 DME 信号功率低 32dB；③DME 在第二邻道 L-DACS1 信道内泄漏的信号功率比 DME 信号功率低 59dB；④DME 在第三邻道 L-DACS1 信道内泄漏的信号功率比 DME 信号功率低 64dB。

3.4 L-DACS1 前向链路与干扰链路预算

为定量给出 DME 发射机对 L-DACS1 系统机载接收机的影响，本节首先针对 L-DACS1 系统前向链路预算给出机载接收机输入信噪比；随后针对地面 DME 发射机至机载接收机干扰链路计算给出机载接收机输入信干比。

3.4.1 L-DACS1 系统前向链路预算

L-DACS1 系统主要提供飞机在陆地航路飞行过程中的空地数据通信服务，L-DACS1 系统主要有三种工作场景[12]：航路飞行场景、终端区飞行场景和机场场景。相对于终端区飞行场景与机场场景，飞机沿航路飞行过程中，地面 DME 发射机对机载 L-DACS1 接收机影响最为严重，因此以下主要考虑飞机在航路飞行过程中，地面 DME 发射机对机载 L-DACS1 接收机的影响。表 3-1 所示为飞机在陆地航路飞行场景下，L-DACS1 系统前向链路的链路预算。

表 3-1 航路飞行场景下 L-DACS1 系统链路预算[12]

L-DACS1 系统前向链路		单位	航路场景		
发射机参数	发射机输出功率	dBm	46	41	36
	发射机天线增益	dBi	8	8	8
	发射机馈线损耗	dB	2	2	2
	双工器损耗	dB	0	0	0
	发射机有效全向辐射功率（EIRP）	dBm	52	47	42

续表

L-DACS1 系统前向链路		单位	航路场景		
传播参数	工作频率	MHz	993.5	993.5	993.5
	发射机与接收机距离	n mile	200	120	60
	路径损耗	dB	143.76	139.32	133.30
杂项余量	干扰余量	dB	0	0	0
	系统实现余量	dB	4	4	4
	安全余量	dB	6	6	6
接收机参数	接收天线增益	dBi	0	0	0
	双工器损耗	dB	0.5	0.5	0.5
	接收机馈线损耗	dB	3	3	3
	接收信号功率	dBm	−95.26	−95.82	−94.80
	热噪声功率谱（290K）	dBm/Hz	−174	−174	−174
	接收机带宽	Hz	498 050	498 050	498 050
	热噪声功率	dBm	−117.03	−117.03	−117.03
	接收机噪声系数	dB	6	6	6
	接收噪声总功率	dBm	−107.03	−107.03	−107.03
	输入信噪比	dB	11.77	11.21	12.23

根据表 3-1 给出的计算结果，可得到以下结论：当前向链路通信距离分别为 200n mile（海里）、120n mile 与 60n mile 时，L-DACS1 系统前向链路传输损耗分别为 143.76dB、139.32dB 及 133.30dB，机载 OFDM 接收机的输入信噪比分别为 11.77dB、11.21dB 及 12.23dB。

3.4.2　地面 DME 应答器至机载接收机干扰链路预算

为定量给出地面 DME 应答器发射信号对 L-DACS1 机载接收机的影响，表 3-2 在航路 DME 场景及终端 DME 场景下分别给出了 DME 干扰链路（DME 应答器-L-DACS1 机载接收机）的链路预算。

表 3-2　DME 干扰链路预算（单个 DME 地面基站干扰）[12]

DME 干扰链路		单位	航路 DME 场景		终端 DME 场景	
DME 发射机参数	地面 DME 应答器发射功率	dBm	70.0		60.0	
	发射机天线增益	dBi	8		8	
	发射机馈线损耗	dB	2		2	
	发射机有效全向辐射功率（EIRP）	dBm	76.0		66.0	
传播参数	工作频率	MHz	993	994	993	994
	发射机与接收机距离	n mile	200	200	25	25
	路径损耗	dB	143.75	143.76	125.69	125.70

续表

DME 干扰链路		单位	航路 DME 场景		终端 DME 场景	
L-DACS1 接收机参数	接收天线增益	dBi	0	0	0	0
	双工器损耗	dB	0.5	0.5	0.5	0.5
	接收机馈线损耗	dB	3	3	3	3
	接收 DME 信号功率	dBm	−71.25	−71.26	−63.19	−63.20

根据表 3-2 给出的计算结果可得到以下结论：①DME 应答器与 L-DACS1 系统机载接收机距离分别为 200n mile 与 25n mile 时，DME 干扰链路的路径损耗分别为 143.75dB 与 125.69dB；②在航路 DME 场景下，L-DACS1 机载接收机接收到地面 DME 应答器发射 DME 信号的功率为−71.25dBm；在终端 DME 场景下，L-DACS1 机载接收机接收地面 DME 应答器发射 DME 信号的功率为−63.19dBm。

3.4.3 L-DACS1 机载接收机输入信干比

表 3-3 所示为 L-DACS1 机载接收机与地面 DME 应答器不同距离时（200n mile、120n mile、60n mile），L-DACS1 机载接收机接收到的地面 DME 应答器发射 DME 信号的功率（干扰链路工作频率为 993.5MHz，与 L-DACS1 前向链路的频率差为±500kHz）。

表 3-3 航路 DME 的干扰功率计算[12]

航路 DME 场景参数	取值					
地面应答器与机载接收机距离/ n mile	200		120		60	
工作频率/MHz	993	994	993	994	993	994
接收 DME 干扰信号功率/dBm	−71.25	−71.26	−65.82	−65.83	−59.8	−59.81

表 3-4 所示为 L-DACS1 机载接收机与 L-DACS1 地面站处于不同距离时(200n mile、120n mile、60n mile)，在航路 DME 干扰情况下(航路 DME 地面站与飞机距离为 200mile、120n mile、60n mile)，L-DACS1 机载接收机的输入信噪比与接收信干比[12]。由表 3-4 可观测到以下结果：①当 L-DACS1 机载接收机与 L-DACS1 地面站距离为 120n mile，且与地面 DME 应答器距离为 60n mile 时，L-DACS1 机载接收机的输入信干比最小，即此场景为最恶劣场景；②当 L-DACS1 机载接收机与 L-DACS1 地面站距离为 60n mile，且与地面 DME 应答器距离为 200n mile 时，L-DACS1 机载接收机的输入信干比最大，即此场景为干扰最小的场景。

表 3-4 L-DACS1 机载接收机的输入信噪比与接收信干比[12]

航路 DME（距离 d ）/ n mile	参数/dB	航路场景（距离 D）/ n mile		
		200	120	60
200	SNR	11.77	11.21	12.23
	SIR	−27.02	−27.58	−26.56
120	SNR	11.77	11.21	12.23
	SIR	−32.45	−33.01	−31.99
60	SNR	11.77	11.21	12.23
	SIR	−38.47	−39.03	−38.01

3.5　DME 对 L-DACS1 系统 OFDM 接收机的影响

为定量评估 DME 对 L-DACS1 系统 OFDM 接收机链路传输可靠性的影响，本节设计 L-DACS1 系统仿真平台，并仿真研究 DME 信号对 L-DACS1 接收机链路差错性能的影响。其中，3.5.1 节主要介绍 L-DACS1 系统仿真平台中接收机等效低通滤波器的设计方法，3.5.2 节给出残留 DME 信号对前向链路传输可靠性的影响。

3.5.1　等效中频低通滤波器及抗混叠滤波器

在 L-DACS1 接收机中，由于接收机射频通道较宽，因此邻道 DME 信号会无衰减地通过接收机射频单元；在接收机中频单元，由于邻道 DME 信号频率与 OFDM 信号频率仅相差 500kHz，因此邻道 DME 信号被中频滤波器衰减后，残余 DME 信号分量仍会通过中频滤波器；在接收机基带处理单元，DME 残余信号分量进一步被基带抗混叠滤波器衰减后，最终残留 DME 信号分量将进入基带单元形成对 OFDM 接收机的干扰。

为定量评估 L-DACS1 接收机射频前端及基带抗混叠滤波器对邻道 DME 信号的衰减，DLR 开展了相关测试[8]，测试表明：L-DACS1 接收机射频前端及基带抗混叠滤波器对邻道 DME 信号的衰减为−27dB。

图 3-9 所示为 L-DACS1 接收机射频前端及基带抗混叠滤波器对邻道 DME 信号的衰减。根据 3.4 节给出的 L-DACS1 系统链路预算，最恶劣情况下 L-DACS1 机载接收机输入端的信干比为−30dB，经过射频前端及基带抗混叠滤波器衰减后，邻道 DME 信号的功率将被衰减 27dB，最后在 OFDM 解调器输入端的信干比为−3dB，即在 L-DACS1 机载接收机基带解调器输入端，残留 DME 信号功率高于 OFDM 信号功率达 3dB。

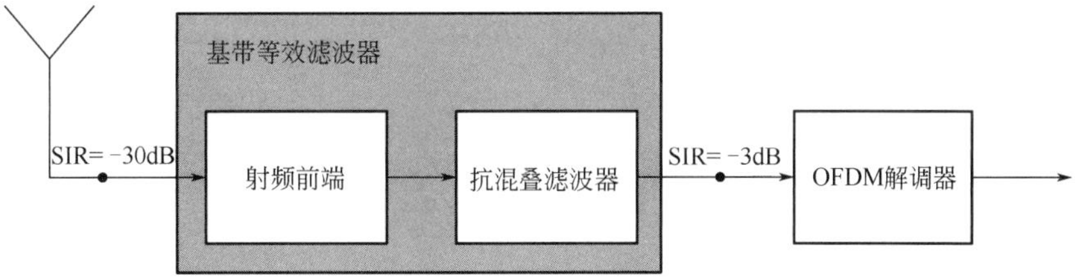

图 3-9　L-DACS1 接收机射频前端及抗混叠滤波器对邻道 DME 信号的衰减

在开展 L-DACS1 系统 OFDM 接收机 DME 信号干扰抑制研究过程中，需首先建立 L-DACS1 系统 OFDM 接收机 DME 干扰抑制仿真平台，为模拟 L-DACS1 接收机射频前端及基带抗混叠滤波器对邻道 DME 信号的衰减作用，在仿真平台中需要设计一个等效中频低通滤波器。

图 3-10 所示为等效中频低通滤波器及抗混叠滤波器的幅频特性曲线，横坐标为频率，单位为 MHz；纵坐标为衰减，单位为 dB。图 3-10 中曲线 1 代表等效中频低通滤波器的幅频特性曲线；曲线 2 代表基带抗混叠滤波器的幅频特性曲线；曲线 3 代表等效中频低通滤波器+抗混叠滤波器的幅频特性曲线。从图 3-10 可观察得到：等效中频低通滤波器+抗混叠滤波器在 ±0.3125MHz 处衰减达到−80dB，因此 OFDM 信号会无衰减通过等效中频低通滤波器及抗混叠滤波器，而邻道 DME 信号将被大幅度地衰减。

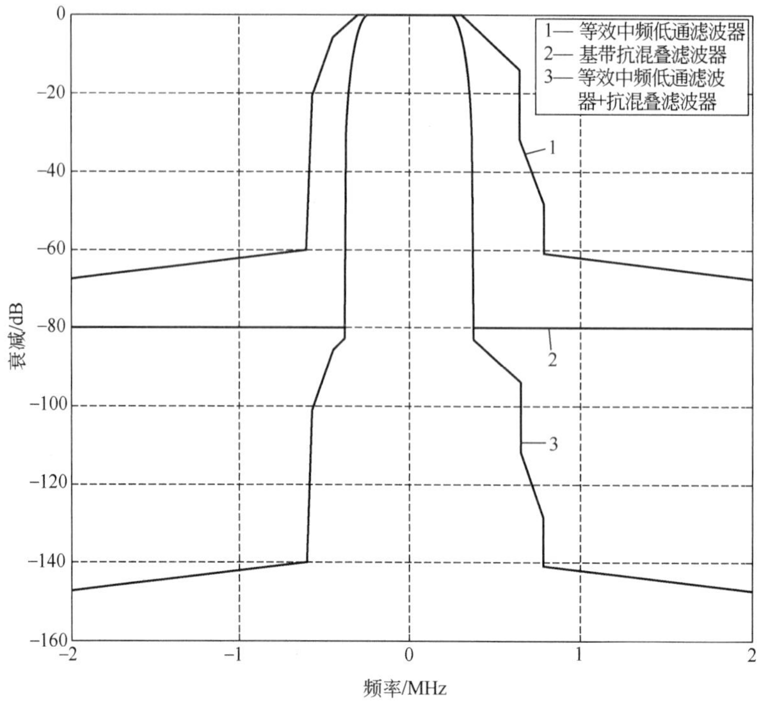

图 3-10　等效中频低通滤波器的幅频特性曲线

表 3-5 所示为霍尼韦尔公司生产的 DME 接收机（型号 KN-62A）的接收通道衰减特性及 DLR 建议的 L-DACS1 系统接收机中频滤波器及基带抗混叠滤波器的技术参数。参考表 3-5，可确定 L-DACS1 系统仿真平台等效中频低通滤波器的参数：①等效中频滤波器，采样频率为 2.5MHz，通带截止频率为 0.3MHz，阻带截止频率为 0.6MHz，衰减为 60dB；②抗混叠滤波器采用升余弦滤波器，滚降因子为 0.22，采样频率为 2.5MHz，截止频率为 0.29MHz，滤波器阶数为 200。计算机仿真验证表明：DME 信号经过等效中频低通滤波器与基带抗混叠滤波器后衰减达到−27dB，与 DLR 的测试结果保持一致。

表 3-5　DME 接收通道特性及中频滤波器参数

参数		衰减量
DME 接收通道衰减特性（KN−62A）	−0.5 MHz/+0.5 MHz	0 dB
	−0.65 MHz/+0.84 MHz	6 dB
	−0.76 MHz/+0.98 MHz	20 dB
	−0.79 MHz/+0.99 MHz	40 dB
	−0.80 MHz/+1.00 MHz	60 dB
	−2.5MHz/+2.5 MHz	通过 60～70 dB 的线性插值保证为 70 dB
接收机中频滤波特性	−0.3 MHz/+0.3 MHz	0 dB
	−0.45 MHz/+0.64 MHz	6 dB
	−0.56 MHz/+0.78 MHz	20 dB
	−0.6 MHz/+0.8 MHz	40 dB

续表

参数		衰减量
接收机中频滤波特性	−0.6 MHz/+0.8 MHz	60 dB
	−2.5 MHz/+2.5 MHz	通过 60～70 dB 的线性插值保证为 70 dB
接收机抗混叠滤波器	类型	升余弦滤波器
	截止频率	−0.3125 MHz/+0.3125 MHz
	滚降因子	0.22

图 3-11 所示为经过等效中频低通滤波器及抗混叠滤波器后残留 DME 信号的时域波形（实部），横坐标为采样点数，纵坐标为信号幅度。图 3-11 中实线代表接收 OFDM 信号波形（OFDM 信号功率被归一化），虚线代表残留 DME 信号波形。由图 3-11 可观察到：①残留 DME 信号在时域呈现为脉冲干扰，信号幅度远高于 OFDM 信号；②DME 干扰在时域呈现簇状特性，残留 DME 信号对一个 OFDM 符号内多个连续样值造成干扰。

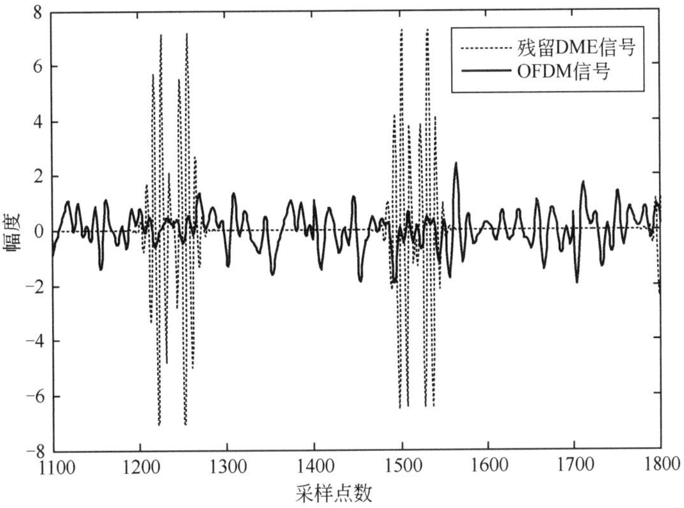

图 3-11　残留 DME 信号的时域波形（实部）

（单个 DME 干扰，$f_c = 500\text{kHz}$，SIR=−3dB，OFDM 功率归一）

图 3-12 所示为残留 DME 信号与 OFDM 信号的功率谱，横坐标为频率，单位为 MHz；纵坐标为功率谱，单位为 dB/Hz。图 3-12 中实线代表 OFDM 信号功率谱（OFDM 信号平均功率被归一），虚线代表残留 DME 信号的功率谱（DME 信号平均功率高于 OFDM 为 3dB，DME 信号载波频偏 ± 500kHz）。由图 3-11 可观测到：①滤波后 OFDM 信号频谱基本没有变化，即滤波器对 OFDM 信号无影响；②残留 DME 信号频谱产生明显改变，OFDM 带宽以外的信号分量被滤除；③OFDM 信号频带内仍包含残留 DME 信号分量。综上所述可得到以下结论：在最恶劣工作场景下，L-DACS1 接收机解调器输入端残留 DME 信号功率高于 OFDM 信号功率，残留 DME 信号将恶化 OFDM 接收机链路传输的可靠性。

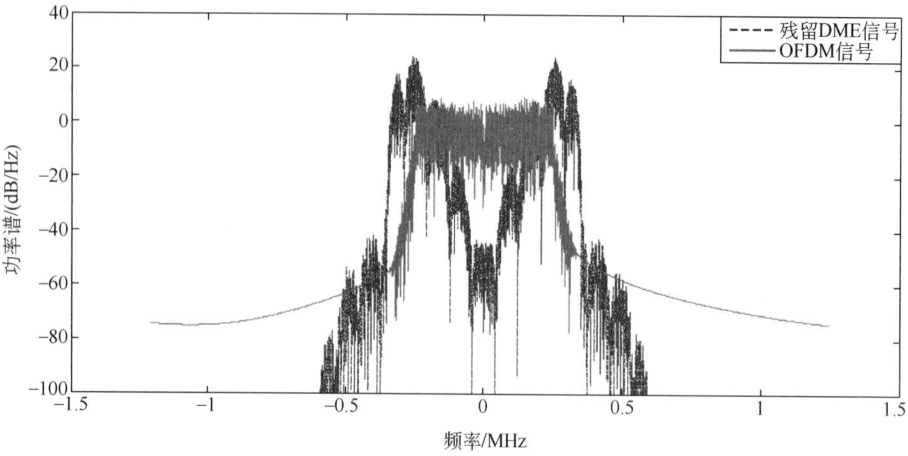

图 3-12　残留 DME 信号与 OFDM 信号的功率谱

（$\bar{P}_{\text{OFDM}} = 0\text{dBW}, \bar{P}_{\text{DME}} = 3\text{dBW}, f_c = \pm 500\text{kHz}$）

3.5.2　残留 DME 信号对前向链路可靠性的影响

为了验证残留 DME 信号对 L-DACS1 系统链路传输可靠性的影响，设计 L-DACS1 系统仿真平台，仿真平台主要参数如表 3-6 所示。

表 3-6　干扰链路仿真环境参数

参数		取值
系统参数	信道编码	RS+卷积编码
	调制方式	QPSK
	FFT 长度	64
	有用子载波数	50
	循环前缀长度	11
DME 信号参数	采样频率 f_s / MHz	2.5
	高斯脉冲宽度（50%幅度）/ μs	3.5
	高斯脉冲对间隔　Δt / μs	12
	脉冲对总数 N_U	54
	DME 干扰源数目 N_I	1
	脉冲对出现频率/（脉冲对/s）	3600
	DME 载波偏移量 f_c /kHz	500
	DME 载波初相 φ	$[0, 2\pi]$

图 3-13 所示为加性高斯白噪声（AWGN）信道中残留 DME 信号对接收信号星座的影响。图 3-13（a）表示无 DME 信号干扰时接收信号的星座（QPSK，噪声功率为零）；图 3-13（b）表示存在 DME 信号干扰时接收信号的星座（QPSK，噪声功率为零）。两种

情况比较表明：残留 DME 信号将严重影响接收信号的调制星座。

图 3-14 所示为残留 DME 信号对 L-DACS1 链路比特差错性能的影响。其中，横坐标表示信噪比，单位为 dB；纵坐标表示比特差错率。标记为“△”的曲线代表无 DME 干扰时 L-DACS1 系统的比特差错性能；标记为“□”的曲线代表存在单个 DME 干扰时的比特差错性能。两种情况下的差错性能曲线比较表明：残留 DME 信号将严重恶化 L-DACS1 系统链路传输可靠性。

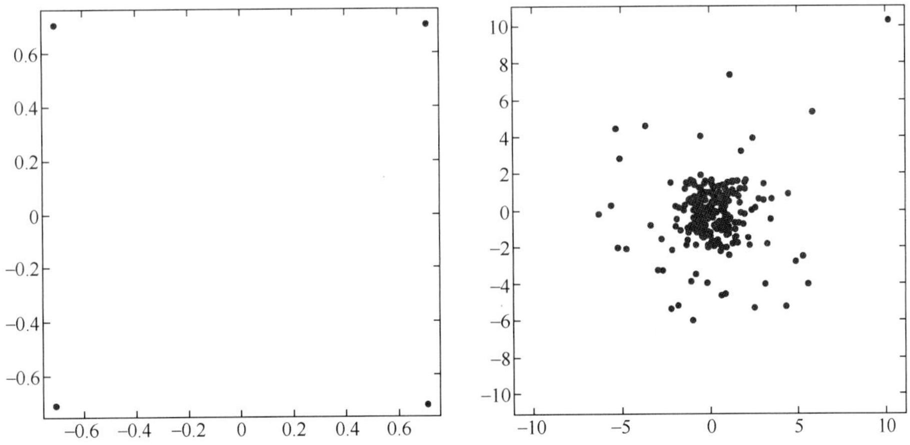

图 3-13　残留 DME 信号对接收信号星座的影响
（AWGN 信道，单个 DME 干扰，$f_c = 500\text{kHz}$，SIR=−3dB）

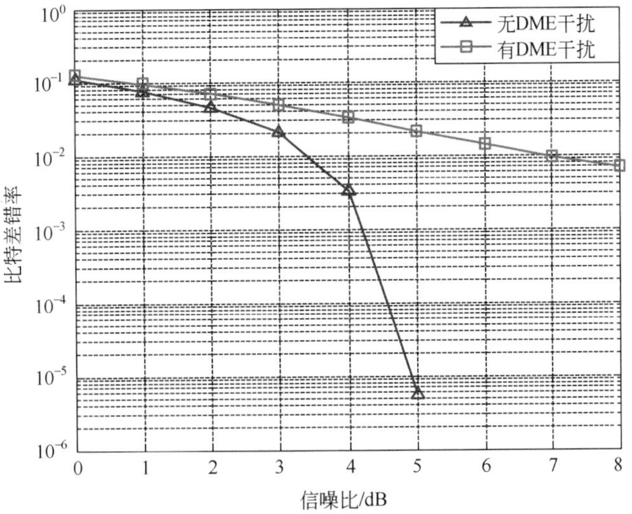

图 3-14　残留 DME 信号对 L-DACS1 链路比特差错性能的影响
（AWGN 信道，单个 DME 干扰，$f_c = 500\text{kHz}$，SIR=−3dB）

图 3-15 所示为残留 DME 信号对链路比特差错性能的影响（多径信道，单个 DME 干扰，$f_c = 500\text{kHz}$，SIR=−3dB）。其中，横坐标表示信噪比，单位为 dB；纵坐标表示比特差错率。标记为“△”的曲线代表无 DME 信号干扰时 L-DACS1 系统的比特差错性

能；标记为“□”的曲线代表存在单个 DME 干扰时的比特差错性能。曲线比较表明：在多径信道环境下，无 DME 干扰的情况下，信噪比为 30dB 时，系统比特差错率达到10^{-5}；而有单个 DME 干扰时，信噪比为 30dB 时，系统比特差错率仅达到10^{-2}。

综合以上三个方面的仿真结果，可得到以下结论：残留 DME 信号将显著恶化 L-DACS1 系统的链路传输可靠性。

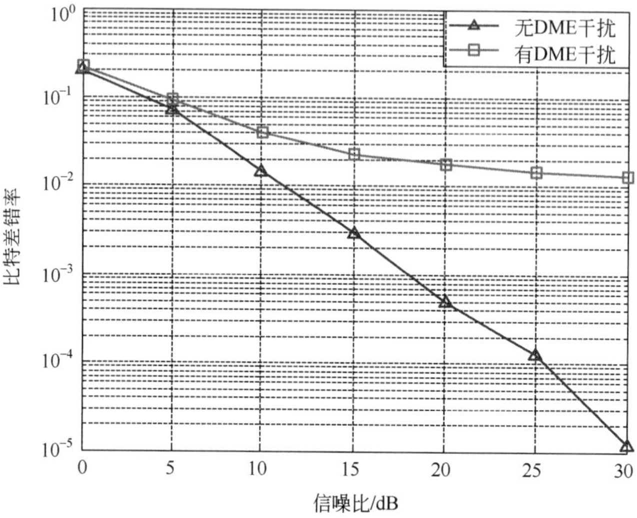

图 3-15　残留 DME 信号对链路比特差错性能的影响
（多径信道，单个 DME 干扰，$f_c = 500\text{kHz}$，SIR=−3dB）

3.6　本章小结

本章首先概要介绍了 DME 系统的工作原理，随后阐明了 L-DACS1 系统以内嵌方式部署在航空无线电频段 DME 波道间将导致 DME 信号干扰 L-DACS1 系统 OFDM 接收机的问题；为定量评估 DME 信号对 L-DACS1 系统 OFDM 接收机的影响，针对 L-DACS1 系统前向链路及干扰链路给出了链路预算，分析给出了最恶劣情况下机载接收机的输入信干比；最后构建 L-DACS1 系统仿真平台，仿真研究了 DME 信号对 L-DACS1 系统链路传输可靠性的影响。仿真结果表明：残留 DME 信号将显著恶化 L-DACS1 系统的链路传输可靠性。

参 考 文 献

[1] 马士忠. 测距机[M]. 北京：国防工业出版社, 1994.

[2] ICAO. Future communication study action plan 17 final conclusions and recommendations report[R]. ACPWGT/1-WP/06_AP17, Montreal, 2007.

[3] COSOVIC I, BRANDES S, SCHNELL M. Subcarrier weighting: a method for sidelobe suppression in OFDM systems[J]. IEEE communications letters, 2006, 10(6): 444-446.

[4] BRANDES S, COSOVIC I, SCHNELL M. Reduction of out-of-band radiation in OFDM systems by insertion of cancellation

carriers[J]. IEEE communications letters, 2006, 10(6): 420-422.

[5] COSOVIC I, BRANDES S, SCHNELL M. A technique for sidelobe suppression in OFDM systems[C]// IEEE Global Telecommunications Conference, NY: IEEE Press, 2005(1):5.

[6] BRANDES S, COSOVIC I, SCHNELL M. Sidelobe suppression in OFDM systems by insertion of cancellation carriers[C]// 2005 IEEE 62nd Vehicular Technology Conference, 2005(1):152-156.

[7] BRANDES S. Suppression of mutual interference in OFDM based overlay systems[D]. Germany:Univ ersity Karlsruhe, 2009.

[8] EPPLE U, SCHNELL M. Overview of legacy systems in L-band and its influence on the future aeronautical communication system L-DACS1[J]. IEEE aerospace and electronic systems magazine, 2014, 29(2): 31-37.

[9] EPPLE U, SCHNELL M. Overview of interference situation and mitigation techniques for L-DACS1[C]// 2011 IEEE/AIAA 30th Digital Avionics Systems Conference, 2011:4C5-1-4C5-12.

[10] BRANDES S, SCHNELL M. Interference mitigation for the future aeronautical communication system in the L-Band[C]// 7th International Workshop on Multi-Carrier Systems & Solutions, 2009,41: 375-384.

[11] MOSTAFA M, FRANZEN N, SCHNELL M. DME signal power from inlay L-DACS1 perspective[C]// 2014 IEEE/AIAA 33rd Digital Avionics Systems Conference, 2014:3B1-1-3B1-6.

[12] SAJATOVIC M, HAINDL B, EHAMMER M. L-DACS1 system definition proposal: deliverable D2[Z]. Eurocontrol study, Version 1.0, 2009:1-173.

第 4 章　OFDM 接收机非线性脉冲干扰抑制方法

4.1　引言

围绕 OFDM 接收机脉冲干扰抑制问题，相关研究现状如下：为定量给出脉冲噪声对无线通信系统链路传输性能的影响，文献[1,2]建立了脉冲噪声的数学模型；为了定量分析脉冲噪声对单载波及多载波通信系统的影响，文献[3]研究脉冲噪声对单载波与多载波 OFDM 系统链路差错性能的影响，文献[4]进一步分析给出脉冲噪声环境下 OFDM 系统符号差错概率的计算公式；为了提高脉冲噪声环境下 OFDM 系统的链路传输性能，文献[5,6]针对 OFDM 接收机首次提出了脉冲熄灭与脉冲限幅的方法；为解决脉冲熄灭 OFDM 接收机最佳门限设置问题，文献[7,8]在 AWGN 信道分析中给出 OFDM 系统脉冲熄灭接收机的最佳门限设置方法，文献[9]进一步分析给出了脉冲熄灭 OFDM 接收机自适应最佳门限设置方法；为克服脉冲熄灭导致 OFDM 信号产生 ICI 干扰的问题，文献[10,11]提出了脉冲熄灭 ICI 干扰补偿的方法。

针对 L-DACS1 系统存在的 DME 脉冲干扰恶化 OFDM 接收机链路传输可靠性的问题，相关研究如下：文献[12]将脉冲熄灭与脉冲限幅的方法应用于 L-DACS1 系统 OFDM 接收机，文献[13]提出一种基于判决反馈脉冲噪声估计的 DME 干扰抑制方法，文献[14,15]提出基于压缩感知信号重构的干扰抑制方法，文献[16]进一步提出了基于小波变换的 DME 干扰重构干扰抑制方法，曾孝平教授也提出了基于高阶统计量的 DME 脉冲干扰抑制方法[17]。

与其他脉冲干扰抑制方法相比，非线性干扰抑制方法（脉冲熄灭、脉冲限幅及联合脉冲熄灭与脉冲限幅）具有工程实现简单、适应性强的优点，因此该方法仍然在实际系统中获得一定的应用。为定量比较非线性脉冲干扰抑制方法对 DME 干扰抑制的性能，本章分析给出脉冲熄灭、脉冲限幅及联合脉冲熄灭与脉冲限幅的脉冲干扰抑制方法的工作原理，并构建基于脉冲熄灭、脉冲限幅及联合脉冲熄灭与脉冲限幅的 L-DACS1 系统 DME 脉冲干扰抑制仿真环境，仿真比较了脉冲熄灭、脉冲限幅及联合脉冲熄灭与脉冲限幅方法的性能。本章工作为后续 L-DACS1 接收机 DME 信号干扰抑制方法的研究奠定了基础。

4.2　脉冲熄灭与脉冲限幅干扰抑制方法

4.2.1　发射机模型

图 4-1 所示为 L-DACS1 系统发射机模型。首先，信源输出的信息比特序列 $\boldsymbol{I}$ 送入调

制器进行符号映射，然后调制器以$K \times M$为单位对调制符号进行分组，其中，K代表调制符号分组的长度，M代表分组数。将调制符号分组$\boldsymbol{S}$进一步映射到 OFDM 发射机K个数据子信道中，映射后调制符号分组表示为$\boldsymbol{X}$。映射后的信号矢量$\boldsymbol{X}$通过频域两侧补零得到上采样输出信号矢量$\boldsymbol{X}^{ov}$：

$$\boldsymbol{X}^{ov} = \begin{bmatrix} \boldsymbol{O}_{\frac{(V-1)K}{2}} \\ \boldsymbol{X} \\ \boldsymbol{O}_{\frac{(V-1)K}{2}} \end{bmatrix} \tag{4-1}$$

其中，V代表上采样因子；K代表 OFDM 子信道数；$\boldsymbol{O}$代表全零列矢量。上采样信号$\boldsymbol{X}^{ov}$经VK点离散傅里叶逆变换（IDFT）完成 OFDM 调制，OFDM 调制后输出信号矢量记为$\boldsymbol{x}$：

$$\boldsymbol{x} = \boldsymbol{F}^{-1} \cdot \boldsymbol{X}^{ov} \tag{4-2}$$

其中，$\boldsymbol{F}^{-1}$代表VK点离散傅里叶逆变换矩阵，$\boldsymbol{F}^{-1}$的第n行第l列元素表示为$\boldsymbol{F}_{n,l}^{-1} = \frac{1}{\sqrt{KV}} \mathrm{e}^{\mathrm{j}2\pi\frac{l \cdot n}{KV}}$，$n = 0,\cdots,KV-1$；$l = 0,\cdots,KV-1$。IDFT 输出的时域信号$\boldsymbol{x}$添加循环前缀后并通过 D/A 转换器转换为模拟基带信号，模拟基带信号进一步通过射频发射单元转换为射频信号，最后通过天线送入信道。

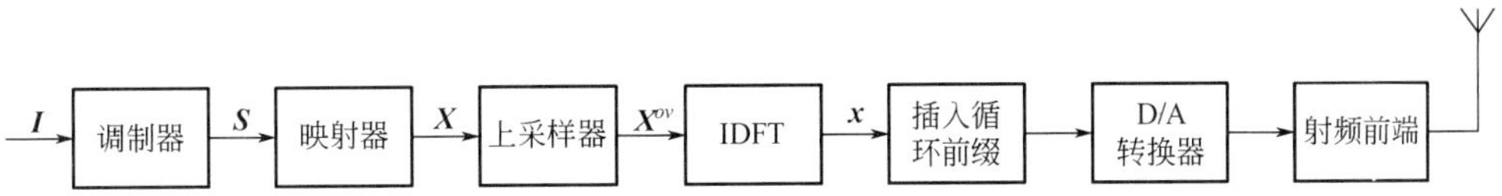

图 4-1　L-DACS1 系统发射机模型

4.2.2　脉冲熄灭 OFDM 接收机模型

图 4-2 所示为脉冲熄灭 OFDM 接收机模型。来自天线的射频信号经射频前端转换为模拟基带信号，模拟基带信号通过 A/D 转换器转换为数字基带信号（为防止 DME 信号采样产生频谱混叠，接收机采用了 4 倍过采样接收方案）。假设接收机已建立符号定时同步，则接收机移除循环前缀后，单个 OFDM 符号周期内接收信号$\boldsymbol{r}$表示为

$$\begin{aligned} \boldsymbol{r} &= \boldsymbol{h} \otimes \boldsymbol{x} + \boldsymbol{i} + \boldsymbol{n} \\ &= \boldsymbol{s} + \boldsymbol{i} + \boldsymbol{n} \end{aligned} \tag{4-3}$$

其中，$\boldsymbol{r} = [r_0,\cdots,r_n,\cdots,r_{VK-1}]^{\mathrm{T}}$；$\boldsymbol{h}$代表信道冲激响应矢量；$\boldsymbol{x}$代表发射信号矢量；$\boldsymbol{i}$代表信道输入的 DME 干扰信号矢量；$\boldsymbol{n}$代表信道输入的复高斯白噪声矢量。接收机输入信噪比（SNR）定义为$\mathrm{SNR} = E[\boldsymbol{s}^{\mathrm{H}}\boldsymbol{s}]/E[\boldsymbol{n}^{\mathrm{H}}\boldsymbol{n}]$，接收机输入信干比（SIR）定义为$\mathrm{SIR} = E[\boldsymbol{s}^{\mathrm{H}}\boldsymbol{s}]/E[\boldsymbol{i}^{\mathrm{H}}\boldsymbol{i}]$。

接收信号矢量$\boldsymbol{r}$进一步送入脉冲熄灭器进行脉冲噪声消除，假设脉冲熄灭器熄灭门限为T_{BN}，则脉冲熄灭器输出信号矢量表示为$\boldsymbol{y} = [y_0,\cdots,y_n,\cdots,y_{VK-1}]^{\mathrm{T}}$，其中第$n$个分量$y_n$表示为

$$y_n = \begin{cases} r_n, & |r_n| < T_{\mathrm{BN}} \\ 0, & |r_n| \geqslant T_{\mathrm{BN}} \end{cases} \tag{4-4}$$

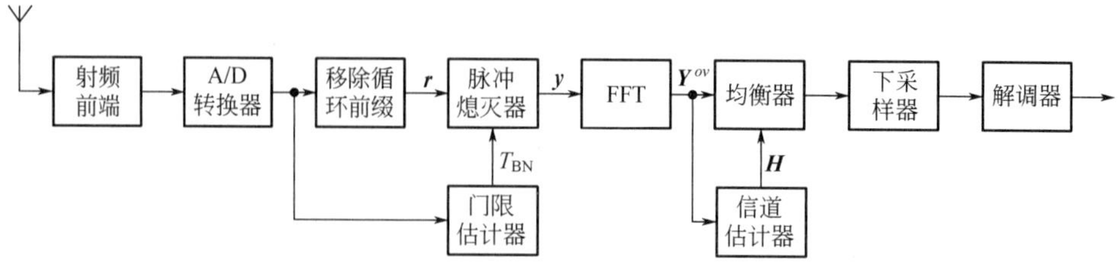

图 4-2　脉冲熄灭 OFDM 接收机模型

脉冲熄灭门限 T_{BN} 对接收机性能影响非常大，当脉冲熄灭门限设置较低时，虽然可最大限度消除 DME 干扰，但也可能造成 OFDM 信号被熄灭，进一步产生 ICI 干扰；当脉冲熄灭门限设置较高时，脉冲熄灭后残留脉冲信号分量较大，仍然会产生严重的干扰。相关研究表明[8]：脉冲熄灭 OFDM 接收机存在最佳脉冲熄灭门限，使得输出信干比最大化。为方便分析，本节使用了 OFDM 信号的峰值幅度作为脉冲熄灭的门限值。

图 4-3 所示为脉冲熄灭前后信号波形的比较，其中横坐标为采样点，纵坐标为信号实部。图中虚线代表接收到的信号（实部），该信号包含 OFDM 信号、DME 脉冲信号及高斯白噪声；实线代表脉冲熄灭后的信号波形（实部）。两条曲线比较表明：经过脉冲熄灭，DME 脉冲信号被设置为零，但脉冲熄灭也将部分 OFDM 信号样值设置为零，这将导致 OFDM 信号产生 ICI 干扰。

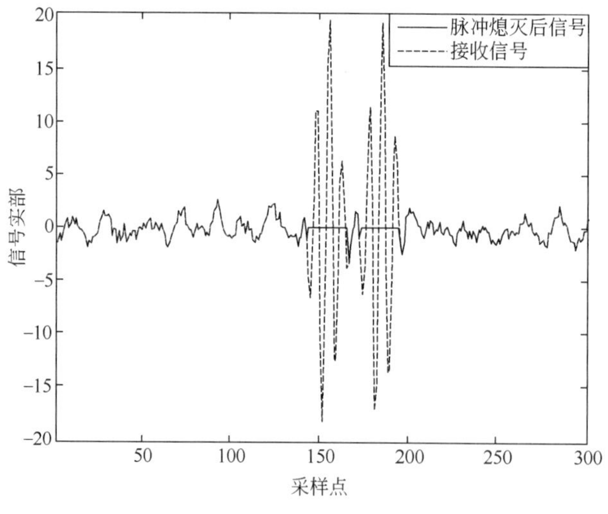

图 4-3　脉冲熄灭前后信号波形比较

（SIR=−10dB、SNR=10dB）

4.2.3　脉冲限幅 OFDM 接收机模型

图 4-4 所示为脉冲限幅 OFDM 接收机模型。来自天线的射频信号经射频前端转换为模拟基带信号，模拟基带信号通过 A/D 转换器转换为数字基带信号（为防止 DME 信号产生频谱混叠，接收机采用了 4 倍过采样接收方案）。假设接收机已建立符号定时同步，则接收机移除循环前缀后，单个 OFDM 符号周期内接收信号表示为 $\boldsymbol{r}=[r_0,\cdots,r_n,\cdots,r_{VK-1}]^{\mathrm{T}}$：

$$\boldsymbol{r}=\boldsymbol{h}\otimes\boldsymbol{x}+\boldsymbol{i}+\boldsymbol{n} \tag{4-5}$$

其中，V 代表过采样因子；K 代表 OFDM 系统子信道数；$\boldsymbol{h}$ 代表信道冲激响应矢量；$\boldsymbol{x}$ 代表发射信号矢量；$\boldsymbol{i}$ 代表信道输入的 DME 干扰信号矢量；$\boldsymbol{n}$ 代表信道输入的复高斯白噪声信号矢量。

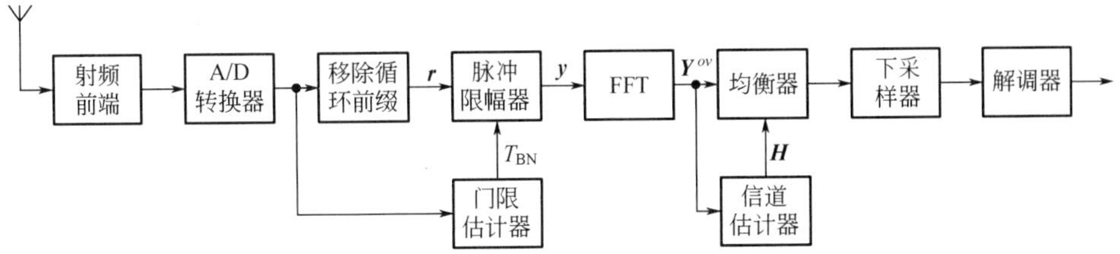

图 4-4　脉冲限幅 OFDM 接收机模型

接收信号矢量 $\boldsymbol{r}$ 进一步送入脉冲限幅器消除脉冲噪声，脉冲限幅器输出信号矢量表示为 $\boldsymbol{y}=[y_0,\cdots,y_n,\cdots,y_{VK-1}]^{\mathrm{T}}$，其中第 n 个分量 y_n 表示为

$$y_n=\begin{cases} r_n, & |r_n|<T_{\text{Clip}} \\ T_{\text{Clip}}\cdot\exp\{\mathrm{j}\cdot\arg(r_n)\}, & |r_n|\geqslant T_{\text{Clip}} \end{cases} \tag{4-6}$$

其中，T_{Clip} 代表脉冲限幅门限；$\arg(\cdot)$ 代表复数取相角运算。脉冲限幅门限的设置对接收机性能有直接的影响，为方便研究，限幅门限设置为 OFDM 信号实部或虚部的最大值。

图 4-5 所示为脉冲限幅器输出信号波形，其中横坐标为采样点，纵坐标为信号实部。图中虚线代表接收信号，该信号包含 OFDM 信号、DME 脉冲信号及高斯白噪声，实线代表脉冲限幅器输出信号波形。两条曲线比较表明：经过脉冲限幅，DME 脉冲信号已被置为限幅门限值。

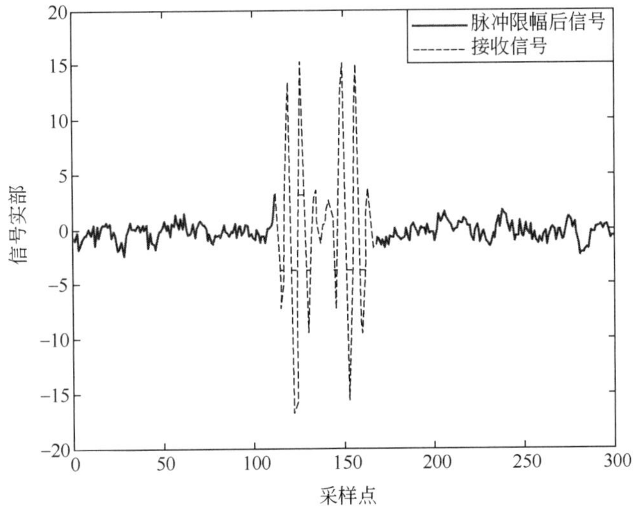

图 4-5　脉冲限幅器输出信号波形

（SIR=−10dB、SNR=10dB）

4.2.4　仿真参数设置

为了验证脉冲熄灭、脉冲限幅干扰抑制方法的有效性，本章参考 L-DACS1 系统规范设计了脉冲熄灭、脉冲限幅干扰抑制的 L-DACS1 系统仿真平台。仿真程序的主要参数如表 4-1 所示。

表 4-1　L-DACS1 系统仿真环境

参数		取值
发射机参数	信道编码	无
	调制方式	QPSK
	过采样因子	4
	FFT 长度	64
	有用子载波数	50
	循环前缀长度	11
信道参数	信道类型	AWGN 信道
	DME 干扰源数目	1
	脉冲对出现频率/（脉冲对/s）	3600
	干扰载波偏置/kHz	+500
	信干比（SIR）	−4dB/−10dB
接收机参数	等效中频滤波器	通带截止频率 0.3MHz 阻带截止频率 0.6MHz
	抗混叠滤波器	余弦滤波器，滚降因子 0.25 截止频率 0.32MHz
	干扰抑制方法	脉冲熄灭/脉冲限幅
	解调方法	硬判决解调

4.2.5　仿真结果分析

图 4-6 所示为 AWGN 信道下系统的比特差错性能曲线（QPSK、SIR=−4dB），其中横坐标为信噪比（SNR），纵坐标代表系统的比特差错率。图 4-6 中标有“○”的曲线代表接收机对 DME 干扰不进行任何抑制处理的比特差错性能曲线；标有“□”的曲线代表接收机使用脉冲熄灭法的比特差错性能曲线；标有“◇”的曲线代表接收机使用脉冲限幅法的比特差错性能曲线；标有“☆”的曲线代表接收机无 DME 干扰时的比特差错性能曲线。图 4-6 中曲线比较表明：①DME 干扰严重恶化系统的比特差错性能；②脉冲限幅及脉冲熄灭法可一定程度消除 DME 脉冲干扰，改善链路传输的可靠性，但差错性能改善不明显；③脉冲限幅法优于脉冲熄灭法。

图 4-7 所示为 AWGN 信道下系统的比特差错性能曲线（QPSK、SIR=−10dB），其中横坐标为信噪比（SNR），纵坐标为系统的比特差错率。图 4-7 中标有“○”的曲线代表接收机对 DME 干扰不进行任何抑制处理的比特差错性能曲线；标有“□”的曲线代表接收机使用脉冲熄灭法的比特差错性能曲线；标有“◇”的曲线代表接收机使用脉冲限幅法的比特差错性能曲线；标有“☆”的曲线代表接收机无 DME 干扰时的比特差错性能曲

线。图 4-7 中曲线得到的结果与图 4-6 完全一致。

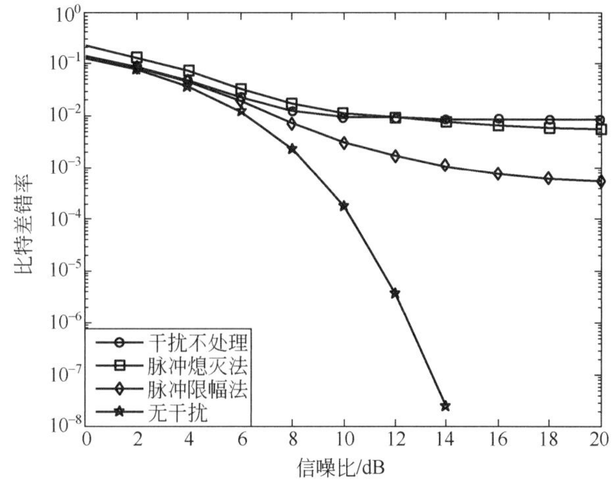

图 4-6　AWGN 信道下系统的比特差错性能曲线

（QPSK、SIR=−4dB）

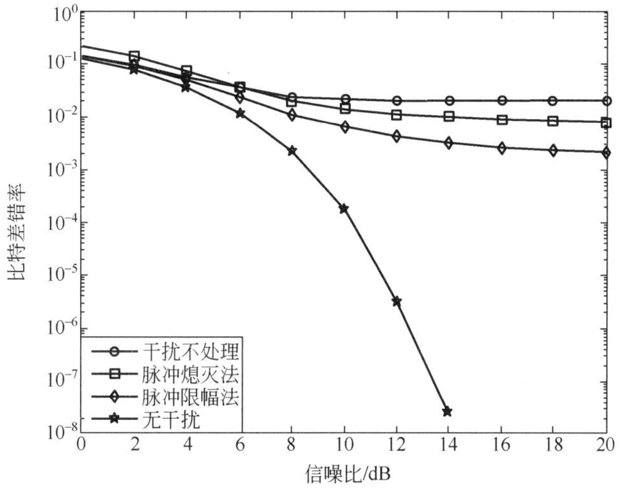

图 4-7　AWGN 信道下系统的比特差错性能曲线

（QPSK、SIR=−10dB）

4.3 联合脉冲熄灭与脉冲限幅的干扰抑制方法

4.3.1 联合脉冲熄灭与限幅接收机模型

图 4-8 所示为联合脉冲熄灭与限幅的 OFDM 接收机模型。来自天线的射频信号经射频前端转换为模拟基带信号，模拟基带信号通过 A/D 转换器转换为数字基带信号（为防止测距仪信号产生频谱混叠，接收机采用了 4 倍过采样接收方案）。假设接收机已建立符号定时同步，接收机在移除循环前缀后，单个 OFDM 符号周期内接收信号表示为

$\boldsymbol{r}=[r_0,\cdots,r_n,\cdots,r_{VK-1}]^{\mathrm{T}}$：

$$\boldsymbol{r}=\boldsymbol{h}\otimes\boldsymbol{x}+\boldsymbol{i}+\boldsymbol{n} \tag{4-7}$$

其中，V 代表过采样因子；K 代表 OFDM 系统子信道数；$\boldsymbol{h}$ 代表信道矢量；$\boldsymbol{x}$ 代表发射信号矢量；$\boldsymbol{i}$ 代表信道输入的 DME 干扰信号矢量；$\boldsymbol{n}$ 代表信道输入的复高斯白噪声信号矢量。

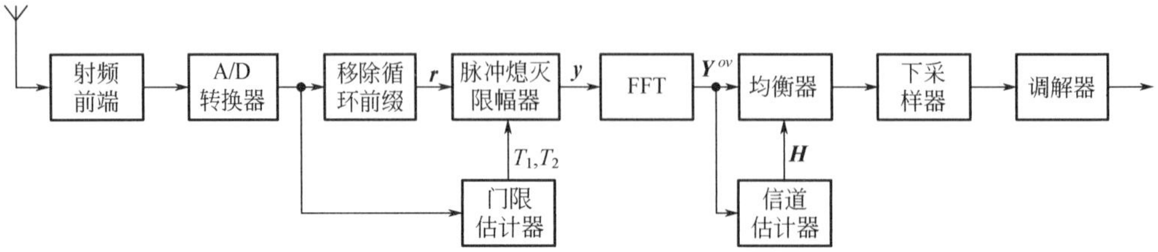

图 4-8　联合脉冲熄灭与限幅的 OFDM 接收机模型

接收信号矢量 $\boldsymbol{r}$ 进一步送入联合脉冲熄灭与限幅器以消除脉冲噪声，假设脉冲熄灭限幅器中熄灭门限设置为 T_1，限幅门限设置为 T_2，则联合脉冲熄灭与限幅器输出信号矢量表示为 $\boldsymbol{y}=[y_0,\cdots,y_n,\cdots,y_{VK-1}]^{\mathrm{T}}$，其中第 n 个分量 y_n 可表示为

$$y_n=\begin{cases} r_n, & |r_n|<T_2 \\ T_2\cdot\exp\{\mathrm{j}\cdot\arg(r_n)\}, & T_1\geqslant|r_n|\geqslant T_2 \\ 0, & |r_n|>T_1 \end{cases} \tag{4-8}$$

联合脉冲熄灭与限幅器的门限设置对系统的性能有较大影响，为便于分析，在仿真中对接收信号实部与虚部分别进行限幅与熄灭处理，限幅门限设置为 OFDM 信号实部或虚部的最大值，熄灭门限设置为限幅门限的 N 倍，N 取决于 DME 干扰的强度。

图 4-9 所示为联合脉冲熄灭与限幅器输出信号波形（SIR=−10dB、SNR=10dB），其中横坐标为采样点，纵坐标为信号实部。图 4-9 中虚线代表接收信号，该信号包含 OFDM 信号、DME 脉冲信号及复高斯白噪声；实线为联合脉冲熄灭与限幅器输出信号波形。两条曲线比较表明：经过脉冲熄灭与限幅，高幅值的 DME 脉冲信号被置为零，中等幅值的 DME 脉冲信号被置为门限值。

4.3.2　仿真参数设置

为验证联合脉冲熄灭与限幅干扰抑制方法的正确性，本章参考 L-DACS1 系统规范设计了联合脉冲熄灭与限幅的 L-DACS1 系统仿真平台。仿真平台的主要参数除干扰抑制方法采用联合脉冲熄灭与限幅外，其他参数与表 4-1 完全相同。

4.3.3　仿真结果分析

图 4-10 所示为 AWGN 信道下系统的比特差错性能曲线（QPSK、SIR=−4dB），其中横坐标为信噪比，纵坐标为比特差错率。图 4-10 中标有“○”的曲线代表接收机对 DME 干扰不进行任何抑制处理的比特差错率曲线；标有“□”的曲线代表接收机使用脉冲熄灭法的比特差错率曲线；标有“▽”的曲线代表接收机使用联合脉冲熄灭与限幅的比特

差错率曲线；标有“◊”的曲线代表接收机使用脉冲限幅法的比特差错率曲线；标有“★”的曲线代表接收机无 DME 干扰的比特差错率曲线。图 4-10 中曲线比较表明：三种脉冲干扰抑制方法中，脉冲限幅法性能最优，其次是联合脉冲熄灭与限幅法，最差方法是脉冲熄灭法。

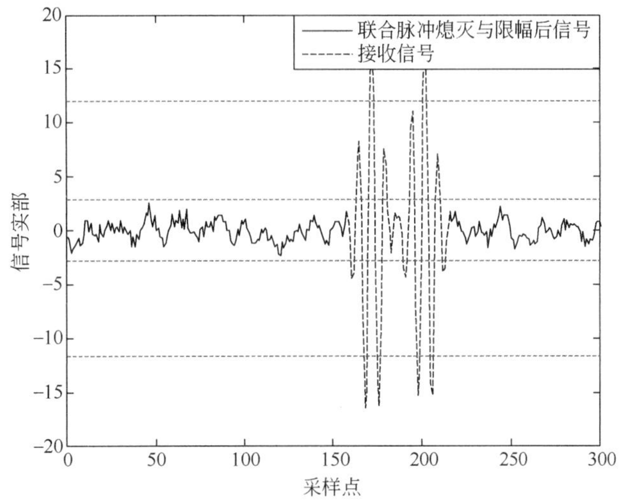

图 4-9　联合脉冲熄灭与限幅器输出信号波形

（SIR=−10dB、SNR=10dB）

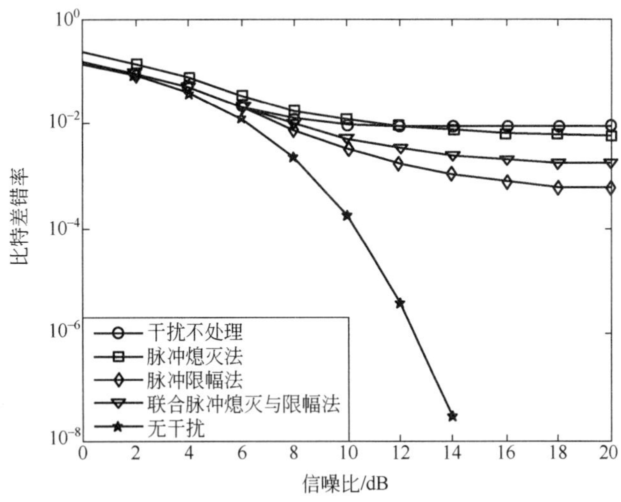

图 4-10　AWGN 信道下系统的比特差错性能曲线

（QPSK、SIR=−4dB）

图 4-11 所示为 AWGN 信道下系统的比特差错性能曲线（QPSK、SIR=−10dB），其中横坐标为信噪比，纵坐标为比特差错率。图 4-11 中标有“o”的曲线代表接收机对 DME 干扰不进行任何处理的比特差错率曲线；标有“□”的曲线代表接收机使用脉冲熄灭法的比特差错率曲线；标有“▽”的曲线代表接收机使用联合脉冲熄灭与限幅的比特差错率曲线；标有“◊”的曲线代表接收机使用脉冲限幅法的比特差错率曲线；标有“★”的

曲线代表接收机无 DME 干扰的比特差错率曲线。图 4-11 中曲线比较得到的结论与图 4-10 完全一致。

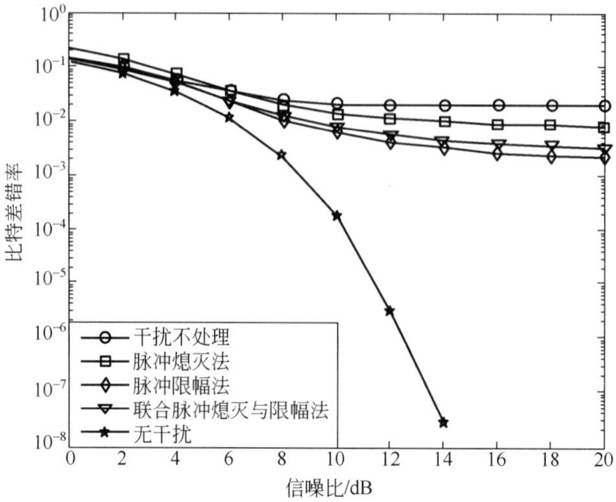

图 4-11　AWGN 信道下系统的比特差错性能曲线

（QPSK、SIR=-10dB）

4.4　DME 脉冲起始位置估计方法

4.4.1　信号模型

天线输入射频信号经射频前端转换为模拟基带信号，模拟基带信号 $r(t)$ 表示为

$$r(t)=x(t)\otimes h(t)+i(t)\cdot \mathrm{e}^{\mathrm{j}2\pi f_c t}+n(t) \tag{4-9}$$

其中，$x(t)$ 代表 OFDM 信号；$h(t)$ 代表信道冲激响应；$i(t)\cdot \mathrm{e}^{\mathrm{j}2\pi f_c t}$ 代表载波偏置的 DME 信号；f_c 代表载波频偏值；$n(t)$ 代表信道输入的复高斯白噪声信号。进一步以采样频率 $f_s=1/T_s$ 对接收信号进行采样得

$$\begin{aligned} r(nT_s)&=x(nT_s)\otimes h(nT_s)+i(nT_s)\cdot \mathrm{e}^{\mathrm{j}2\pi f_c nT_s}+n(nT_s)\\ &=x(nT_s)\otimes h(nT_s)+i(nT_s)\cdot \mathrm{e}^{\mathrm{j}2\pi\Delta f\cdot n}+n(nT_s)\end{aligned} \tag{4-10}$$

其中，T_s 代表采样间隔；$\Delta f=f_c/f_s$ 代表归一化载波频偏，式（4-10）进一步可简写为

$$r(n)=x(n)\otimes h(n)+i(n)\cdot \mathrm{e}^{\mathrm{j}2\pi\Delta f\cdot n}+n(n) \tag{4-11}$$

考虑到 OFDM 接收机解调器输入端 DME 信号的功率远高于 OFDM 信号与噪声功率，因此式（4-11）进一步化简为

$$r(n)=i(n)\cdot \mathrm{e}^{\mathrm{j}2\pi\Delta f\cdot n}+w(n) \tag{4-12}$$

其中，$w(n)$ 代表 OFDM 信号与复高斯白噪声之和，即 $w(n)=x(n)\otimes h(n)+n(n)$。

4.4.2　基于差分相关的 DME 脉冲起始位置估计方法

根据 DME 系统的工作原理，DME 脉冲对信号具有时域对称特性。利用 DME 脉冲对的时域对称特性，文献[12]提出了基于差分相关的 DME 脉冲起始位置估计方法。差分相关 DME 起始位置估计方法的估计度量为

$$P(n)=\frac{\left|\sum_{m=0}^{N_{\text{corr}}-1} r(n+m)\cdot r^{*}\left(n+m+N_{\text{diff}}\right)\right|}{\frac{1}{2}\cdot\sum_{m=0}^{N_{\text{corr}}-1}\left(\left|r(n+m)\right|^{2}+\left|r^{*}\left(n+m+N_{\text{diff}}\right)\right|^{2}\right)} \tag{4-13}$$

其中，N_{diff} 代表 DME 脉冲对的间隔（样值）；N_{corr} 代表单个 DME 脉冲的宽度（样值）。

图 4-12 所示为差分相关 DME 脉冲起始位置估计度量值与接收信号波形。图中实线代表接收机接收的 DME 脉冲对与噪声信号，图中虚线代表根据式（4-13）计算得到的 DME 脉冲对起始位置估计度量。从图 4-12 中曲线比较可观测到，虚线给出相关峰的中点与 DME 脉冲对起始时刻保持一致，表明差分相关方法可估计得到 DME 脉冲对的起始时刻。

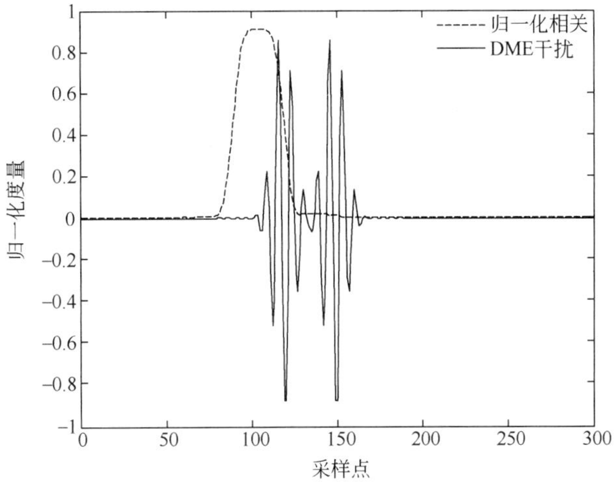

图 4-12　差分相关 DME 脉冲起始位置估计度量与接收信号波形（AWGN 信道、SIR=−10dB）

图 4-13 所示为 DME 脉冲起始位置估计的均方根误差（root mean square error，RMSE）与 SNR 的关系曲线。图 4-13 中横坐标代表 SNR，单位为 dB；纵坐标代表 RMSE，$\text{RMSE}=\sqrt{\frac{1}{N}\cdot\sum_{m=1}^{N}(\hat{p}_m-p_m)^2}$，其中，$p_m$ 代表第 m 个 DME 脉冲对的起始位置，$\hat{p}_m$ 代表第 m 个 DME 脉冲对起始位置的估计值，N 代表接收信号中 DME 脉冲对的总数。图 4-13 中标有“○”的曲线代表 SIR 为−4dB 时差分相关方法获得的 RMSE-SNR 曲线；标有“□”的曲线代表 SIR 为−7dB 时差分相关方法获得的 RMSE-SNR 曲线；标有“◇”的曲线代表 SIR 为−10dB 时差分相关方法获得的 RMSE-SNR 曲线。曲线比较表明：①随着 DME

信号功率的增加，DME 脉冲对起始位置估计的精度提高；②DME 脉冲对起始位置估计的精度与输入 SNR 无关。

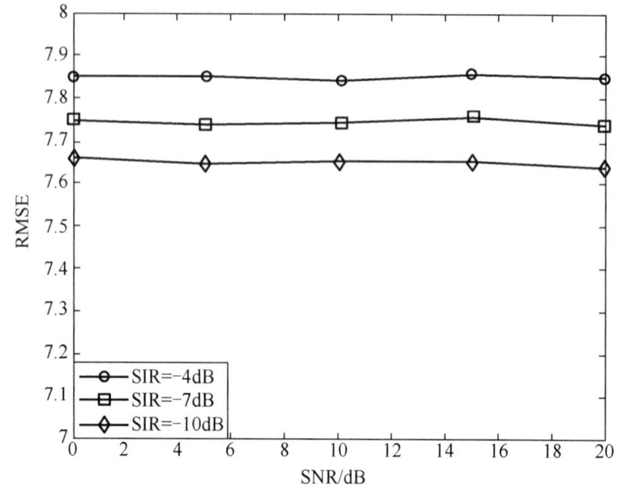

图 4-13　DME 脉冲起始位置估计的 RMSE-SNR 曲线
（AWGN 信道）

4.5　本章小结

针对 DME 信号干扰 L-DACS1 系统 OFDM 接收机的问题，本章介绍了三种非线性脉冲干扰抑制方法：①脉冲熄灭；②脉冲限幅；③联合脉冲熄灭与脉冲限幅，并基于 L-DACS1 技术规范构建 L-DACS1 系统 DME 信号干扰抑制仿真平台，对三种干扰抑制方法进行比较研究。

本章研究结果如下：三种非线性脉冲干扰抑制方法相比较，脉冲干扰抑制性能最佳的方法是脉冲限幅法，其次是联合脉冲熄灭与限幅法，最差的是脉冲熄灭法。

参 考 文 献

[1] BLACKARD K L, RAPPAPORT T S, BOSTIAN C W. Measurements and models of radio frequency impulsive noise for indoor wireless communications[J]. IEEE journal on selected areas in communication, 1993, 11(7):991-1001.

[2] ZIMMERMANN M, DOSTERT K. Analysis and modeling of impulsive noise in broad band powerline communications[J]. IEEE transactions on electromagnetic compatibility, 2002, 44(1):249-258.

[3] GHOSH M. Analysis of the effect of impulsive noise on multicarrier and single carrier QAM systems[J]. IEEE transactions on communications, 1996, 44(2):145-147.

[4] MA Y H, SO P L, GUNAWAN E. Performance analysis of OFDM systems for broadband power line communications under impulsive noise and multipath effects[J]. IEEE transactions on power delivery, 2005, 20(2):674-682.

[5] HAFFENDEN O P. Detection and removal of clipping in multicarrier receiver: EP1043874[P]. 2000-10-11.

[6] COWLEY N P, PAYNE A, DAWKINS M. COFDM tuner with impulse noise reduction: EP1180851[P]. 2003-10-22.

[7] ZHIDKOV S V. Analysis and comparison of several simple impulsive noise mitigation schemes for OFDM receivers[J]. IEEE

transactions on communications, 2008, 56(1):5-9.

[8] ZHIDKOV S V. Performance analysis and optimization of OFDM receiver with blanking nonlinearity in impulsive noise environment[J]. IEEE transactions on vehicular technology, 2006, 55(1):234-242.

[9] EPPLE U, SCHNELL M. Adaptive threshold optimization for a blanking nonlinearity in OFDM receivers[C]// IEEE Global Communications Conference, Piscataway, NJ:IEEE Press，2012:3661-3666.

[10] YIH C H. Iterative interference cancellation for OFDM signals with blanking nonlinearity in impulsive noise channels[J]. IEEE signal processing letters, 2012,19(3):147-150.

[11] DARSENA D, GELLI G, MELITO F, et al. ICI-free equalization in OFDM systems with blanking preprocessing at the receiver for impulsive noise mitigation[J]. IEEE signal processing letters, 2015, 22(9):1321-1325.

[12] EPPLE U, SCHNELL M. Overview of interference situation and mitigation techniques for L-DACS1[C]// IEEE/AIAA 30th Digital Avionics Systems Conference, Piscataway, NJ: IEEE Press, 2011:4C5-1-4C5-12.

[13] RAJA M, VINOD A P, MADHUKUMAR A S. DME interference mitigation for L-DACS1 based on decision-directed noise estimation[C]// 2015 Integrated Communication, Navigation and Surveillance Conference, Herdon, VA,USA, 2015:1-10.

[14] 刘海涛, 张智美, 成玮, 等. 联合压缩感知与干扰白化的脉冲干扰抑制方法[J]. 北京航空航天大学学报, 2015, 41(8): 1367-1373.

[15] 刘海涛, 成玮, 张学军. 联合正交变换与信号交织的测距仪脉冲干扰抑制方法[J]. 航空学报, 2014, 35(5):1365-1373.

[16] 李冬霞, 高贝贝, 刘海涛. 联合小波变换与残留干扰白化的测距仪脉冲干扰抑制方法[J]. 信号处理, 2015, 31(6): 710-719.

[17] 曾孝平, 贺渊, 简鑫, 等. 基于高阶统计量的 L-DACS1 系统自适应干扰消除技术研究[J]. 电子学报, 2016, 44(10): 2377-2383.

第5章　非线性OFDM接收机子载波间干扰抑制方法

5.1　引言

L-DACS1 系统 OFDM 接收机 DME 信号干扰抑制方法主要分为三类：非线性脉冲干扰抑制方法[1]、基于脉冲信号重构的干扰抑制方法[2-5]、阵列天线空域滤波方法[6-8]。相对于其他干扰抑制方法，非线性脉冲干扰抑制方法具有运算复杂度低、工程实现简单、适用性强等优点，因此 L-DACS1 系统技术规范建议使用非线性脉冲熄灭方法消除 DME 干扰[9]。

尽管非线性脉冲熄灭法可一定程度提高 L-DACS1 系统链路传输的可靠性，但该方法需要解决以下两个方面的关键问题：①脉冲熄灭门限的最佳设置问题；②脉冲熄灭导致 OFDM 信号产生 ICI 干扰问题。针对脉冲熄灭法的最佳门限设置问题，文献[10]提出了自适应脉冲熄灭门限的设置方法；为消除脉冲熄灭导致 OFDM 信号产生的 ICI 干扰问题，文献[11]提出硬判决迭代 ICI 干扰补偿方法，仿真表明所提出方法可一定程度改善链路传输的可靠性，但由于硬判决方法存在错误传播现象，限制了接收机链路传输可靠性的进一步提高。

针对脉冲熄灭法产生的 ICI 干扰恶化 OFDM 接收机链路可靠性的问题，本章提出基于软符号重构的迭代 ICI 干扰抑制方法（以下简称软符号重构法）。首先，接收机译码器输出的码字比特软信息通过交织与重构得到发送符号的软估计值，并利用信道频率响应重构接收信号的时域波形，最后利用脉冲熄灭位置信息对熄灭信号进行时域补偿。仿真结果表明：软符号重构法可克服硬判决迭代 ICI 干扰抑制方法存在的错误传播现象，有效消除脉冲熄灭产生的 ICI 干扰，提高 L-DACS1 系统链路传输的可靠性。

5.2　硬判决反馈迭代子载波间干扰抑制方法

5.2.1　硬判决反馈迭代 ICI 干扰补偿接收机模型

图 5-1 所示为 L-DACS1 系统基于硬判决反馈迭代 ICI 干扰补偿 OFDM 接收机的模型[11]。来自天线的射频信号经射频前端转换为模拟基带信号，模拟基带信号通过 A/D 转换器转换为数字基带信号，为避免 DME 信号采样产生频谱混叠，接收机采用了 4 倍过采样接收方案，假设接收机已建立 OFDM 符号定时同步，则接收机在移除循环前缀后，单个 OFDM 符号周期内接收信号矢量 $\boldsymbol{r}=[r_0,\cdots,r_n,\cdots,r_{VK-1}]^{\mathrm{T}}$ 表示为

$$\begin{aligned} \boldsymbol{r} &= \boldsymbol{h} \otimes \boldsymbol{x} + \boldsymbol{i} + \boldsymbol{n} \\ &= \boldsymbol{s} + \boldsymbol{i} + \boldsymbol{n} \end{aligned} \tag{5-1}$$

其中，V 代表过采样因子；K 代表 OFDM 子信道数；$\boldsymbol{h}$ 代表信道冲激响应矢量；$\boldsymbol{x}$ 代表发射信号矢量；$\boldsymbol{s}$ 代表接收信号矢量；$\boldsymbol{i}$ 代表信道输入的 DME 干扰信号矢量；$\boldsymbol{n}$ 代表信道输入的复高斯白噪声信号矢量。接收机输入信噪比定义为 $\mathrm{SNR} = E[\boldsymbol{s}^{\mathrm{H}}\boldsymbol{s}] / E[\boldsymbol{n}^{\mathrm{H}}\boldsymbol{n}]$，接收机输入信干比定义为 $\mathrm{SIR} = E[\boldsymbol{s}^{\mathrm{H}}\boldsymbol{s}] / E[\boldsymbol{i}^{\mathrm{H}}\boldsymbol{i}]$。

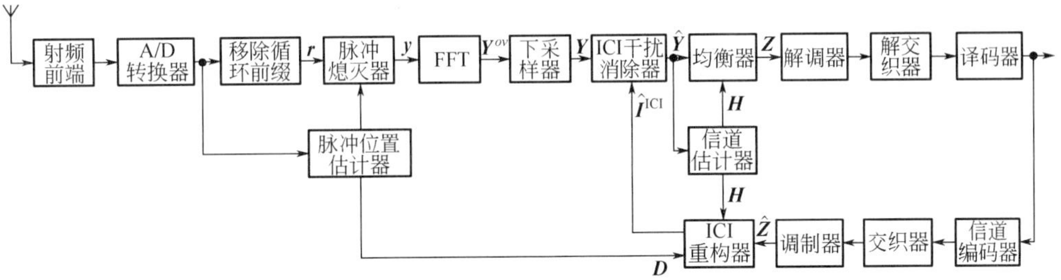

图 5-1　基于硬判决反馈迭代 ICI 干扰补偿接收机的模型

接收信号矢量 $\boldsymbol{r}$ 送入脉冲熄灭器以消除脉冲噪声，则脉冲熄灭器输出信号矢量表示为 $\boldsymbol{y} = [y_0, \cdots, y_n, \cdots, y_{VK-1}]^{\mathrm{T}}$：

$$\boldsymbol{y} = \boldsymbol{D} \cdot \boldsymbol{r} \tag{5-2}$$

其中，$\boldsymbol{D} = \mathrm{diag}(d_0, \cdots, d_n, \cdots, d_{VK-1})$ 代表脉冲熄灭器的脉冲熄灭矩阵。当接收信号矢量 $\boldsymbol{r}$ 的第 n 个分量 r_n 包含 DME 脉冲噪声时，脉冲熄灭矩阵 $\boldsymbol{D}$ 的第 n 个对角元素 d_n 取值为 0，否则 d_n 取值为 1；进一步定义矢量 $\boldsymbol{b} = [d_0, \cdots, d_n, \cdots, d_{VK-1}]$ 代表熄灭样值的位置矢量。

脉冲熄灭器输出信号矢量 $\boldsymbol{y}$ 进一步通过 VK 点的 FFT 完成 OFDM 信号解调，FFT 输出的频域信号矢量 $\boldsymbol{Y}^{ov}$ 表示为

$$\boldsymbol{Y}^{ov} = \boldsymbol{F} \cdot \boldsymbol{y} \tag{5-3}$$

其中，$\boldsymbol{F}$ 代表 VK 点 FFT 矩阵，$\boldsymbol{F}$ 的第 l 行第 n 列元素表示为 $\boldsymbol{F}_{l,n} = \dfrac{1}{\sqrt{KV}} \mathrm{e}^{-\mathrm{j}2\pi \frac{l \cdot n}{KV}}$，$l = 0, \cdots, KV-1$；$n = 0, \cdots, KV-1$。FFT 输出信号矢量 $\boldsymbol{Y}^{ov} = [Y_0^{ov}, \cdots, Y_l^{ov}, \cdots, Y_{KV-1}^{ov}]^{\mathrm{T}}$ 经 4 倍下采样得到信号矢量 $\boldsymbol{Y}$，其第 k 个分量 Y_k 表示为

$$Y_k = \frac{1}{\sqrt{V}} Y^{ov}_{\frac{(V-1)K}{2}+k+1}, \quad k = 0, \cdots, K-1 \tag{5-4}$$

Y_k 进一步表示为

$$Y_k = H_k \cdot E_k + I_k^{\mathrm{ICI}} + N_k, \quad k = 0, \cdots, K-1 \tag{5-5}$$

其中，E_k 代表第 k 个子信道传输的调制符号；H_k 代表第 k 个子信道的频率响应；I_k^{ICI} 代表由于脉冲熄灭导致第 k 个子信道产生的 ICI 干扰；N_k 代表第 k 个子信道输入的复高斯白噪声信号。

信号 Y_k 进一步送入 ICI 干扰消除器以消除 ICI 干扰，ICI 干扰消除器输出的第 k 个子信道信号 $\hat{Y}_k$ 表示为

$$\hat{Y}_k = H_k E_k + (I_k^{\mathrm{ICI}} - \hat{I}_k^{\mathrm{ICI}}) + N_k, \quad k = 0, \cdots, K-1 \tag{5-6}$$

其中，$\hat{I}_k^{\mathrm{ICI}}$ 代表 ICI 重构器输出的第 k 个子信道 ICI 干扰的估计值。假设 ICI 重构器可精确重构 ICI 干扰，即 $\hat{I}_k^{\mathrm{ICI}} = I_k^{\mathrm{ICI}}$，则 ICI 干扰消除器输出的第 k 个子信道信号 $\hat{Y}_k$ 简化为

$$\hat{Y}_k = H_k E_k + N_k, \quad k = 0, \cdots, K-1 \tag{5-7}$$

ICI 干扰消除器输出信号 $\hat{Y}_k$ 进一步送入线性迫零均衡器进行信道均衡，均衡器输出的第 k 个子信道信号 Z_k 表示为

$$Z_k = H_k^{-1} Y_k, \quad k = 0, \cdots, K-1 \tag{5-8}$$

均衡器输出信号矢量 $\boldsymbol{Z} = [Z_0, \cdots, Z_k, \cdots, Z_{K-1}]$ 进一步送入解调器、解交织器、译码器，最后译码器输出得到发送比特序列的估计值。

由式（5-6）可观测到：如果接收机能够精确重构脉冲熄灭产生的 ICI 干扰 I_k^{ICI}，则接收机可完全消除子载波间干扰；如果接收机重构的 ICI 干扰不准确，则式（5-7）信号 $\hat{Y}_k$ 将包含噪声分量 $I_k^{\mathrm{ICI}} - \hat{I}_k^{\mathrm{ICI}}$，最终导致链路差错性能下降。

根据文献[11]及式（9-34），脉冲熄灭产生的第 k 个子信道 ICI 干扰值 I_k^{ICI} 的估计值表示为

$$\hat{I}_k^{\mathrm{ICI}} = \frac{1}{\sqrt{VK}} \sum_{\substack{p=0 \\ p \neq k}}^{K-1} \hat{Z}_p \cdot H_p \cdot B_{(k-p) \bmod K}, \quad k = 0, \cdots, K-1 \tag{5-9}$$

其中，$\hat{Z}_p$ 代表第 p 个子信道调制符号的估计值；H_p 代表第 p 个子信道的频率响应；B_p 是 $\boldsymbol{B} = \boldsymbol{F} \cdot \boldsymbol{b}$ 矢量的第 p 个分量。

由式（5-9）可观测到：脉冲熄灭导致的 ICI 干扰决定于各个子信道的调制符号、各个子信道的频率响应及脉冲熄灭位置矢量。假设通过信道估计可精确获得各个子信道的频率响应，此外在 DME 脉冲位置精确知晓的情况下，脉冲熄灭 ICI 重构的精度仅决定于各个子信道调制符号的估计值。各个子信道调制符号的估计值可通过硬判决反馈的方式获得，即将接收机译码器输出的发送比特序列的估计值重新进行信道编码、信道交织，然后进行调制可得到发送调制符号估计值。随后利用式（5-9）重构 ICI 干扰，最后送至 ICI 干扰消除器。

5.2.2　仿真参数设置

为了验证硬判决反馈迭代 ICI 干扰补偿方法的有效性，本章参考 L-DACS1 系统规范设计了硬判决的迭代 ICI 干扰抑制的 L-DACS1 系统仿真平台。仿真平台的主要技术参数[9]如表 5-1 所示。

表 5-1　L-DACS1 系统仿真环境

参数		取值
发射机参数	卷积编码	生成多项式 [171　133]
	交织深度	5400（data/CC 帧）
	调制方式	QPSK/8PSK
	过采样因子	4
	FFT 长度	64
	有用子载波数	50
	循环前缀长度	11
信道参数	信道类型	AWGN/多径信道
	DME 干扰源数目	1 个
	脉冲对出现频率/（脉冲对/s）	3600
	干扰载波偏置/kHz	+500
	信干比/dB	−4
接收机参数	等效中频滤波器	通带截止频率 0.3MHz 阻带截止频率 0.6MHz
	抗混叠滤波器	余弦滤波器，滚降因子 0.25 截止频率 0.32MHz
	信道估计器	理想信道估计
	均衡器	线性迫零均衡
	解调器	硬判决
	译码器	维特比译码器

5.2.3　仿真结果分析

图 5-2 所示为硬判决反馈迭代 ICI 干扰补偿接收机在 AWGN 信道下的比特差错率（bit error ratio，BER）曲线（QPSK，SIR=−4dB，理想信道估计，理想脉冲位置估计）。图 5-2 中标有“○”的曲线代表存在 DME 干扰而接收机采用标准 OFDM 接收方法的比特差错率曲线；标有“□”的曲线代表接收机使用脉冲熄灭法的比特差错率曲线；标有“◇”的曲线代表硬判决反馈迭代 ICI 干扰补偿法迭代一次的比特差错率曲线；标有“▽”的曲线代表硬判决反馈迭代 ICI 干扰补偿法迭代二次的比特差错率曲线；标有“△”的曲线代表硬判决反馈迭代 ICI 干扰补偿法迭代三次的比特差错率曲线；标有“☆”的曲线代表无 DME 干扰的比特差错率曲线。

图 5-2 曲线比较表明：①相比于脉冲熄灭法，硬判决反馈迭代 ICI 干扰补偿法可显著提高系统的链路传输可靠性；②随着迭代次数的增加，硬判决反馈迭代 ICI 干扰补偿接收机的比特差错率不断改善；③硬判决反馈迭代 ICI 干扰补偿接收机经过三次迭代后链路比特差错率基本收敛；④硬判决反馈迭代 ICI 干扰补偿接收机仍然存在错误平台，但错误平台显著降低。

图 5-3 所示为硬判决反馈迭代 ICI 干扰补偿接收机在多径信道下的比特差错率曲线（QPSK，SIR=−4dB，理想信道估计，理想脉冲位置估计）。图 5-3 中标有“○”的曲线代表存在 DME 干扰而接收机采用标准 OFDM 接收方法的比特差错率曲线；标有“□”的曲线代表接收机使用脉冲熄灭法的比特差错率曲线；标有“◇”的曲线代表硬判决反馈

迭代 ICI 干扰补偿法迭代一次的比特差错率曲线；标有“▽”的曲线代表硬判决反馈迭代 ICI 干扰补偿法迭代二次的比特差错率曲线；标有“△”的曲线代表硬判决反馈迭代 ICI 干扰补偿法迭代三次的比特差错率曲线；标有“☆”的曲线代表无 DME 干扰的比特差错率曲线。图 5-3 各曲线观测的结果与图 5-2 完全一致。

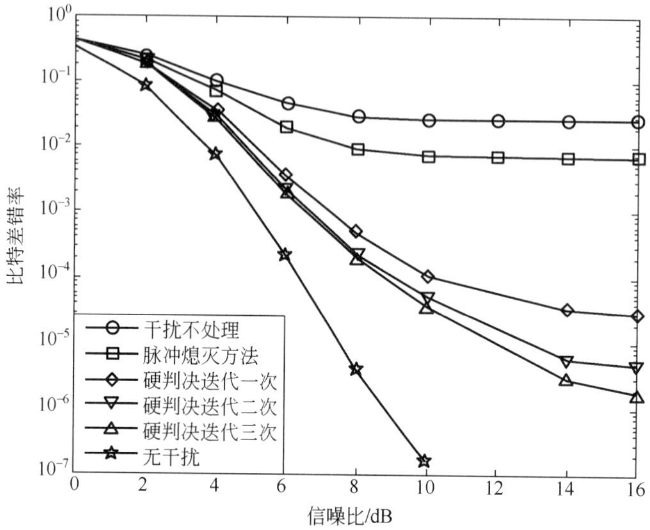

图 5-2　AWGN 信道下的比特差错率曲线

（QPSK，SIR=−4dB，理想信道估计，理想脉冲位置估计）

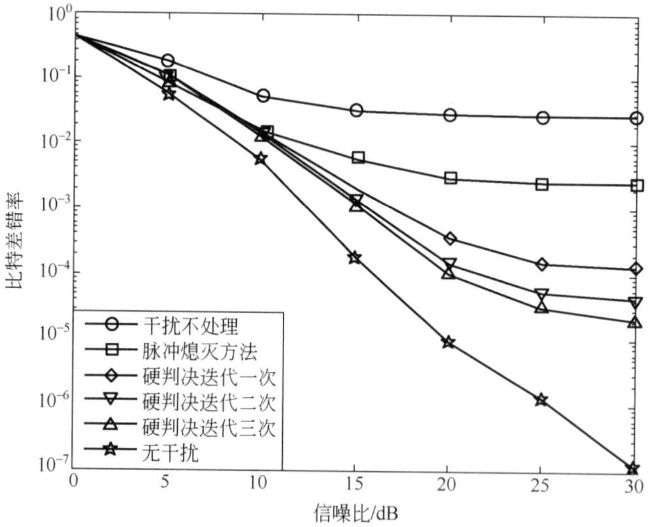

图 5-3　多径信道下的比特差错率曲线

（QPSK，SIR=−4dB，理想信道估计，理想脉冲位置估计）

图 5-4 所示为硬判决反馈迭代 ICI 干扰补偿接收机在多径信道下的比特差错率曲线（8PSK，SIR=−4dB，理想信道估计，理想脉冲位置估计）。图 5-4 各曲线标示方法与图 5-3 完全相同。由图 5-4 各曲线观测得到的结果也与图 5-3 完全一致。

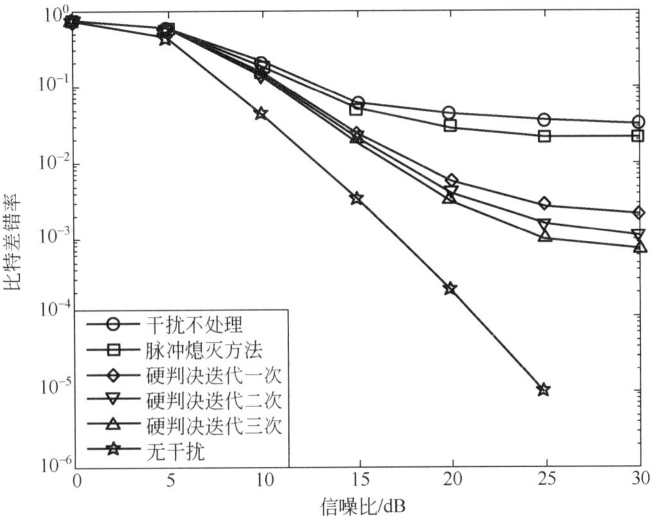

图 5-4　多径信道下的比特差错率曲线

（8PSK，SIR=-4dB，理想信道估计，理想脉冲位置估计）

综合图 5-2、图 5-3 与图 5-4 的仿真结果，可得到以下结论：①硬判决反馈迭代 ICI 干扰补偿接收机可消除脉冲熄灭导致的 ICI 干扰，显著改善链路传输的可靠性；②由于 ICI 干扰重构器重构的 ICI 干扰存在误差，导致脉冲熄灭 ICI 干扰不能完全被消除，最终导致硬判决反馈迭代 ICI 干扰补偿接收机比特差错性能曲线存在错误平台。

5.3　软符号重构迭代子载波间干扰补偿方法

5.3.1　软符号重构迭代 ICI 干扰补偿接收机

图 5-5 所示为软符号重构迭代 ICI 干扰补偿接收机的原理框图[12]。来自天线的射频信号经射频前端转换为模拟基带信号，模拟基带信号通过 A/D 转换器转换为数字基带信号，为避免 DME 信号采样产生频谱混叠，接收机采用了 4 倍过采样的接收方案，假设接收机已建立符号定时同步，则接收机移除循环前缀后，单个 OFDM 符号周期内接收信号矢量 $\boldsymbol{r}=[r_0,\cdots,r_n,\cdots,r_{VK-1}]^{\mathrm{T}}$ 表示为

$$\boldsymbol{r}=\boldsymbol{h}\otimes\boldsymbol{x}+\boldsymbol{i}+\boldsymbol{n} \tag{5-10}$$

其中，V 代表过采样因子；K 代表 OFDM 系统子信道数；$\boldsymbol{h}$ 代表信道冲激响应矢量；$\boldsymbol{x}$ 代表发射信号矢量；$\boldsymbol{i}$ 代表信道输入的 DME 脉冲干扰信号矢量；$\boldsymbol{n}$ 代表信道输入的复高斯白噪声矢量。

假设接收机通过脉冲位置估计器可精确获得 DME 脉冲出现的位置，则单个 OFDM 符号周期内包含 DME 脉冲信号样值序号的集合记为 $\boldsymbol{\Omega}$：

$$\boldsymbol{\Omega}=\{n|\text{如果接收信号样值 } r_n \text{ 包含DME 噪声信号}, n=0,\cdots,VK-1\} \tag{5-11}$$

脉冲位置估计器原理请参见 5.3.3 节的描述。接收信号矢量 $\boldsymbol{r}$ 进一步送入脉冲熄灭器消除脉冲干扰，脉冲熄灭器输出信号矢量 $\boldsymbol{y}=[y_0,\cdots,y_n,\cdots,y_{VK-1}]^{\mathrm{T}}$ 表示为

$$\boldsymbol{y} = \boldsymbol{D} \cdot \boldsymbol{r} \tag{5-12}$$

其中，$\boldsymbol{D} = \text{diag}(d_0,\cdots,d_n,\cdots,d_{VK-1})$ 代表脉冲熄灭矩阵，当接收信号矢量 $\boldsymbol{r}$ 的第 n 个样值 r_n 包含 DME 干扰时，d_n 取值为 0，否则 d_n 取值为 1。脉冲熄灭器输出信号矢量 $\boldsymbol{y}$ 进一步送入 ICI 干扰补偿器对 ICI 干扰进行补偿，ICI 干扰补偿器输出信号矢量记为 $\boldsymbol{z} = [z_0,\cdots,z_n,\cdots,z_{VK-1}]^{\mathrm{T}}$，其第 n 个样值 z_n 表示为

$$z_n = \begin{cases} \hat{y}_n, & n \in \boldsymbol{\Omega} \\ y_n, & n \notin \boldsymbol{\Omega} \end{cases} \tag{5-13}$$

其中，$\hat{\boldsymbol{y}} = [\hat{y}_0,\cdots,\hat{y}_n,\cdots,\hat{y}_{VK-1}]^{\mathrm{T}}$ 代表接收机重构的接收信号矢量。当接收机首次处理接收信号矢量 $\boldsymbol{y}$ 时，由于 $\hat{\boldsymbol{y}}$ 信号未知，因此不进行 ICI 干扰补偿，此时 $\boldsymbol{z} = \boldsymbol{y}$。ICI 补偿器输出信号矢量 $\boldsymbol{z}$ 进一步通过 VK 点 FFT 完成 OFDM 信号解调，FFT 输出的频域信号矢量 $\boldsymbol{Y}^{ov}$ 表示为

$$\boldsymbol{Y}^{ov} = \boldsymbol{F} \cdot \boldsymbol{z} \tag{5-14}$$

其中，$\boldsymbol{F}$ 代表 VK 点 FFT 矩阵。$\boldsymbol{F}$ 的第 l 行第 n 列元素表示为 $\boldsymbol{F}_{l,n} = \dfrac{1}{\sqrt{KV}}\mathrm{e}^{-\mathrm{j}2\pi\frac{l\cdot n}{KV}}$，$l = 0,\cdots,KV-1;\ n = 0,\cdots,KV-1$。FFT 输出信号矢量 $\boldsymbol{Y}^{ov} = [Y_0^{ov},\cdots,Y_l^{ov},\cdots,Y_{KV-1}^{ov}]^{\mathrm{T}}$ 经下采样得到信号矢量 $\boldsymbol{Y}$，其第 k 个分量 Y_k 表示为

$$Y_k = \frac{1}{\sqrt{V}} Y^{ov}_{\frac{(V-1)K}{2}+k+1}, k = 0,\cdots,K-1 \tag{5-15}$$

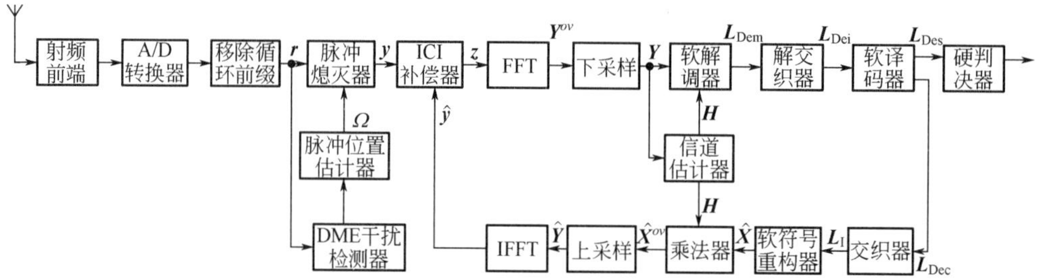

图 5-5　软符号重构迭代子载波间干扰补偿接收机的原理框图

假设接收机通过信道估计可得到信道的频率响应 $H_k(k = 0,\cdots,K-1)$，则软解调器根据输入信号矢量 $\boldsymbol{Y} = (Y_0,\cdots,Y_k,\cdots,Y_{K-1})^{\mathrm{T}}$ 及信道频率响应 $H_k(k = 0,\cdots,K-1)$ 可计算得到各个子信道发送符号的软比特信息 $\boldsymbol{L}_{\mathrm{Dem}}$，软比特信息的计算方法请参见 5.3.4 节的描述。发送符号的软比特信息 $\boldsymbol{L}_{\mathrm{Dem}}$ 通过解交织器得到码字比特软信息 $\boldsymbol{L}_{\mathrm{Dei}}$，码字比特软信息在信道译码器中进行软判决译码，译码器输出两类软信息：码字比特后验软信息 $\boldsymbol{L}_{\mathrm{Dec}}$ 及信息比特后验软信息 $\boldsymbol{L}_{\mathrm{Des}}$。码字比特后验软信息 $\boldsymbol{L}_{\mathrm{Dec}}$ 进一步反馈到交织器得到符号比特的软信息 $\boldsymbol{L}_{\mathrm{I}}$，$\boldsymbol{L}_{\mathrm{I}}$ 通过软符号重构得到调制符号的软估计值 $\hat{\boldsymbol{X}} = [\hat{X}_0,\cdots,\hat{X}_k,\cdots,\hat{X}_{K-1}]^{\mathrm{T}}$，软符号重构方法请参见 5.3.5 节的描述。第 k 个子信道的软符号估计值 $\hat{X}_k$ 与相应子信道频率响应 H_k 相乘得到 $\hat{X}_k^{ov} = H_k\hat{X}_k$。信号矢量 $\hat{\boldsymbol{X}}^{ov} = [\hat{X}_0^{ov},\cdots,\hat{X}_k^{ov},\cdots\hat{X}_{K-1}^{ov}]^{\mathrm{T}}$ 通过频域补零处

理得到上采样信号矢量$\hat{\boldsymbol{Y}}$：

$$\hat{\boldsymbol{Y}} = \begin{bmatrix} \boldsymbol{O}_{\frac{(V-1)K}{2}} \\ \hat{\boldsymbol{X}}^{ov} \\ \boldsymbol{O}_{\frac{(V-1)K}{2}} \end{bmatrix} \tag{5-16}$$

其中，$\boldsymbol{O}$ 代表全零列矢量。上采样信号矢量$\hat{\boldsymbol{Y}}$ 通过 VK 点 IFFT 得到重构信号矢量$\hat{\boldsymbol{y}}$：

$$\hat{\boldsymbol{y}} = \boldsymbol{F}^{-1} \cdot \hat{\boldsymbol{Y}} \tag{5-17}$$

其中，$\boldsymbol{F}^{-1}$代表 VK 点的 IFFT 矩阵。当迭代 ICI 干扰补偿方法收敛后，译码器输出的信息比特后验软信息 $\boldsymbol{L}_{\text{Des}}$ 送入硬判决器进行判决可得到发送比特序列的估计值。

5.3.2　DME 干扰检测方法

图 5-6 所示为 L-DACS1 系统 OFDM 与邻道 DME 信号的功率谱。图 5-6 中实线代表 OFDM 信号功率谱，虚线代表 DME 信号功率谱。由图 5-6 可观察得到：OFDM 信号的能量主要集中于−250～+250kHz，DME 信号的能量主要位于±250kHz 处，因此可通过比较接收信号在频域±250kHz 及直流子信道附近平均功率的方法来检测接收信号中是否存在 DME 干扰信号[7]。

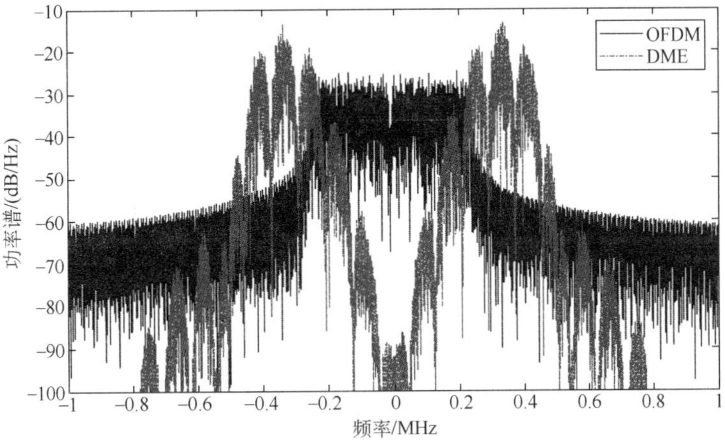

图 5-6　L-DACS1 系统 OFDM 与邻道 DME 信号的功率谱

引入以下参量$\overline{P}_0$、$\overline{P}_{250}$、$\overline{P}_{-250}$：

$$\overline{P}_0 = \frac{1}{J} \sum_{l=J/2, l\neq 0}^{J/2} \left| R(n_0 + l) \right|^2 \tag{5-18}$$

$$\overline{P}_{250} = \frac{1}{J} \sum_{l=-J/2, l\neq 0}^{J/2} \left| R(n_1 + l) \right|^2 \tag{5-19}$$

$$\overline{P}_{-250} = \frac{1}{J} \sum_{l=-J/2, l\neq 0}^{J/2} \left| R(n_2 + l) \right|^2 \tag{5-20}$$

其中，n_0 代表直流子信道的位置索引，n_1 代表 250kHz 处子信道的位置索引，n_2 代表-250kHz 处子信道的位置索引；$R(l)$ 代表接收信号 r 的离散傅里叶变换，$R(l)=\frac{1}{\sqrt{KV}}\cdot\sum_{n=0}^{KV-1}r(n)\cdot \mathrm{e}^{-\mathrm{j}\cdot\frac{2\pi}{KV}ln}$。参数 $\bar{P}_0$ 代表直流子信道附近 J 个子信道的平均功率（J 取正偶数），$\bar{P}_{250}$ 代表 250kHz 处子信道附近 J 个子信道的平均功率，$\bar{P}_{-250}$ 代表-250kHz 处子信道附近 J 个子信道的平均功率。

以式（5-18）～式（5-20）定义的参量为基础，可得到 DME 干扰信号存在的判定准则：如果 $\bar{P}_0>\bar{P}_{250}$，同时 $\bar{P}_0>\bar{P}_{-250}$，则接收信号中仅包含 OFDM 信号，不包含 DME 信号；如果 $\bar{P}_{250}>\bar{P}_0$ 或 $\bar{P}_{-250}>\bar{P}_0$，则接收信号中包含 DME 干扰信号。

5.3.3　DME 脉冲起始位置估计

利用 DME 脉冲对具有恒定间隔的特性，文献[1]提出了基于差分相关 DME 脉冲起始位置估计方法，该方法的估计度量 $P(n)$ 为

$$P(n)=\frac{\left|\sum_{m=0}^{N_{\text{corr}}-1}r(n+m)\cdot r^*(n+m+N_{\text{diff}})\right|}{\frac{1}{2}\cdot\sum_{m=0}^{N_{\text{corr}}-1}\left(\left|r(n+m)\right|^2+\left|r^*(n+m+N_{\text{diff}})\right|^2\right)}\tag{5-21}$$

其中，N_{corr} 代表单个 DME 脉冲的宽度（样值）；N_{diff} 代表 DME 脉冲对的间隔（样值）。

在实际应用中发现，依据式（5-21）计算得到的估计度量曲线存在的一个峰值平台，导致估计得到的 DME 脉冲起始位置精度不高，影响了后续脉冲熄灭器的性能。为克服以上问题，本节提出了一种改进 DME 脉冲起始位置估计方法。首先，对式（5-21）给出的估计度量进行离散差分运算，得到改进的 DME 起始位置估计度量 $M(n)$：

$$M(n)=P(n+1)-P(n)\tag{5-22}$$

在估计 DME 起始位置估计时，利用式（5-22）计算改进的 DME 起始位置估计度量，以度量曲线的上升沿与下降沿出现位置的中点作为测距仪脉冲的起始位置，最后根据 DME 脉冲起始位置，利用测距仪脉冲宽度恒定及测距仪脉冲对间距恒定的特点，可计算得到包含 DME 脉冲干扰样值序号的集合 $\boldsymbol{\Omega}$。

5.3.4　软符号解调器

软符号解调器第 k 个子信道输入信号 Y_k 表示为

$$Y_k=H_k\cdot X_k+N_k,\quad k=0,\cdots,K-1\tag{5-23}$$

其中，H_k 代表第 k 个子信道的频率响应；X_k 代表第 k 个子信道传输的调制符号；N_k 代表第 k 个子信道输入的噪声信号，其包括信道输入的复高斯白噪声及脉冲熄灭导致的 ICI 噪声。

对于不同的调制方式，接收机软解调的计算方法不相同，为方便叙述，下面以 QPSK 与 8PSK 调制方式为例来说明接收机软比特信息的计算方法。假设 QPSK 调制星座记为 $\{C_i,i=0,\cdots,2^2-1\}$，且调制星座点 C_i 承载的两比特信息记为 $\{c_i^0,c_i^1\}$，则接收机得到观测

信号 Y_k 后，调制符号 X_k 的软比特信息 $\{L_k^0, L_k^1\}$ 计算方法为

$$L_k^0 = \frac{1}{2\sigma_k^2}\max[D_{10}, D_{11}] - \frac{1}{2\sigma_k^2}\max[D_{00}, D_{01}] \tag{5-24}$$

$$L_k^1 = \frac{1}{2\sigma_k^2}\max\left[D_{01}, D_{11}\right] - \frac{1}{2\sigma_k^2}\max\left[D_{00}, D_{10}\right] \tag{5-25}$$

其中，$D_{c_i^0 c_i^1} = 2Y_k^I(H_k^I C_i^I - H_k^Q C_i^Q) + 2Y_k^Q(H_k^I C_i^Q + H_k^Q C_i^I)$，$H_k^I$ 与 H_k^Q 分别代表第 k 个子信道频率响应 H_k 的实部与虚部；C_i^I 与 C_i^Q 分别代表 QPSK 调制星座点 C_i 的实部与虚部；σ_k^2 代表第 k 个子信道噪声功率，可通过对空子信道噪声功率进行统计得到。

同理，假设 8PSK 调制星座记为 $\{C_i, i = 0,\cdots,2^3-1\}$，且调制星座点 C_i 承载的三比特信息记为 $\{c_i^0, c_i^1, c_i^2\}$，则接收机获得观测信号 Y_k 后，调制符号 X_k 的软比特信息 $\{L_k^0, L_k^1, L_k^2\}$ 计算方法为

$$L(x_0|z) = \frac{1}{2\sigma^2}\max[D_{100}, D_{101}, D_{110}, D_{111}] - \frac{1}{2\sigma^2}\max[D_{000}, D_{001}, D_{010}, D_{011}] \tag{5-26}$$

$$L(x_1|z) = \frac{1}{2\sigma^2}\max[D_{010}, D_{011}, D_{110}, D_{111}] - \frac{1}{2\sigma^2}\max[D_{000}, D_{001}, D_{100}, D_{110}] \tag{5-27}$$

$$L(x_2|z) = \frac{1}{2\sigma^2}\max[D_{001}, D_{011}, D_{101}, D_{111}] - \frac{1}{2\sigma^2}\max[D_{000}, D_{010}, D_{100}, D_{110}] \tag{5-28}$$

其中，$D_{c_i^0 c_i^1 c_i^2} = 2Y_k^I(H_k^I C_i^I - H_k^Q C_i^Q) + 2Y_k^Q(H_k^I C_i^Q + H_k^Q C_i^I)$。$H_k^I$ 与 H_k^Q 分别代表第 k 个子信道频率响应 H_k 的实部与虚部；C_i^I 与 C_i^Q 分别代表 8PSK 调制星座点 C_i 的实部与虚部。

5.3.5 软符号重构器

假设第 k 个子信道调制符号 X_k 承载的比特序列记为 $\{b_k^0,\cdots,b_k^j,\cdots,b_k^{M-1}\}$，交织器输出的调制符号 X_k 对应的软比特信息为 $\{L_k^j, j = 0,1,\cdots,M-1\}$，其中，$L_k^j$ 代表调制符号 X_k 承载的第 j 个比特软信息，M 代表调制符号承载的比特数，则 b_k^j 取值为 1 与 0 的概率分别为

$$P(b_k^j = 1) = \frac{\exp(L_k^j)}{1+\exp(L_k^j)}, \quad j = 0,\cdots,M-1 \tag{5-29}$$

$$P(b_k^j = 0) = \frac{1}{1+\exp(L_k^j)}, \quad j = 0,\cdots,M-1 \tag{5-30}$$

此外，假设调制器调制星座为 $\{C_i, i = 0,\cdots,2^M-1\}$，其中 C_i 代表调制星座的第 i 个星座点，且假设星座点 C_i 承载的比特序列为 $\{c_i^0,\cdots,c_i^j,\cdots,c_i^{M-1}\}$，则调制符号 X_k 取值为星座点 C_i 的概率为

$$P(X_k = C_i) = \prod_{j=0}^{M-1} P(b_k^j = c_i^j), \quad i = 0,1,\cdots,2^M-1 \tag{5-31}$$

最后根据式（5-31）计算得到调制符号 X_k 取值为各个星座点的概率，使用式（5-32）

可计算得到调制符号 X_k 的软估计值为

$$\hat{X}_k = \sum_{i=0}^{2^M-1} C_i \cdot P(X_k = C_i) \tag{5-32}$$

5.3.6　仿真参数设置

为了验证本节提出的软符号重构迭代 ICI 干扰补偿方法的正确性与有效性，本章设计了软符号重构迭代 ICI 干扰补偿 L-DACS1 系统仿真平台。仿真平台的主要技术参数[9]如表 5-2 所示。

表 5-2　L-DACS1 系统仿真环境

参数		取值
发射机参数	卷积编码	生成多项式[171　133]
	交织深度	5400（data/CC 帧）
	调制方式	QPSK/8PSK
	过采样因子	4
	FFT 长度	64
	有用子载波数	50
	循环前缀长度	11
信道参数	信道类型	AWGN/多径信道
	DME 干扰源数目	1 个
	脉冲对出现频率/（脉冲对/s）	3600
	干扰载波偏置/kHz	+500
	信干比/ dB	−4
接收机参数	等效中频滤波器	通带截止频率 0.3MHz 阻带截止频率 0.6MHz
	抗混叠滤波器	余弦滤波器，滚降因子 0.25 截止频率 0.32MHz
	信道估计器	理想信道估计
	解调器	软符号解调
	译码器	SISO 译码
	符号重构器	软符号重构

5.3.7　仿真结果分析

图 5-7 所示为 DME 脉冲对起始位置估计的示意图（AWGN 信道，SIR=−4dB）。图 5-7 中点画线代表归一化差分相关估计度量曲线，实线代表接收机收到的 DME 脉冲对信号，虚线代表式（5-22）给出的改进估计度量曲线。图 5-7 各曲线比较表明：改进估计度量曲线的上升沿与下降沿的中点与 DME 脉冲对起始位置保持一致。证明了式（5-22）给出方法的正确性。

图 5-8 所示为 DME 脉冲起始位置估计的均方根误差曲线（AWGN 信道，SIR= −4dB），图中横坐标代表 SNR，单位为 dB；纵坐标代表均方根误差（RMSE），均方根误差定义

为 $\mathrm{RMSE}=\sqrt{\frac{1}{N}\cdot\sum_{m=1}^{N}(\hat{p}_m-p_m)^2}$，其中，$p_m$ 代表第 m 个 DME 脉冲对起始位置的真值，$\hat{p}_m$ 代表第 m 个 DME 脉冲对起始位置的估计值，N 代表接收信号中 DME 脉冲对的总数。

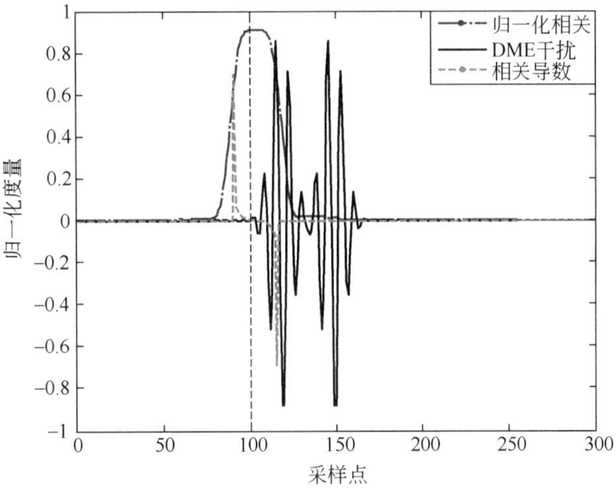

图 5-7　DME 脉冲对起始位置估计示意图

（AWGN 信道，SIR=−4dB）

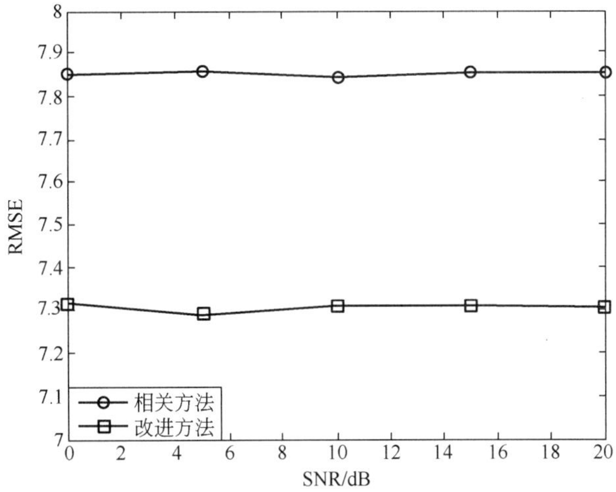

图 5-8　DME 脉冲起始位置估计的均方根误差曲线

（AWGN 信道，SIR=−4dB）

图 5-8 中标有“o”的曲线代表差分相关估计法获得的 RMSE 曲线；标有“□”的曲线代表改进法获得的 RMSE 曲线。曲线比较表明：相对于差分相关 DME 脉冲起始位置估计方法，改进的 DME 起始位置估计方法的精度更高。

图 5-9 所示为重构时域信号波形对比图（AWGN 信道，SIR=−4dB、SNR=30dB、迭代一次）。图 5-9 中点划线代表接收 OFDM 信号波形（为便于比较去掉脉冲噪声），实线代表脉冲熄灭后的信号波形，虚线代表一次迭代干扰补偿后的信号波形。曲线比较表明：

一次迭代干扰补偿后的信号波形与接收 OFDM 信号波形基本一致，证明了所提出方法的有效性。

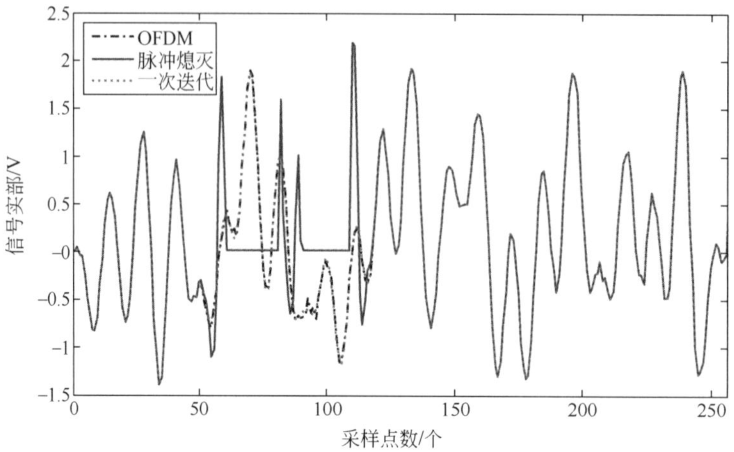

图 5-9　重构时域信号波形对比图

（AWGN 信道，SIR=−4dB、SNR=30dB、迭代一次）

图 5-10 所示为迭代干扰补偿方法对接收信号星座的影响（AWGN 信道，SIR=−4dB、SNR=15dB）。图 5-10(a)代表脉冲熄灭后接收信号的星座，图 5-10(b)代表迭代一次补偿后接收信号的星座，图 5-10(c)代表迭代二次补偿后接收信号的星座，图 5-10(d)代表迭代三次补偿后接收信号的星座。四个接收信号星座的形态比较表明：①所提出方法可有效消除 ICI 的干扰；②所提出方法收敛速度快，仅需要一次迭代补偿就可获得满意效果。

图 5-11 所示为所提出方法的比特差错率曲线（AWGN 信道，QPSK，SIR=−4dB）。标有“○”的曲线代表没有进行干扰抑制的比特差错率曲线；标有“□”的曲线代表脉冲熄灭法的比特差错率曲线；标有“◇”的曲线代表硬判决迭代 ICI 补偿法的比特差错率曲线（一次迭代）；标有“▽”的曲线代表硬判决迭代 ICI 补偿法的比特差错率曲线（二次迭代）；标有“-◇-”的曲线代表软符号重构迭代 ICI 干扰补偿法的比特差错率曲线（一次迭代）；标有“-▽-”的曲线代表软符号重构迭代 ICI 干扰补偿法的比特差错率曲线（二次迭代）；标有“·”的曲线代表无 DME 干扰时的比特差错率曲线。

图 5-11 曲线比较表明：①软符号重构迭代 ICI 干扰补偿法优于硬判决迭代 ICI 补偿法；②软符号重构迭代 ICI 干扰法收敛速度快，仅需要二次迭代补偿就可获得满意的比特差错率。

图 5-12 所示为所提出方法的比特差错率曲线（多径信道，QPSK，SIR=−4dB）。标有“○”的曲线代表没有进行干扰抑制的比特差错率曲线；标有“□”的曲线代表脉冲熄灭法的比特差错率曲线；标有“◇”的曲线代表硬判决迭代 ICI 补偿法的比特差错率曲线（一次迭代）；标有“▽”的曲线代表硬判决迭代 ICI 补偿法的比特差错率曲线（二次迭代）；标有“-◇-”的曲线代表软符号重构迭代 ICI 干扰补偿法的比特差错率曲线（一次迭代）；标有“-▽-”的曲线代表软符号重构迭代 ICI 干扰补偿法的比特差错率曲线（二次迭代）；标有“·”的曲线代表无 DME 干扰时的比特差错率曲线。图 5-12 所示的多径信道仿真结果与 AWGN 信道仿真结果完全一致。

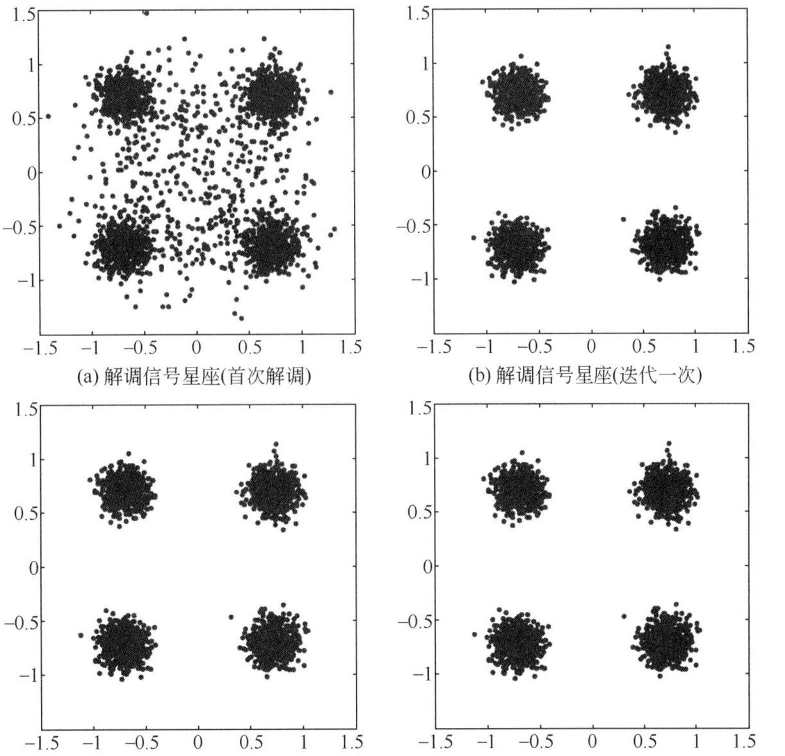

(a) 解调信号星座(首次解调)　(b) 解调信号星座(迭代一次)

(c) 解调信号星座(迭代二次)　(d) 解调信号星座(迭代三次)

图 5-10　迭代干扰补偿方法对接收信号星座的影响

（AWGN 信道，SIR=−4dB、SNR=15dB）

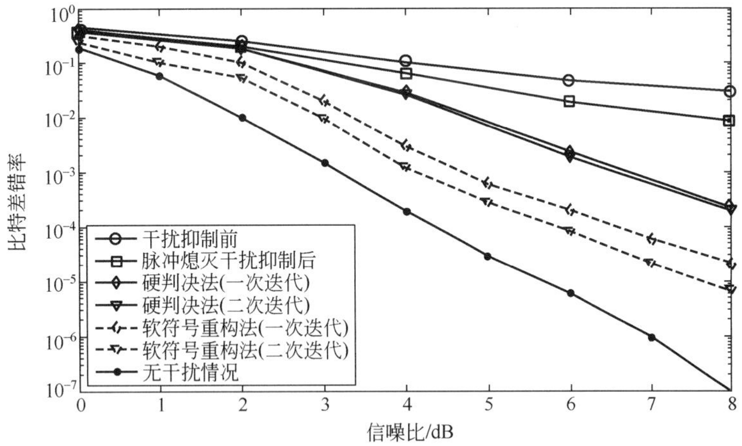

图 5-11　比特差错率曲线（AWGN 信道，QPSK，SIR=−4dB）

图 5-13 所示为所提出方法的比特差错性能曲线（多径信道，8PSK，SIR=−4dB）。标有“○”的曲线代表没有进行干扰抑制的比特差错率曲线；标有“□”的曲线代表脉冲熄灭法的比特差错率曲线；标有“◇”的曲线代表硬判决迭代 ICI 补偿法的比特差错率曲线（一次迭代）；标有“▽”的曲线代表硬判决迭代 ICI 补偿法的比特差错率曲线（二次迭代）；标有“-◇-”的曲线代表软符号重构迭代 ICI 干扰补偿法的比特差错率曲线（一

次迭代）；标有“-▽-”的曲线代表软符号重构迭代 ICI 干扰补偿法的比特差错率曲线（二次迭代）；标有“•”的曲线代表无 DME 干扰时的比特差错率曲线。图 5-13 所示的 8PSK 多径信道仿真结果与 QPSK 多径信道仿真结果完全一致。

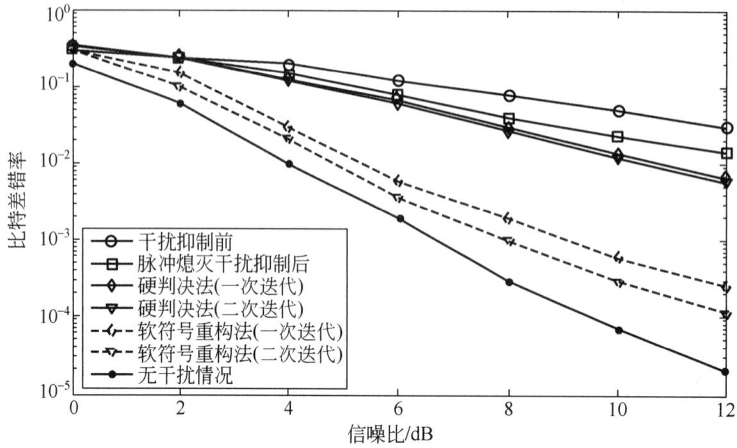

图 5-12　比特差错率曲线（多径信道，QPSK，SIR=-4dB）

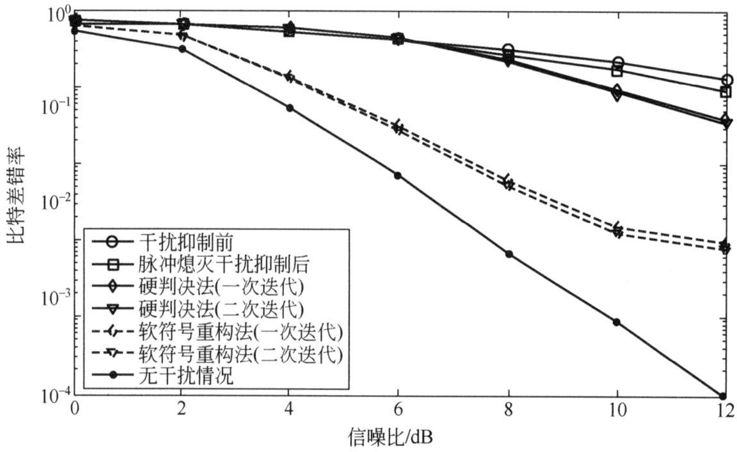

图 5-13　比特差错率曲线（多径信道，8PSK，SIR=-4dB）

综合图 5-11～图 5-13 的仿真，可得到下面的结论：在 AWGN 信道与多径信道环境下，软符号重构迭代 ICI 干扰补偿法均优于硬判决反馈迭代 ICI 干扰补偿法。此外，软符号重构法收敛速度快，仅需要二次迭代补偿就可获得满意的链路差错性能。

5.4　本章小结

针对非线性脉冲熄灭产生的子载波间干扰恶化 L-DACS1 系统 OFDM 接收机链路传输可靠性的问题，提出了基于软符号重构迭代 ICI 干扰补偿方法。首先，接收机通过脉冲熄灭法消除高强度测距仪脉冲干扰；然后，利用译码器输出的码字比特软信息通过交织器及软符号重构器获得调制符号的估计值，进一步利用信道频率响应重构接收信号的时域波形，并根据脉冲熄灭的位置信息对脉冲熄灭信号进行时域补偿，从而克服脉冲熄灭产生的子载波间干扰。本章研究表明：软符号重构迭代 ICI 干扰补偿法可显著改善 L-DACS1 系统链路传输的可靠性。

参 考 文 献

[1] EPPLE U，BRANDES S，GLIGOREVIC S，et al．Receiver optimization for L-DACS1[C]// IEEE /AIAA 28th Digital Avionics Systems Conference, Piscataway, NJ: IEEE press, 2009: 4.B.1-1-4.B.1-12．

[2] 刘海涛, 张智美, 成玮, 等. 联合压缩感知与干扰白化的脉冲干扰抑制方法[J]. 北京航空航天大学学报, 2015, 41(8): 1367-1373.

[3] 李冬霞, 高贝贝, 刘海涛. 联合小波变换与残留干扰白化的测距仪脉冲干扰抑制方法[J]. 信号处理, 2015, 31(6):710-719.

[4] RAJA M, VINOD A P, MADHUKUMAR A S. DME interference mitigation for L-DACS1 based on decision-directed noise estimation[C]// 2015 Integrated Communication, Navigation and Surveillance Conference, Herdon, VA, USA, 2015:1-10.

[5] 曾孝平, 贺渊, 简鑫, 等. 基于高阶统计量的 L-DACS1 系统自适应干扰消除技术研究[J].电子学报, 2016, 44(10): 2377-2383.

[6] 刘海涛, 刘亚洲, 成玮, 等,. 联合正交投影与盲波束形成的干扰抑制方法[J]. 系统工程与电子技术, 2015, 37(8): 1880-1886.

[7] 刘海涛, 刘亚洲, 张学军. 联合 DOA 估计与主波束形成的干扰抑制方法[J]. 哈尔滨工业大学学报, 2016,48(11):103-108.

[8] 刘海涛, 刘亚洲, 张学军. 联合正交投影与 CLEAN 的测距仪脉冲干扰抑制方法[J]. 信号处理, 2015, 31(5):536-543.

[9] SAJATOVIC M, HAINDL B, SCHNELL M. L-DACS1 system definition proposal: deliverable D2[Z]. EUROCONTROL, Version 1.0, Brussels, Belgium, 2009.

[10] EPPLE U, SCHNELL M. Adaptive threshold optimization for a blanking nonlinearity in OFDM receivers[C]// IEEE Global Communications Conference, Piscataway, NJ:IEEE Press，2012:3661-3666．

[11] BRANDES S, EPPLE U, SCHNELL M. Compensation of the impact of interference mitigation by pulse blanking in OFDM systems[C]// IEEE Global Telecommunications Conference, Piscataway, NJ:IEEE Press, 2009:1-6.

第6章　联合压缩感知与残留信号白化的干扰抑制方法

6.1　引言

围绕着L-DACS1系统OFDM接收机存在的DME脉冲干扰问题，相关研究如下：文献[1,2]首先给出了DME脉冲干扰的仿真模型，并仿真研究了DME脉冲干扰对L-DACS1系统OFDM接收机传输可靠性的影响，研究表明DME脉冲干扰显著恶化链路传输可靠性；为克服DME脉冲信号干扰OFDM接收机的问题，文献[3]将非线性脉冲熄灭法与限幅法应用于L-DACS1接收机消除DME脉冲干扰，该方法可一定程度消除脉冲干扰，然而该方法需要解决两个方面的关键问题：①脉冲熄灭门限的最佳设置问题；②脉冲熄灭产生的ICI干扰问题。为解决脉冲熄灭法门限最佳设置问题，文献[4]在加性高斯白噪声信道下基于信干比最大化准则给出了自适应脉冲熄灭门限设置方法；为克服脉冲熄灭方法产生的ICI干扰，文献[5,6]提出了ICI干扰补偿方法，并通过仿真验证该方法在理想信道估计及脉冲熄灭位置已知情况下，可有效消除ICI干扰。

在基于压缩感知脉冲重构的OFDM接收机脉冲干扰抑制研究方面，针对OFDM接收机存在的稀疏性脉冲干扰，文献[7]首次提出基于凸优化的压缩感知脉冲重构干扰抑制方法；文献[8]利用了DFT矩阵的结构特性及脉冲噪声幅度分布的先验信息，提出了低复杂度压缩感知脉冲干扰消除方法；文献[9]采用混合高斯模型对电力线载波通信系统的突发脉冲进行建模，基于稀疏贝叶斯学习方法迭代重构脉冲干扰，然后在时域消除脉冲干扰。与电力载波通信系统存在的随机脉冲干扰不同，DME脉冲干扰具有以下特性[1,2]：①高强度；②簇干扰特性；③载波偏置特性。鉴于以上特性，文献[7-9]提出方法难以直接应用于L-DACS1系统OFDM接收机DME脉冲干扰抑制。

针对L-DACS1以内嵌方式部署在航空无线电导航频段而产生的DME脉冲信号干扰OFDM接收机的问题，本章提出联合压缩感知信号重构与残留DME信号白化的干扰抑制方法。该方法首先通过OFDM接收机空子载波信号构造观测信号矢量，随后利用DME脉冲信号的时域稀疏特性，基于L1范数最小化约束的凸优化方法重构DME脉冲信号，并将重构脉冲干扰信号转换到频域进行干扰消除；最后，为避免残留干扰造成的突发性解调错误，接收机通过解交织器和逆正交变换将残留脉冲干扰转换为白噪声信号。研究表明：所提出方法可有效抑制DME脉冲干扰，提高L-DACS1系统链路传输的可靠性。

6.2　压缩感知基本概念

考虑以下信号模型：

$$\boldsymbol{y} = \boldsymbol{\phi x} \tag{6-1}$$

其中，$\boldsymbol{y}$ 代表 $M \times 1$ 维的观测信号；$\boldsymbol{\phi}$ 代表 $M \times N$（$M < N$）维的测量矩阵；$\boldsymbol{x}$ 为 $N \times 1$ 维的未知信号矢量。压缩感知算法就是要从部分观测信号 $\boldsymbol{y}$ 中精确重构出原始信号 $\boldsymbol{x}$。如果 $\boldsymbol{x}$ 是 K 维稀疏的，且 $\boldsymbol{y}$ 的维数满足 $M = O(K\lg(N))$，此外测量矩阵 $\boldsymbol{\phi}$ 满足约束等距性准则（restricted isometry property，RIP），则理论证明信号 $\boldsymbol{x}$ 可通过测量值 $\boldsymbol{y}$ 精确重构：

$$\hat{\boldsymbol{x}} = \operatorname{argmin} \|\boldsymbol{x}\|_0 \text{ 使得 } \boldsymbol{\phi x} = \boldsymbol{y} \tag{6-2}$$

其中，$\|\cdot\|_0$ 为信号 $\boldsymbol{x}$ 的 l_0 范数，代表信号 $\boldsymbol{x}$ 中不为零元素的个数。

对于近似稀疏信号或非稀疏信号，可通过某种变换 $\boldsymbol{\psi}$ 进行稀疏表示，即 $\boldsymbol{f} = \boldsymbol{\psi x}$，则 $\boldsymbol{x}$ 为信号 $\boldsymbol{f}$ 在变换域 $\boldsymbol{\psi}$ 上的变换系数。若信号 $\boldsymbol{f}$ 的变换系数 $\boldsymbol{x}$ 满足 K 维稀疏性，可得

$$\boldsymbol{y} = \boldsymbol{\phi f} = \boldsymbol{\phi \psi x} = \boldsymbol{Ax} \tag{6-3}$$

其中，$\boldsymbol{A} = \boldsymbol{\phi\psi}$ 为 $M \times N$ 的矩阵，称为感知矩阵。$\boldsymbol{y}$ 可以看作稀疏系数 $\boldsymbol{x}$ 关于感知矩阵 $\boldsymbol{A}$ 的测量值。若感知矩阵 $\boldsymbol{A}$ 满足 RIP 准则，则可以通过求解类似式（6-1）的最优 l_0 范数问题来重构稀疏系数 $\boldsymbol{x}$：

$$\hat{\boldsymbol{x}} = \arg\min \|\boldsymbol{x}\|_0 \text{ 使得 } \boldsymbol{Ax} = \boldsymbol{y} \tag{6-4}$$

由于变换矩阵 $\boldsymbol{\psi}$ 是固定的，因此测量矩阵 $\boldsymbol{\phi}$ 必须满足一定条件才能使得感知矩阵 $\boldsymbol{A}$ 满足 RIP 准则。关于测量矩阵的选取将在 6.2.2 节中详细分析。

利用重构的稀疏系数 $\hat{\boldsymbol{x}}$ 及稀疏变换矩阵 $\boldsymbol{\psi}$，通过反变换得到重构的原始信号 $\hat{\boldsymbol{f}}$：

$$\hat{\boldsymbol{f}} = \boldsymbol{\psi}\hat{\boldsymbol{x}} \tag{6-5}$$

具体的压缩感知算法流程如图 6-1 所示。

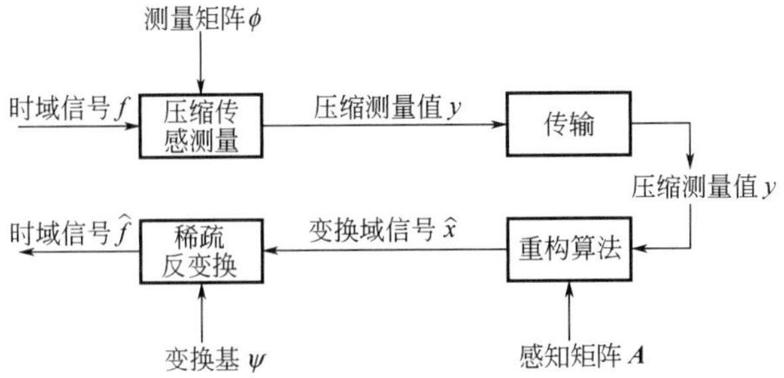

图 6-1　压缩感知算法流程图

6.2.1　信号的稀疏表示

信号的稀疏表示是指将信号投影到某变换域时，得到的变换系数的绝对值大部分都很小或等于零，仅包含少数较大非零值。信号可以进行稀疏表示，是应用压缩感知算法的前提条件。

已知信号 $\boldsymbol{f}$ 为 $N\times 1$ 维的离散时域信号，矩阵 $\boldsymbol{\psi}=[\psi_1,\psi_2,\cdots,\psi_N]$ 为 $N\times N$ 的正交基，则信号 $\boldsymbol{f}$ 可以表示为正交基的线性组合：

$$\boldsymbol{f}=\sum_{i=1}^{N}\boldsymbol{x}_i\cdot\psi_i \quad 或 \quad \boldsymbol{f}=\boldsymbol{\psi}\boldsymbol{x} \tag{6-6}$$

其中，$\boldsymbol{x}$ 为 $N\times 1$ 维的信号矢量；$\boldsymbol{\psi}$ 代表信号 $\boldsymbol{f}$ 的加权系数，$x_i=<\boldsymbol{f},\ \psi_i>=\psi_i^{\mathrm{T}}\boldsymbol{f}$，由此可见：$\boldsymbol{x}$ 是信号 $\boldsymbol{f}$ 的等价表示，$\boldsymbol{f}$ 是信号的时域表示，$\boldsymbol{x}$ 则是信号的 $\boldsymbol{\psi}$ 域表示。当信号 $\boldsymbol{f}$ 在基 $\boldsymbol{\psi}$ 上至多有 K 个（$K\leqslant N$）非零系数时，则称信号 $\boldsymbol{f}$ 在 $\boldsymbol{\psi}$ 域上是 K 维稀疏的，$\boldsymbol{\psi}$ 为信号 $\boldsymbol{f}$ 的稀疏基，式（6-6）为信号 $\boldsymbol{f}$ 的稀疏表示。

6.2.2　测量矩阵的选取

测量矩阵的选取是压缩感知信号重建的关键。2007 年 Candes 等学者证明了测量矩阵 $\boldsymbol{A}$ 需满足约束等距性准则（RIP）[10]。RIP 准则指出：对于长度为 N 的 K 维稀疏信号 $\boldsymbol{x}$，观测值 $\boldsymbol{y}=\boldsymbol{A}\boldsymbol{x}$，若存在常数 $\varepsilon_k\in(0,1)$，使

$$(1-\varepsilon_k)\leqslant\frac{\|\boldsymbol{A}_T\boldsymbol{x}_T\|_2^2}{\|\boldsymbol{x}_T\|_2^2}\leqslant(1+\varepsilon_k),\ \forall\boldsymbol{x}_T\in R^{|T|} \tag{6-7}$$

成立，则称矩阵 $\boldsymbol{A}$ 满足 K 阶 RIP 准则。其中，$\boldsymbol{A}$ 为 $M\times N$ 阶矩阵，$T\in\{1,2,\cdots,N\}$，$|T|\leqslant K$；$\boldsymbol{A}_T$ 表示从矩阵 $\boldsymbol{A}$ 中抽取索引值为 T 的列向量构成的 $M\times|T|$ 维子矩阵；$\boldsymbol{x}_T$ 表示从信号 $\boldsymbol{x}$ 中抽取索引值为 T 的元素构成的 $|T|\times 1$ 维子向量。

Candes 在文献[10]中进一步指出：当 $\varepsilon_k<\sqrt{2}-1$ 时，式（6-7）的解 $\hat{\boldsymbol{x}}$ 满足以下关系：

$$\|\hat{\boldsymbol{x}}-\boldsymbol{x}\|_{l_1}\leqslant C_0\|\hat{\boldsymbol{x}}-\boldsymbol{x}_K\|_{l_1} \tag{6-8}$$

且有

$$\|\hat{\boldsymbol{x}}-\boldsymbol{x}\|_{l_2}\leqslant C_0K^{-\frac{1}{2}}\cdot\|\hat{\boldsymbol{x}}-\boldsymbol{x}_K\|_{l_2} \tag{6-9}$$

其中，C_0 是常数；$\boldsymbol{x}_K$ 是 $\boldsymbol{x}$ 的 K 项稀疏逼近。如果 $\varepsilon_{2k}<1$，l_0 最优化问题有唯一的 K 稀疏解；如果 $\varepsilon_{2k}<\sqrt{2}-1$，$l_0$ 最优化问题可以转化为 l_1 最优化问题。也就是说，对于稀疏度为 K 的信号 $\boldsymbol{x}$，满足以上条件，存在唯一解，可以被准确重构。

直接验证 RIP 准则比较困难[11]，有学者进一步研究了非相干性与 RIP 准则之间的关系[12]。相干性定义为

$$R(\boldsymbol{\phi},\boldsymbol{\psi})=\max_{j,k}|<\phi_k,\psi_j>| \tag{6-10}$$

其中，ϕ_k 是 $\boldsymbol{\phi}$ 的第 k 行；ψ_j 是 $\boldsymbol{\psi}$ 的第 j 列。相干系数 $R \in [1, \sqrt{N}]$ 表示了 $\boldsymbol{\phi}$ 中任意行与 $\boldsymbol{\psi}$ 中任意列的最大相关性。相干系数 R 越小，则矩阵 $\boldsymbol{\phi}$ 与 $\boldsymbol{\psi}$ 越不相干。压缩感知理论要求相关系数 R 尽量小，即矩阵 $\boldsymbol{\phi}$ 与 $\boldsymbol{\psi}$ 的相干性越低，则矩阵 $\boldsymbol{A}$ 满足 K-RIP 准则的概率就越高。因此可利用非相干性来代替 RIP 准则。

当测量矩阵 $\boldsymbol{\phi}$ 是随机矩阵时，无论是 RIP 准则还是非相干性都可以以很高的概率满足[13]。常见的测量矩阵有随机高斯矩阵、随机伯努利矩阵、局部哈达玛矩阵、托普利兹矩阵等。

6.2.3　信号重建算法

信号重建算法是压缩感知理论的核心，是指通过部分观测值 $\boldsymbol{y} \in R^M$ 重构原始信号 $\boldsymbol{x} \in R^N$ 的过程，其中 $M < N$。压缩感知重构算法主要分为两类：凸优化算法和贪婪算法。凸优化算法是将 0 范数放宽到 1 范数通过线性规划求解，贪婪算法是通过选择合适的原子通过迭代算法逐步逼近原始信号。

1. l_0 最优化

欠定方程 $\boldsymbol{y} = \boldsymbol{\phi\psi x}$ 有无穷多解，为了确定该方程的唯一解，需要利用未知信号 $\boldsymbol{x}$ 的稀疏特性。l_0 范数是对一个信号稀疏性的最简单直接的度量，即该信号中包含的非零元素的个数。因此若信号 $\boldsymbol{x}$ 满足稀疏性，则稀疏信号重构的问题就转化为求解该信号最小 l_0 范数的问题：

$$\hat{\boldsymbol{x}} = \arg\min \|\boldsymbol{x}\|_0 \text{ 使得 } \boldsymbol{y} = \boldsymbol{\phi}\psi\boldsymbol{x} \tag{6-11}$$

式（6-11）给出了信号 $\boldsymbol{x}$ 的最小 l_0 范数解，但 l_0 最优化问题是一个 NP-hard（非确定性多项式时间困难）问题，计算复杂度极高，不易实现。

2. l_1 最优化

由于 l_0 最优化求解的运算复杂度非常高，因此可采用 l_1 范数代替 l_0 范数：

$$\hat{\boldsymbol{x}} = \arg\min \|\boldsymbol{x}\|_1 \text{ 使得 } \boldsymbol{y} = \boldsymbol{\phi}\psi\boldsymbol{x} \tag{6-12}$$

与 l_0 范数不同，l_1 范数表示该信号中非零元素之和。最小 l_1 范数解是一个凸优化问题，即采用尽可能少的基准确表示待重构信号，此时将 NP-hard 问题就转化为了凸优化问题。

3. 贪婪迭代算法

贪婪迭代算法的基本思想是通过不断迭代选择局部最优解来逼近原始信号。相关学者首先提出匹配追踪（matching pursuits，MP）算法，基本思想是从观测矩阵中选取与原始信号相关性最大的原子来进行逼近，但该算法迭代次数较多，收敛性较差；正交匹配追踪（orthogonal matching pursuit，OMP）算法是对匹配追踪算法的改进，将所选原子全部进行正交化处理，但是该方法需要对信号稀疏度进行判断，运算复杂度仍然较高；分段正交匹配追踪（stagewise orthogonal matching pursuit，StOMP）算法和正则化正交匹配追踪（regularized orthogonal matching pursuit，ROMP）算法都是对正交匹配追踪算法的简化，其中分段正交匹配追踪算法通过求解近似精度代替原始精度，正则化正交匹配追踪算法将正则化应用于正交匹配追踪算法中。相对于正交匹配追踪，两种改进算法的复杂度显著降低。

6.3　联合压缩感知信号重构与残留测距仪信号白化的抑制方法

6.3.1　发射机模型

图 6-2 所示为联合压缩感知信号重构与残留干扰白化的 OFDM 发射机模型。信源产生的比特序列首先送入调制器，调制方式可采用 QPSK、16QAM、64QAM 等。调制器以 $M \times K$ 为单位对调制符号进行分组，其中 M 代表每个分组包含的调制符号数，K 代表分组的总数。第 k 个调制符号分组记为 $\boldsymbol{s}_k = [s_{k,1},\cdots,s_{k,m},\cdots,s_{k,M}]^{\mathrm{T}}$，其中，$s_{k,m}$ 代表第 k 个调制符号分组中第 m 个调制符号。调制符号分组 $\boldsymbol{s}_k$ 进一步送入正交变换器进行预处理，常见的正交变换有 DFT 与离散余弦变换（discrete cosine transform，DCT）等。正交变换后输出信号矢量记为 $\boldsymbol{S}_k = [S_{k,1},S_{k,2},\cdots,S_{k,M}]^{\mathrm{T}}$：

$$\boldsymbol{S}_k = \boldsymbol{G} \cdot \boldsymbol{s}_k \tag{6-13}$$

其中，$\boldsymbol{G}$ 为 $M \times M$ 的正交变换矩阵，且 $\boldsymbol{G}^{\mathrm{H}}\boldsymbol{G} = \boldsymbol{I}_M$，$\boldsymbol{I}_M$ 为 $M \times M$ 的单位阵。将正交变换输出的信号矢量 $\{\boldsymbol{S}_k, k=1,\cdots,K\}$ 送入交织器进行随机信号交织处理，信号交织器输出的信号矢量记为 $\{\boldsymbol{Z}_k, k=1,\cdots,K\}$：

$$[\boldsymbol{Z}_1,\cdots,\boldsymbol{Z}_k,\cdots,\boldsymbol{Z}_K] = \prod(\boldsymbol{S}_1,\cdots,\boldsymbol{S}_k,\cdots,\boldsymbol{S}_K) \tag{6-14}$$

其中，$\prod(\cdot)$ 代表交织器的交织函数；$\boldsymbol{Z}_k = [Z_{k,1},Z_{k,2},\cdots,Z_{k,M}]^{\mathrm{T}}$ 代表交织器输出的第 k 个信号矢量。信号矢量 $\boldsymbol{Z}_k$ 进一步映射到 OFDM 发射机的 M 个数据子信道，其他 $N-M$ 个子信道为空符号子信道，映射后第 k 个信号矢量记为 $\boldsymbol{X}_k$。

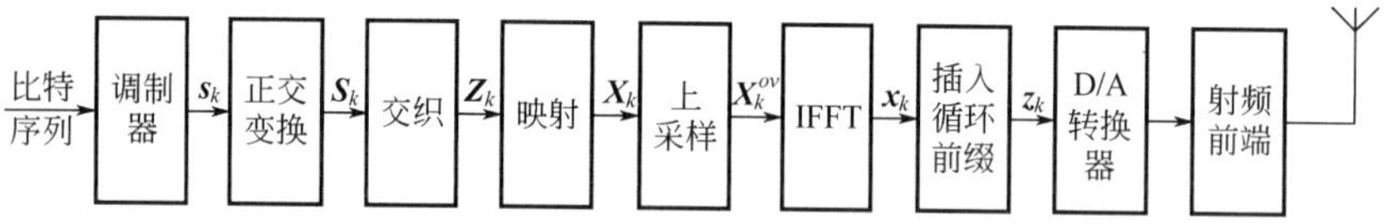

图 6-2　联合压缩感知信号重构与残留干扰白化的 OFDM 发射机模型

在接收机中，为避免 DME 脉冲信号采样产生频谱混叠，6.3.2 节给出的接收机采用了过采样接收方案，为方便叙述，在发射机模型中也使用过采样。$\boldsymbol{X}_k$ 通过两端补零得到频域上采样信号 $\boldsymbol{X}_k^{ov}$：

$$\boldsymbol{X}_k^{ov} = \begin{bmatrix} \boldsymbol{O}_{\frac{(V-1)N}{2} \times N} \\ \boldsymbol{I}_{N \times N} \\ \boldsymbol{O}_{\frac{(V-1)N}{2} \times N} \end{bmatrix} \cdot \boldsymbol{X}_k \tag{6-15}$$

其中，V 为上采样因子。$\boldsymbol{X}_k^{ov}$ 经 VN 点 IFFT 完成 OFDM 信号调制，IFFT 变换器输出的信号矢量记为 $\boldsymbol{x}_k$：

$$\boldsymbol{x}_k = \boldsymbol{F}^{\mathrm{H}} \boldsymbol{X}_k^{ov} \tag{6-16}$$

其中，$\boldsymbol{F}^{\mathrm{H}}$ 是 $VN \times VN$ 的 IFFT 矩阵，且 $\boldsymbol{F}^{\mathrm{H}}\boldsymbol{F} = \boldsymbol{I}_{VN}$，$\boldsymbol{I}_{VN}$ 为 $VN \times VN$ 的单位阵。信号矢量 $\boldsymbol{x}_k$ 在插入循环前缀后记为 $\boldsymbol{z}_k$，$\boldsymbol{z}_k$ 通过 D/A 转换器转换成模拟基带信号，模拟基带信号通过射频单元转换为射频信号，最后射频信号通过天线发送到信道。

6.3.2　接收机模型

图 6-3 所示为联合压缩感知信号重构与残留干扰白化的 OFDM 接收机模型。来自天线的射频信号，经射频前端转换为模拟基带信号，随后通过 A/D 转换器转换为数字基带信号，为避免 DME 信号采样后产生频谱混叠，A/D 采样过程中采用了 4 倍过采样。假设接收机已建立符号定时同步，则采样输出信号在移除循环前缀后，第 k 个 OFDM 符号接收信号矢量 $\boldsymbol{y}_k = [y_{k,1}, \cdots, y_{k,n}, \cdots, y_{k,VN}]^{\mathrm{T}}$ 表示为

$$\boldsymbol{y}_k = \boldsymbol{H}_k \boldsymbol{x}_k + \boldsymbol{i}_k + \boldsymbol{n}_k, \quad k = 1, 2, \cdots, K \tag{6-17}$$

其中，$\boldsymbol{H}_k$ 代表第 k 个 OFDM 符号传输时间内信道的传输矩阵；$\boldsymbol{x}_k$ 为发射机发射的第 k 个发射信号矢量；$\boldsymbol{i}_k = [i_{k,1}, \cdots, i_{k,n}, \cdots i_{k,VN}]^{\mathrm{T}}$ 为第 k 个 OFDM 符号传输期间内信道输入的 DME 脉冲信号矢量；$\boldsymbol{n}_k = [n_{k,1}, \cdots, n_{k,n}, \cdots n_{k,VN}]^{\mathrm{T}}$ 为第 k 个 OFDM 符号传输期间内信道输入复高斯白噪声矢量；$\boldsymbol{n}_k$ 各分量的均值为 0，方差为 σ_n^2。假设接收机 OFDM 信号功率为 P_s，信道输入复高斯白噪声功率为 P_n，接收机 DME 脉冲信号的功率为 P_i，则接收机解调器输入信噪比定义为 $R_{\mathrm{SNR}} \equiv P_s / P_n$，接收机解调器输入端信干比定义为 $R_{\mathrm{SIR}} \equiv P_s / P_i$。

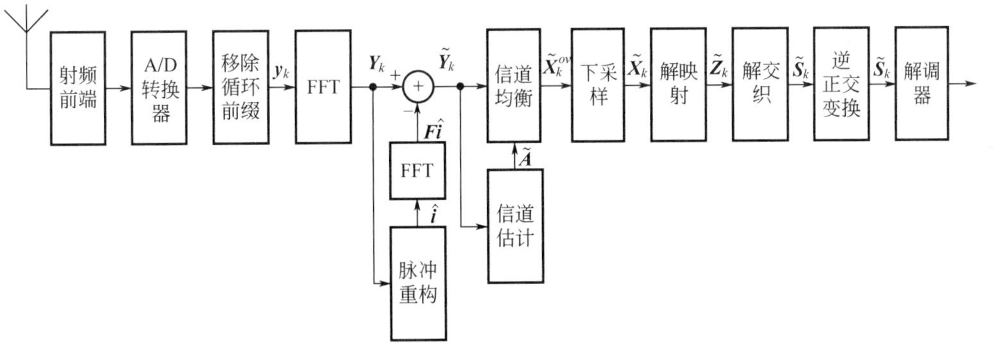

图 6-3　联合压缩感知信号重构与残留干扰白化的 OFDM 接收机模型

假设信道在 K 个 OFDM 符号传输期间内，信道传输矩阵保持恒定，即 $\boldsymbol{H}_k = \boldsymbol{H}(k = 1, \cdots, K)$，进一步利用信道传输矩阵 $\boldsymbol{H}$ 的循环特性，将信道传输矩阵分解为 $\boldsymbol{H} = \boldsymbol{F}^{\mathrm{H}} \boldsymbol{\Lambda} \boldsymbol{F}$，式（6-17）进一步表示为

$$\boldsymbol{y}_k = \boldsymbol{F}^{\mathrm{H}} \boldsymbol{\Lambda} \boldsymbol{X}_k^{ov} + \boldsymbol{i}_k + \boldsymbol{n}_k \tag{6-18}$$

其中，$\boldsymbol{F}^{\mathrm{H}}$ 为 IFFT 矩阵；$\boldsymbol{\Lambda}$ 为频域信道传输矩阵；$\boldsymbol{X}_k^{ov} = \boldsymbol{F}\boldsymbol{x}_k$ 为第 k 个 OFDM 符号频域发射信号矢量。通过 FFT 将接收信号矢量 $\boldsymbol{y}_k$ 转换到频域：

$$\boldsymbol{Y}_k = \boldsymbol{F}\boldsymbol{y}_k = \boldsymbol{\Lambda}\boldsymbol{X}_k^{ov} + \boldsymbol{F}\boldsymbol{i}_k + \boldsymbol{N}_k \tag{6-19}$$

其中，$\boldsymbol{N}_k = \boldsymbol{F}\boldsymbol{n}_k$ 为频域噪声信号矢量，考虑到 $\boldsymbol{F}$ 为酉矩阵，因此频域噪声信号矢量 $\boldsymbol{N}_k$ 统计特性保持不变，仍为复高斯分布的随机矢量。进一步定义 $\boldsymbol{\Omega}$ 代表频域发射信号矢量 $\boldsymbol{X}_k^{ov}$ 的空符号位置序号构成的集合，$(\cdot)_{\boldsymbol{\Omega}}$ 代表由集合 $\boldsymbol{\Omega}$ 中序号对应的元素（行）构成的子向量（子矩阵）。提取频域信号矢量 $\boldsymbol{Y}_k$ 空符号位置对应的信号得到

$$(\boldsymbol{Y}_k)_{\boldsymbol{\Omega}} = (\boldsymbol{\Lambda}\boldsymbol{X}_k^{ov})_{\boldsymbol{\Omega}} + (\boldsymbol{F}\boldsymbol{i}_k)_{\boldsymbol{\Omega}} + (\boldsymbol{N}_k)_{\boldsymbol{\Omega}} = (\boldsymbol{F})_{\boldsymbol{\Omega}}\boldsymbol{i}_k + (\boldsymbol{N}_k)_{\boldsymbol{\Omega}} \tag{6-20}$$

由于式（6-20）是一个欠定方程，因此无法直接由观测值 $(\boldsymbol{Y}_k)_{\boldsymbol{\Omega}}$ 求解 DME 脉冲信号 $\boldsymbol{i}_k$。在 6.3.3 节中利用 DME 脉冲信号 $\boldsymbol{i}_k$ 的时域稀疏特性，使用压缩感知方法重构 DME 脉冲信号。假设接收机重构的第 k 个 DME 脉冲干扰信号记为 $\hat{\boldsymbol{i}}_k$，进一步通过傅里叶变换将重构脉冲信号转换到频域 $\boldsymbol{F}\hat{\boldsymbol{i}}_k$，然后在频域进行脉冲干扰消除，得到改进的第 k 个频域接收信号矢量 $\tilde{\boldsymbol{Y}}_k$：

$$\tilde{\boldsymbol{Y}}_k = \boldsymbol{Y}_k - \boldsymbol{F}\hat{\boldsymbol{i}}_k = \boldsymbol{\Lambda}\boldsymbol{X}_k^{ov} + \boldsymbol{F}(\boldsymbol{i}_k - \hat{\boldsymbol{i}}_k) + \boldsymbol{N}_k \tag{6-21}$$

假设接收机压缩感知方法可精确重构 DME 脉冲信号，即 $\boldsymbol{F}(\boldsymbol{i}_k - \hat{\boldsymbol{i}}_k) \approx 0$，则式（6-21）近似表示为

$$\tilde{\boldsymbol{Y}}_k \approx \boldsymbol{\Lambda}\boldsymbol{X}_k^{ov} + \boldsymbol{N}_k \tag{6-22}$$

消除干扰后的信号矢量 $\tilde{\boldsymbol{Y}}_k$ 进一步通过信道估计得到信道频域响应矩阵 $\tilde{\boldsymbol{\Lambda}}$，信道频域响应矩阵 $\tilde{\boldsymbol{\Lambda}}$ 及 $\tilde{\boldsymbol{Y}}_k$ 同时送入均衡器，消除信道衰落的影响后得

$$\tilde{\boldsymbol{X}}_k^{ov} = \tilde{\boldsymbol{\Lambda}}^{-1}\tilde{\boldsymbol{Y}}_k = \tilde{\boldsymbol{\Lambda}}^{-1}\boldsymbol{\Lambda}\boldsymbol{X}_k^{ov} + \tilde{\boldsymbol{\Lambda}}^{-1}\boldsymbol{N}_k \tag{6-23}$$

进一步假设接收机信道估计器可精确获得信道的频域响应，即 $\tilde{\boldsymbol{\Lambda}} \approx \boldsymbol{\Lambda}$，则式（6-23）进一步表示为

$$\tilde{\boldsymbol{X}}_k^{ov} = \boldsymbol{X}_k^{ov} + \tilde{\boldsymbol{\Lambda}}^{-1}\boldsymbol{N}_k \tag{6-24}$$

均衡后信号 $\tilde{\boldsymbol{X}}_k^{ov}$ 经过理想低通滤波器后得到频域下采样信号 $\tilde{\boldsymbol{X}}_k$ [14]：

$$\begin{aligned}\tilde{\boldsymbol{X}}_k[n] &= \frac{1}{\sqrt{V}}\boldsymbol{F}^{\mathrm{LP}}[n+N(V-1)/2]\cdot\tilde{\boldsymbol{X}}_k^{ov}[n+N(V-1)/2] \\ &= \frac{1}{\sqrt{V}}\tilde{\boldsymbol{X}}_k[n+N(V-1)/2], \quad n=0,\cdots,N-1; \quad k=1,\cdots,K\end{aligned} \tag{6-25}$$

其中，$\boldsymbol{F}^{\mathrm{LP}}[n]$ 为理想低通滤波器的频域响应函数：

$$\boldsymbol{F}^{\mathrm{LP}}[n] = \begin{cases}1, & n = N(V-1)/2,\cdots,N(V-1)/2+N-1 \\ 0, & \text{其他}\end{cases} \tag{6-26}$$

$\tilde{\boldsymbol{X}}_k$ 通过解映射后得到发送符号矢量估值 $\tilde{\boldsymbol{Z}}_k$，$\{\tilde{\boldsymbol{Z}}_k, k=1,\cdots,K\}$ 同时送入解交织器，解交织器输出的符号矢量记为 $\{\tilde{\boldsymbol{S}}_k, k=1,\cdots,K\}$：

$$[\tilde{\boldsymbol{S}}_1,\cdots,\tilde{\boldsymbol{S}}_k,\cdots,\tilde{\boldsymbol{S}}_K]=\prod{}^{-1}(\tilde{\boldsymbol{Z}}_1,\cdots,\tilde{\boldsymbol{Z}}_k,\cdots,\tilde{\boldsymbol{Z}}_K) \tag{6-27}$$

其中，$\prod^{-1}$ 代表信号解交织器。解交织器输出信号矢量 $\{\tilde{\boldsymbol{S}}_k, k=1,\cdots,K\}$ 送入逆正交变换器得 $\{\tilde{\boldsymbol{s}}_k, k=1,\cdots,K\}$：

$$\tilde{\boldsymbol{s}}_k=\boldsymbol{G}^{-1}\cdot\tilde{\boldsymbol{S}}_k \tag{6-28}$$

其中，$\boldsymbol{G}^{-1}$ 为逆正交变换器。进一步将符号矢量 $\tilde{\boldsymbol{s}}_k$ 送入解调器进行解调，得到发射比特序列的估计值。

6.3.3　凸优化脉冲干扰重构

为方便式（6-20）的求解，引入压缩感知观测信号模型[15,16]：

$$\boldsymbol{r}=\boldsymbol{F}\boldsymbol{c}+\boldsymbol{v} \tag{6-29}$$

其中，$\boldsymbol{r}$ 为 $P\times1$ 的观测向量；$\boldsymbol{F}$ 为 $P\times Q$ 观测矩阵（$P\leqslant Q$）；$\boldsymbol{c}$ 为 $Q\times1$ 的稀疏向量；$\boldsymbol{v}$ 为 $P\times1$ 的未知噪声向量。式（6-29）是一个欠定方程，有无穷多解，在没有其他先验信息的条件下，无法直接对其进行求解。为了获得唯一解，必须加上其他准则，而已知信号 $\boldsymbol{c}$ 是稀疏的，利用信号的稀疏性，可将最稀疏解作为唯一解。简单常见的稀疏度量为 0-范数，即 $\boldsymbol{c}$ 中非零元素的个数，那么最稀疏解即为所有解中 0-范数最小的解。文献[17]给出该欠定方程的最小 0-范数解为

$$\min_{\boldsymbol{c}}\|\boldsymbol{c}\|_0 \quad s.t.\ \|\boldsymbol{r}-\boldsymbol{\Phi}\boldsymbol{c}\|_2\leqslant\varepsilon \tag{6-30}$$

其中，ε 为非负误差项，由随机噪声决定 $\|\boldsymbol{v}\|_2\leqslant\varepsilon$。式（6-30）是一个 NP-hard 问题，计算复杂度极高。为解决该问题，文献[18]证明求解 1-范数可以得到与求解 0-范数一样的效果，NP-hard 问题即转化为凸优化问题。式（6-30）中 0-范数最小化问题即可转化为 1-范数最小化问题，即

$$\min_{\boldsymbol{c}}\|\boldsymbol{c}\|_1 \quad s.t.\ \|\boldsymbol{r}-\boldsymbol{\Phi}\boldsymbol{c}\|_2\leqslant\varepsilon \tag{6-31}$$

由文献[19]可知，式（6-31）可等价转化为

$$\min_{\boldsymbol{c}}\frac{1}{2}\|\boldsymbol{r}-\boldsymbol{\Phi}\boldsymbol{c}\|_2^2+\gamma\|\boldsymbol{c}\|_1 \tag{6-32}$$

其中，$\gamma=\varepsilon\sqrt{2\log Q}$ 为拉格朗日因子，式（6-32）为 LASSO 问题，其最终解为

$$\tilde{\boldsymbol{c}}=\arg\min_{\boldsymbol{c}}\frac{1}{2}\|\boldsymbol{r}-\boldsymbol{\Phi}\boldsymbol{c}\|_2^2+\gamma\|\boldsymbol{c}\|_1 \tag{6-33}$$

式（6-33）是一个无约束的凸优化问题，1-范数与 2-范数同时存在。最小 1-范数是为了保证算法的稀疏性；最小 2-范数是为了降低误差范围，增强噪声抑制能力。拉格朗日因子的引入是为了在噪声抑制能力和算法的稀疏性能之间进行折中，在较低的复杂度内最大限度恢复原始信号。

参考式（6-29）～式（6-33）的求解过程，则式（6-20）稀疏信号 $\boldsymbol{i}_k$ 的计算方法表

示为

$$\hat{\boldsymbol{i}}_k = \arg\min_{\boldsymbol{i}_k} \frac{1}{2} \left\| (\boldsymbol{Y}_k)_{\Omega} - (\boldsymbol{F})_{\Omega} \boldsymbol{i}_k \right\|_2^2 + \gamma \left\| \boldsymbol{i}_k \right\|_1 \tag{6-34}$$

在仿真平台中，采用 CVX 工具箱可求得 $\hat{\boldsymbol{i}}_k$ 的最优稀疏解[20]。

6.3.4　残留干扰白化

在式（6-21）中，假设接收机可精确重构 DME 脉冲干扰信号，即 $\hat{\boldsymbol{i}}_k = \boldsymbol{i}_k$，但是在实际系统中，压缩感知重构算法存在一定的误差，因此 $\hat{\boldsymbol{i}}_k$ 并不能精确地等于 $\boldsymbol{i}_k$，因此脉冲干扰消除后一定会存在残留 DME 信号分量。仿真研究显示：残留 DME 信号分量虽然幅度大幅度降低，但仍然呈现为簇状分布。为避免残留 DME 信号造成接收机突发性解调错误，在接收机解调器之前可通过解交织器与逆正交变换器将残留 DME 信号转换为白噪声，以提高链路传输可靠性。残留 DME 信号转换为白噪声的发射机与接收机流程如下：

在发射机中，调制符号分组 $\boldsymbol{s}_k$ 做正交变换（典型正交变换如 DFT）得到 $\boldsymbol{S}_k$，再通过符号交织器进行随机信号交织，得到信号矢量 $\boldsymbol{Z}_k$；在接收机中，解映射后信号 $\tilde{\boldsymbol{Z}}_k$ 通过符号解交织，将残留的 DME 信号转化为非相关脉冲信号，再进一步通过逆正交变换（如 IDFT）将非相关脉冲信号的能量散布到每个符号上，此时残留的 DME 信号转化为白噪声信号。

6.3.5　仿真参数设置

为验证所提出方法的正确性与有效性，本节设计实现了联合压缩感知信号重构与残留干扰白化的 L-DACS1 系统仿真平台，仿真平台的主要技术参数如表 6-1 所示。

表 6-1　L-DACS1 系统仿真参数[21]

参数		取值
系统参数	工作频率/ GHz	1
	信号带宽/ kHz	498.05
	子载波间隔/ kHz	9.765625
	信道编码	无
	调制方式	QPSK
	FFT 长度	64
	空子载波数	14
	循环前缀	11
	每帧 OFDM 个数	54
	调制符号分组长度	270
	正交变换器	DFT
	交织器	随机信号交织，交织深度 2700

续表

参数		取值
信道参数	信道类型	多径瑞利衰落信道
	径数	8 径
	径间延迟/μs	0、0.4、0.8、1.2、1.6、2、2.4、2.8
	DME 干扰源数	1
	载波偏置/ kHz	500
	DME 带宽/ MHz	1
	信干比/dB	−7
接收机参数	等效中频低通滤波器	通带截止频率 0.3MHz，阻带截止频率 0.6MHz
	抗混叠滤波器	升余弦滤波器，滚降因子 0.25，截止频率 0.32MHz
	脉冲重构方法	凸优化脉冲重构
	脉冲消除	频域消除
	信道估计	理想信道估计
	均衡器	迫零均衡

6.3.6　DME 脉冲信号重构效果

图 6-4 所示为 DME 脉冲信号重构效果的比较，横坐标为采样点数，纵坐标为信号幅值。图 6-4(a)所示为接收到的 DME 脉冲信号，图 6-4(b)所示为通过凸优化算法重构得到的 DME 脉冲信号。曲线比较表明，基于凸优化的压缩感知重构算法可以准确重构 DME 脉冲信号。

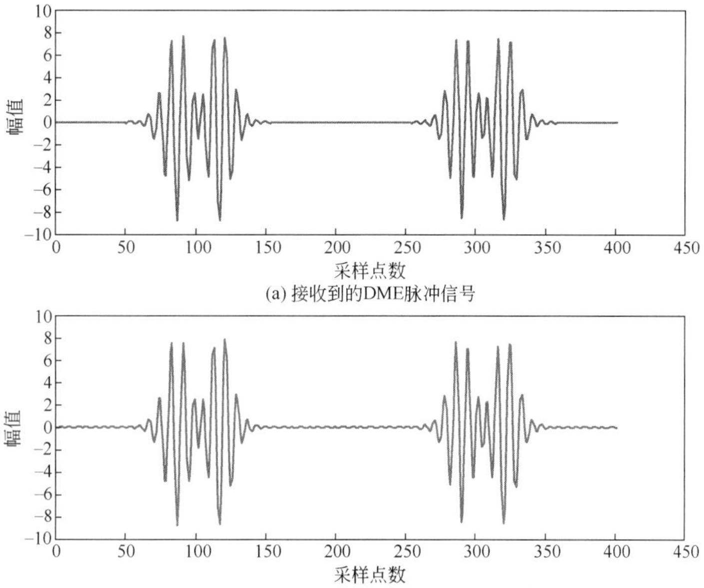

(a) 接收到的DME脉冲信号

(b) 通过凸优化算法重构得到的DME脉冲信号

图 6-4　DME 脉冲信号重构效果比较

图 6-5 所示为接收到的 DME 信号与重构 DME 信号相减后残留的 DME 信号。通过图 6-5 与图 6-4 比较，可得到以下结果：原 DME 信号的幅度值分布于[−8, +8]，而接收机重构 DME 信号与原信号相减后残留的 DME 信号分量仍然呈现为簇状，且残留 DME 信号幅度位于[−0.4, +0.4]。进一步可得到以下结论：压缩感知可重构 DME 脉冲信号，但重构信号与原信号之间存在一定误差，残留 DME 信号仍将恶化接收机链路传输的可靠性。

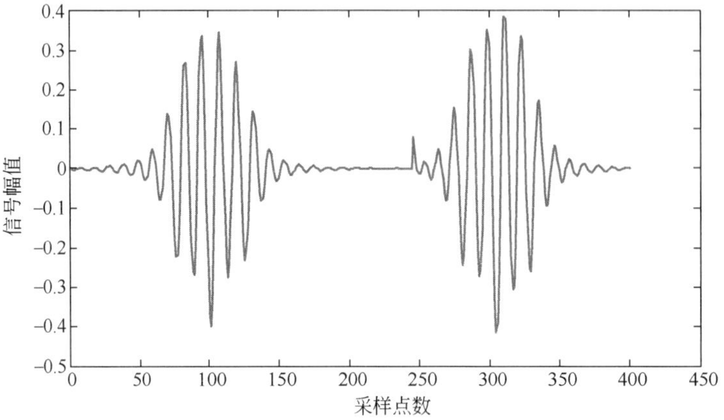

图 6-5　残留的 DME 信号

图 6-6 所示为接收机脉冲干扰抑制前后信号功率谱的比较（OFDM 信号功率归一化，单 DME 脉冲干扰，载波偏置+500kHz，信干比为−7dB），横坐标代表频率，纵坐标代表信号功率谱。图 6-6(a)所示为 OFDM 发射信号的功率谱，由图 6-6(a)可观测到：OFDM 信号的频率分量主要集中在−0.25～0.25MHz，在信号通频带内信号功率谱取值为−30dB/Hz。图 6-6(b)所示为信道输入的 DME 脉冲信号经接收机等效抗混叠滤波器后的功率谱，由图 6-6(b)可观测到：接收机等效抗混叠滤波器滤波后 DME 脉冲信号的频率分量位于 0.25MHz 左右，且脉冲干扰信号功率谱取值达−10dB/Hz。图 6-6(c)所示为解调器输入端接收信号的功率谱，由图 6-6(c)可观测到：接收信号在正常 OFDM 信号以外，在 0.25MHz 附近明显可观测到 DME 信号分量，且干扰信号的功率谱取值达−10dB/Hz。图 6-6(d)所示为接收机脉冲干扰抑制后信号的功率谱，由图 6-6(d)可观测到：在−0.25～0.25MHz 频率范围内明显观测不到 DME 信号分量。图 6-6(a)～(d)曲线比较表明：所提出的方法可有效抑制 DME 脉冲信号对 OFDM 信号的干扰。

图 6-7 所示为 DME 脉冲信号重构的归一化均方误差曲线，横坐标代表信噪比，纵坐标代表滤波后 DME 脉冲信号重构的归一化均方误差（NMSE）。图 6-7 中包含五条曲线，其中标有“*”“○”“□”“◇”“☆”的曲线分别代表信干比为−5dB、−6dB、−7dB、−8dB、−9dB 时的 NMSE 曲线。

曲线比较表明：①随着信噪比的增加，DME 脉冲信号重构的归一化均方误差呈线性降低，说明接收机信噪比的增加有助于准确重构 DME 脉冲干扰信号；②在信噪比相同的情况下，随着 DME 脉冲信号功率的增加，压缩感知重构脉冲的精度增加（在脉冲重构时，DME 脉冲信号被视为期望信号，因此期望信号功率较大时，脉冲重构的精度较高）。

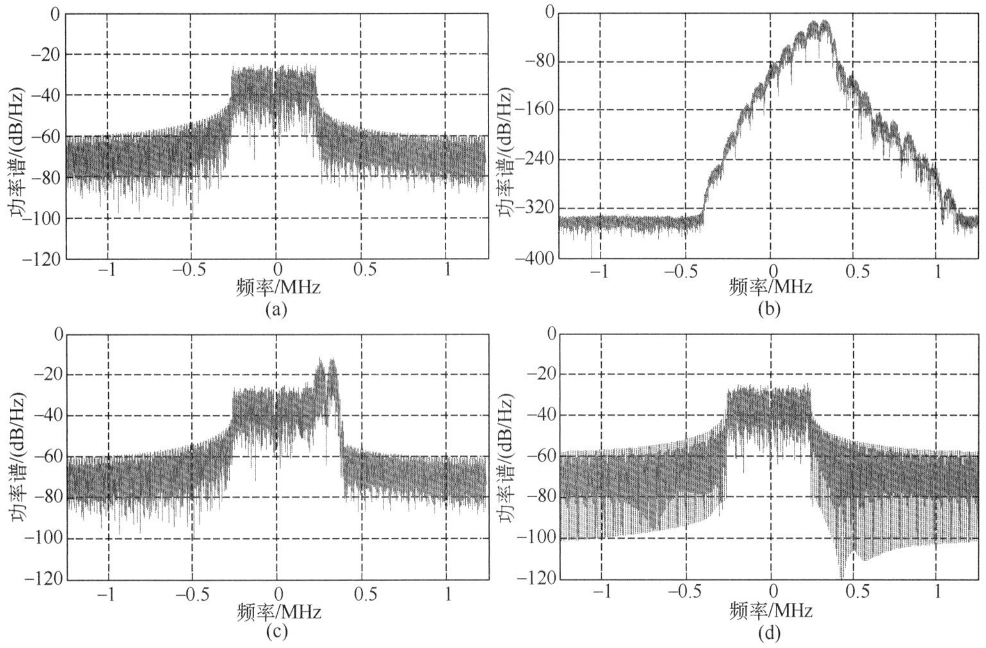

图 6-6　DME 脉冲干扰抑制前后信号功率谱的比较

（OFDM 信号功率归一化，单 DME 干扰，载波偏置+500kHz，信干比为−7dB）

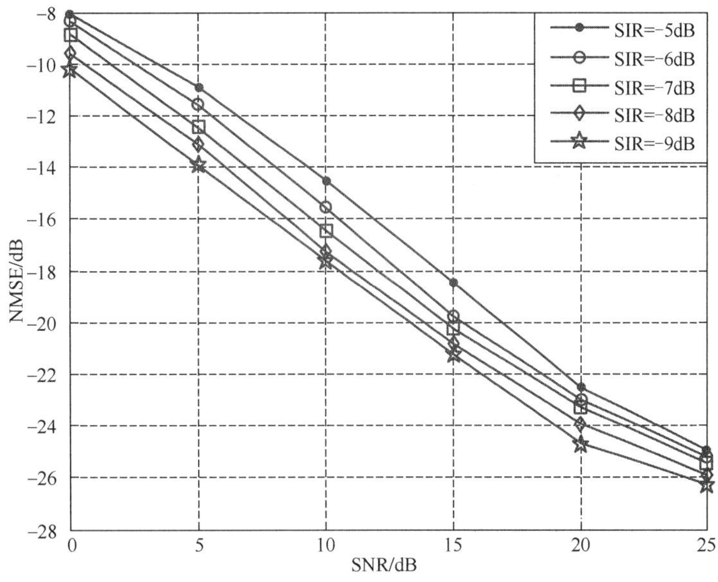

图 6-7　DME 脉冲信号重构的归一化均方误差

6.3.7　干扰白化效果

图 6-8 所示为残留 DME 信号解交织前后波形对比，其中横坐标为采样点数，纵坐标为信号幅值。图 6-8(a)所示为残留 DME 信号，由图可观测到残留的 DME 信号仍呈现簇状分布，信号幅值位于−0.8～0.8；图 6-8(b)所示为解交织后的残留 DME

信号，由图可观测到：解交织后的残留 DME 信号被离散化，信号的幅值仍在-0.8～0.8；图 6-8(a)、(b)比较表明：簇状信号经过解交织变换后，转化为非相干性脉冲信号。

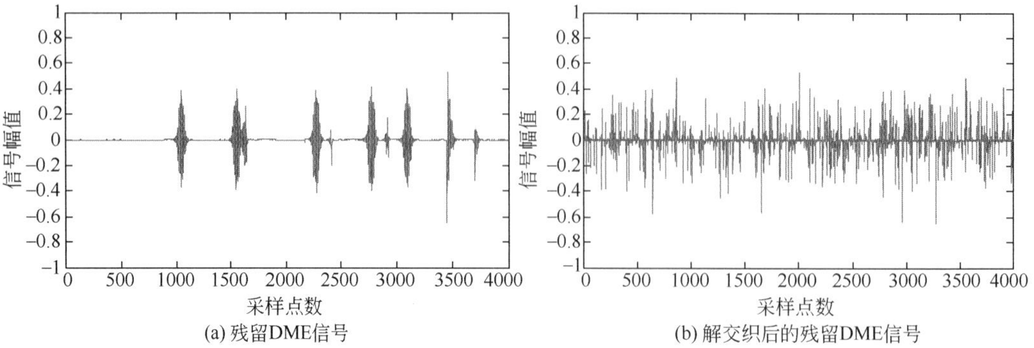

图 6-8　残留 DME 信号解交织前后波形对比

图 6-9 所示为逆正交变换后的 DME 信号与 OFDM 信号波形的对比，其中横坐标为采样点数，纵坐标为信号幅值。图 6-9(a)所示为逆正交变换后的残留 DME 信号分量，从图可观测到：解交织后的残留 DME 信号分量进一步通过逆正交变换处理，残留 DME 信号的幅值由-0.8～0.8 减小到-0.2～0.2。图 6-9(b)所示为OFDM 发射信号，信号的幅值在-2～2。图 6-9(a)、(b)比较表明：相对于 OFDM 信号，经过逆正交变换后的残留 DME 信号分量可视为白噪声，因此避免接收机突发性解调错误，提高了系统链路传输的可靠性。

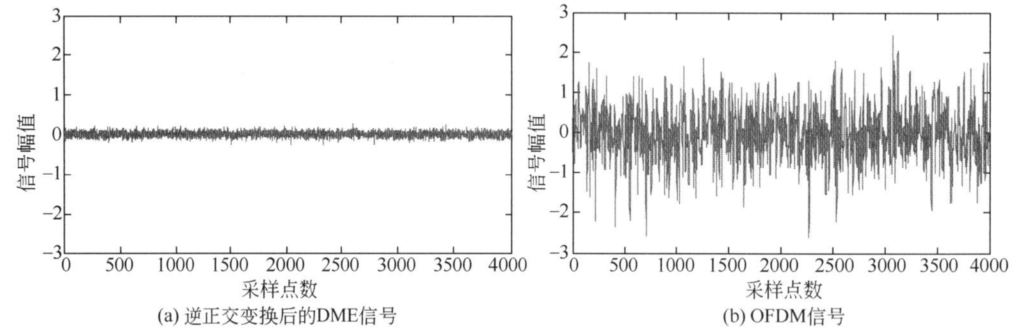

图 6-9　逆正交变换后的 DME 信号与 OFDM 信号波形对比

6.3.8　比特差错性能

图 6-10 所示为 AWGN 信道下 OFDM 系统比特差错性能曲线（AWGN 信道，QPSK 调制，信干比为-7dB），其中，曲线横坐标代表信噪比，纵坐标代表比特差错率。图 6-10 包含六条曲线，其中标有“○”的曲线代表有 DME 脉冲干扰，接收机使用标准 OFDM 接收方法的比特差错性能曲线；标有“□”的曲线代表采用理想脉冲熄灭法（DME 脉冲干扰位置精确估计）的比特差错性能曲线；标有“☆”的曲线代表采用理想脉冲限幅法（限幅门限为OFDM 信号的最大幅值）的比特差错性能曲线；标有“△”的曲线代

表压缩感知脉冲干扰抑制法的比特差错性能曲线；标有“◇”的曲线代表联合压缩感知信号重构与残留干扰白化的比特差错性能曲线；标有“*”的曲线代表系统无 DME 干扰时的比特差错性能曲线。

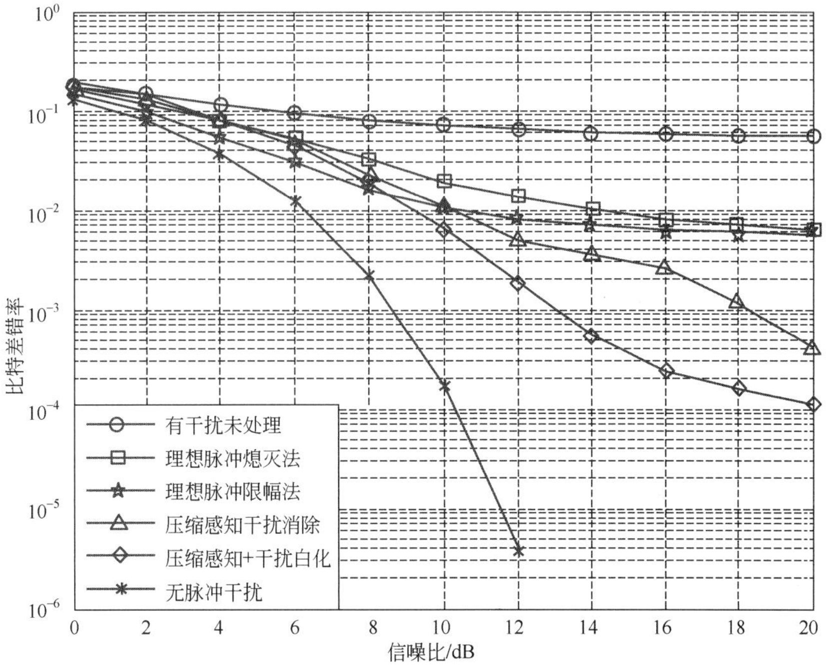

图 6-10　AWGN 信道下 OFDM 系统比特差错性能曲线

（AWGN 信道，QPSK 调制，信干比为−7dB）

曲线比较表明：①AWGN 信道下，脉冲熄灭法和脉冲限幅法可部分消除 DME 脉冲干扰，但比特差错性能改善非常有限；②压缩感知脉冲干扰抑制方法可有效消除 DME 脉冲干扰，但由于存在残留 DME 干扰，因此链路差错性能改善有限；③与脉冲熄灭、脉冲限幅及压缩感知脉冲干扰抑制法相比，联合压缩感知信号重构与残留干扰白化方法可显著提高链路传输的可靠性。

图 6-11 所示为多径信道下 OFDM 系统的比特差错性能曲线（多径信道，QPSK 调制，信干比为−7dB，理想信道估计），其中，横坐标代表信噪比，纵坐标代表比特差错率。图 6-11 包含六条曲线，其中标有“o”的曲线代表有 DME 脉冲干扰，使用标准 OFDM 接收方法的比特差错性能曲线；标有“□”的曲线代表采用理想脉冲熄灭法的比特差错性能曲线；标有“☆”的曲线代表理想脉冲限幅法的比特差错性能曲线；标有“△”的曲线代表压缩感知的脉冲干扰抑制法的比特差错性能曲线；标有“◇”的曲线代表联合压缩感知信号重构与残留干扰白化的比特差错性能曲线；标有“*”的曲线代表系统无 DME 干扰时的比特差错性能曲线。

由图 6-11 得到的结果与图 6-10 完全一致，即在多径信道环境下，联合压缩感知信号重构与残留干扰白化的干扰抑制方法仍然可显著改善链路传输的可靠性。

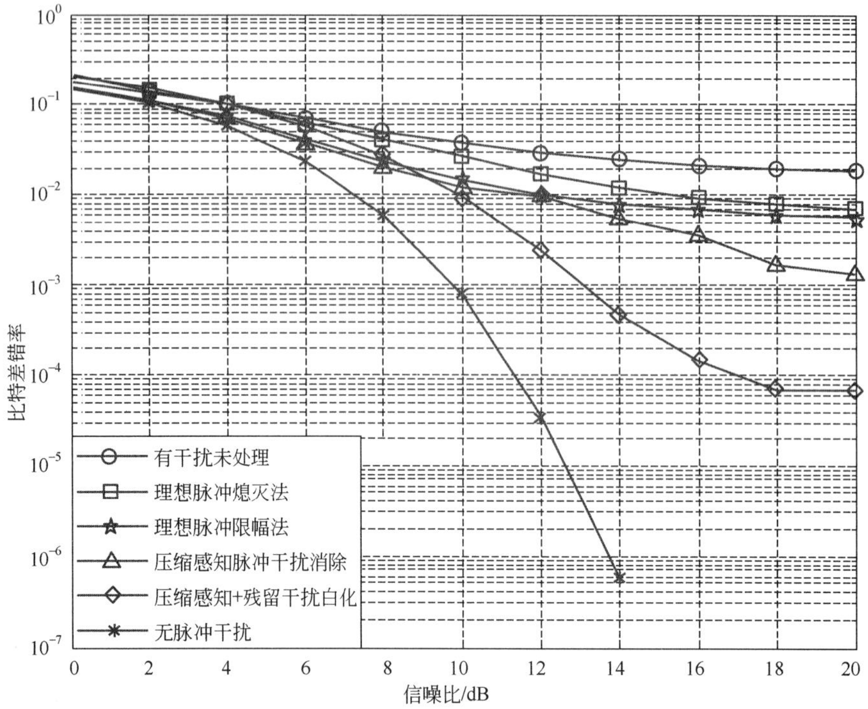

图 6-11　多径信道下 OFDM 系统的比特差错性能曲线
（多径信道，QPSK 调制，信干比为-7dB，理想信道估计）

6.4　本章小结

针对测距仪脉冲干扰 L-DACS1 系统 OFDM 接收机恶化链路传输可靠性的问题，提出了联合压缩感知信号重构与残留干扰白化的干扰抑制方法。首先基于压缩感知方法重构 DME 脉冲干扰；然后将重构的 DME 信号转换到频域进行干扰消除，为克服干扰消除后残留 DME 信号仍恶化链路传输可靠性的问题，采用解交织与逆正交变换的方法将残留 DME 信号转换为白噪声信号；最后构建联合压缩感知信号重构与残留干扰白化的 L-DACS1 仿真系统，仿真验证了所提出方法的有效性。

本章研究结论如下：①联合压缩感知信号重构与残留干扰白化的干扰抑制方法可一定程度改善 L-DACS1 系统链路传输的可靠性；②压缩感知信号重构的 DME 信号，存在一定的误差，导致干扰消除后仍然存在残留 DME 信号分量，限制了 L-DACS1 系统链路传输可靠性的改善。

参 考 文 献

[1] EPPLE U, SCHNELL M. Overview of legacy systems in L-band and its influence on the future aeronautical communication system LDACS1[J]. IEEE aerospace and electronic systems magazine, 2014, 29(2):31-37.

[2] EPPLE U, HOFFMANN F, SCHNELL M. Modeling DME interference impact on LDACS1[C]// Integrated Communications, Navigation and Surveillance Conference, Piscataway, NJ:IEEE Press, 2012:G7-1-G7-13.

[3] EPPLE U，BRANDES S，GLIGOREVIC S，et al. Receiver optimization for L-DACS1[C]// IEEE /AIAA 28th digital avionics Systems Conference, Piscataway, NJ: IEEE Press, 2009: 4.B.1-1-4.B.1-12.

[4] EPPLE U, SCHNELL M. Adaptive threshold optimization for a blanking nonlinearity in OFDM receivers[C]// IEEE global Communications Conference, Piscataway, NJ:IEEE Press，2012:3661-3666.

[5] BRANDES S, EPPLE U, SCHNELL M. Compensation of the impact of interference mitigation by pulse blanking in OFDM systems[C]// IEEE Global Telecommunications Conference, Piscataway, NJ:IEEE Press, 2009:1-6.

[6] EPPLE U, SHUTIN D, SCHNELL M. Mitigation of impulsive frequency-selective interference in OFDM based systems[J]. IEEE wireless communications letters, 2012, 1(5):484-487.

[7] CAIRE G, AL-NAFFOURI T Y, NARAYANAN A K. Impulse noise cancellation in OFDM: an application of compressed sensing[C]// IEEE International Symposium on Information Theory, Piscataway, NJ:IEEE Press, 2008:1293-1297.

[8] LIN J, NASSAR M, EVANS B L. Impulsive noise mitigation in powerline communications using sparse Bayesian learning [J]. IEEE journal on selected areas in communications, 2013, 31(7):1172-1183.

[9] AL-NAFFOURI T Y, QUADEER A A, CAIRE G. Impulse noise estimation and removal for OFDM systems[J]. IEEE transactions on communications, 2014, 62(3):976-989.

[10] CANDES E, ROMBERG J. Sparsity and incoherence in compressive sampling [J]. Inverse problems, 2007, 23(3):969-988.

[11] BARANIUK R, Davenport M, DEVORE R, et al. A simple proof of the restricted isometry property for random matrices [J]. Constructive approximation, 2008, 28(3):253-263.

[12] GUREVICH S, HADANI R. Incoherent dictionaries and the statistical restricted isometry property[J]. CoRR,Preprmt, 2009, arxiv: 0809.1687.

[13] BARANIUK R. A lecture on compressive sensing [J]. IEEE signal processing magazine, 2007, 24(4):118-121.

[14] BRANDES S. Suppression of mutual interference in OFDM based overlay systems[D]. Karlsruhe, Baden-Württemberg: University of Karlsruhe, 2009.

[15] DONOHO D L. Compressed Sensing [J]. IEEE transactions on information theory, 2006, 52(4):1289-1306.

[16] TROPP J A. Just relax: convex programming methods for identifying sparse signals in noise[J]. IEEE transactions on information theory, 2006, 52(3):1030-1051.

[17] FUCHS J J. Recovery of exact sparse representations in the presence of noise[C]// IEEE International Conference on Acoustics, Speech, and Signal Processing, Piscataway, NJ: IEEE Press, 2004, 2: 533-553.

[18] DONOHO D L, ELAD M, TEMLYAKOV V N. Stable recovery of sparse over complete representations in the presence of noise [J]. IEEE transactions on information theory, 2006, 52(1): 6-18.

[19] EWOUT V D, MICHAEL P F. Probing the praetor frontier for basis pursuit solution [J]. Society for industrial applied mathematics, 2008, 31(2): 890-912.

[20] GRANT M, BOYD S. CVX: Matlab software for disciplined convex programming [EB/OL]. (2014-03-02) [2017-06-22] http://cvxr.com/cvx/.

[21] SAJATOVIC M, HAINDL B, SCHNELL M. L-DACS1 System Definition Proposal:Deliverable D2[Z]. EUROCONTROL, Version 1.0, Brussels, Belgium,2009.

第7章 基于阵列天线空域滤波的测距仪干扰抑制

7.1 引言

围绕 L-DACS1 系统 OFDM 接收机 DME 脉冲干扰抑制问题，国内外相关研究主要集中在单天线 DME 干扰抑制方面。文献[1]利用 DME 干扰信号呈现为高强度脉冲信号的特点，提出了非线性脉冲熄灭与脉冲限幅的方法，该方法需要解决两个方面的关键问题：①脉冲熄灭门限的最佳设置问题；②脉冲熄灭产生的 ICI 干扰补偿问题。为解决脉冲熄灭法最佳门限设置问题，文献[2]在加性高斯白噪声信道下基于信干比最大化准则给出了自适应脉冲熄灭门限设置方法，然而该方法难以推广到多径衰落信道；为克服脉冲熄灭方法产生的 ICI 干扰，文献[3,4]提出脉冲熄灭 ICI 干扰补偿方法，该方法存在主要缺点：ICI 干扰补偿法要求精确知晓各个子信道的频率响应，然而在脉冲干扰环境下，精确获得各个子信道的频率响应非常困难。此外，文献[5-8]提出了基于信号重构的 DME 脉冲干扰抑制方法，然而该方法受限于信号重构的精度，如果信号重构的精度不高，干扰消除后信号中仍然会包含残留干扰信号分量，限制了接收机可靠性的进一步改善。

在基于阵列天线空域滤波 OFDM 接收机干扰抑制研究领域，国内外主要研究如下：为克服蜂窝通信系统的共信道干扰，文献[9]基于最小均方误差准则提出了 OFDM 接收机阵列天线波束形成权值的计算方法，研究表明，基于空域滤波方法可有效克服蜂窝通信系统的共信道干扰；以 OFDM 接收机空子载波输出信号能量最小化准则为基础，文献[10]基于递归最小二乘算法提出了 OFDM 接收机阵列天线波束形成方法，该方法可提取 OFDM 直射径信号，消除多径信号的干扰，提高 OFDM 系统的可靠性；为克服蓝牙信号对 IEEE 802.11 接收机的干扰，文献[11]提出了基于波达方向（direction of arrival，DOA）估计的阵列天线波束成形方法，研究表明，该方法可有效克服蓝牙信号对 802.11 OFDM 接收机的干扰。

针对高强度 DME 信号干扰 L-DACS1 系统 OFDM 接收机的问题，本章给出了三种基于阵列天线空域滤波的 DME 信号干扰抑制方法：①联合 DOA 估计与主波束形成的干扰抑制方法[12]；②联合正交投影与盲波束形成的干扰抑制方法[13]；③联合正交投影与 CLEAN 算法的干扰抑制方法[14]。

7.2 联合 DOA 估计与主波束形成的干扰抑制方法

针对高强度 DME 信号干扰 L-DACS1 系统 OFDM 接收机的问题，提出联合 DOA 估计与主波束形成的干扰抑制方法[12]。首先接收机利用 DME 与 OFDM 信号空域来向的差异，通过 DOA 矩阵法获取各来向信号的 DOA；然后利用各个来向信号的 DOA 信息通过线性约束最小方差（linearly constrained minimum variance，LCMV）波束形成算法确定各来向信号波束形成的权值，并利用波束形成权值对接收信号进行波束形成以分离各个来向信号；最后利用 OFDM 与 DME 信号时频特征的差异，通过频域功率与时域功率比较法获得 OFDM 射径信号。仿真表明：本节所提出的方法可有效抑制 DME 及 OFDM 散射径信号的干扰，显著改善了 L-DACS1 系统链路传输可靠性。

7.2.1　联合 DOA 估计与主波束形成的接收机模型

图 7-1 所示为联合 DOA 估计与主波束形成的干扰抑制接收机原理框图[12]。均匀圆阵输出的射频信号经射频前端及 A/D 转换器转换为数字基带信号，数字基带信号通过 DOA 估计器估计得到的接收信号总数及各个信号的来向信息。主波束形成器利用信号来向信息通过 LCMV 算法确定各个信号的波束形成权值，并利用波束形成权值进行空域滤波处理，以提取各个来向信号。在信号分类器中，通过对各来向信号时域与频域特性的比较，确定并输出 OFDM 直射径信号。信号分类器输出的 OFDM 直射径信号通过多普勒频偏补偿，移除循环前缀，并通过快速傅里叶变换（fast Fourier transform，FFT）完成 OFDM 信号解调。FFT 输出信号通过下采样器，然后通过信道估计获得 OFDM 各个子信道的频率响应，随后在信道均衡器中对信道失真进行补偿。最后，信道均衡器输出信号通过解调器、解交织器及信道译码器得到发送比特序列的估计值。

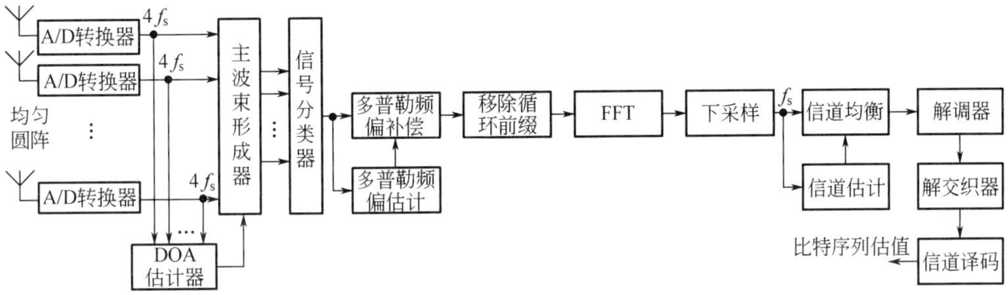

图 7-1　联合 DOA 估计与主波束形成的干扰抑制接收机原理框图

在图 7-1 所示的联合 DOA 估计与主波束形成的干扰抑制接收机中，除了 DOA 估计器、主波束形成器及信号分类器以外，各个单元的工作原理在经典 OFDM 书籍中均有详细阐述，因此本节重点介绍 DOA 估计器、主波束形成器及信号分类器的工作原理。

7.2.2　DOA 估计器

为克服相干信号环境下传统二维 DOA 估计方法损失阵列孔径及运算复杂度高的缺点，本节采用文献[15]提出的 DOA 矩阵法解决相干信源的二维 DOA 估计。假设接收机使用上下平行双均匀圆阵（图 7-2），上下间隔 $d=\lambda/2$，上下子阵的阵元位置一一对应，每个子阵的阵元数均为 M，圆半径均为 R，信号波长为 λ。

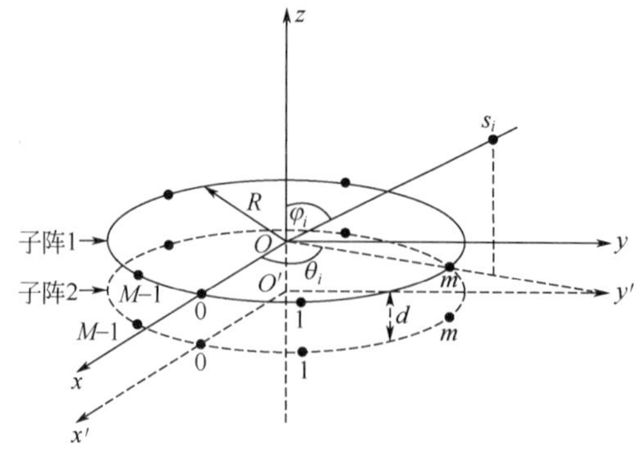

图 7-2　双均匀圆阵结构

考虑以子阵 1 的圆心为参考点，则子阵 1 中第 m 个阵元坐标为 $(x_m, y_m, 0)$，第 m 个阵元的输出信号为

$$x_m(t) = \sum_{i=1}^{I} s_i(t) \mathrm{e}^{-\mathrm{j}\frac{2R\pi}{\lambda}\sin(\varphi_i)\cos\left(\theta_i - \frac{2m\pi}{M}\right)} + n_{1m}(t), \quad m = 0,1,\cdots,M-1 \tag{7-1}$$

其中，$s_i(t)$ 代表阵列天线接收的第 i 个信号源；$\{\theta_i, \varphi_i\}$ 代表第 i 个信号源的方位角和俯仰角；$n_{1m}(t)$ 代表信道输入的窄带高斯白噪声；I 代表阵列接收信号源总数。

子阵 2 上坐标为 $(x_m, y_m, -d)$ 的阵元输出信号表示为

$$y_m(t) = \sum_{i=1}^{I} s_i(t) \mathrm{e}^{-\mathrm{j}\frac{2R\pi}{\lambda}\sin(\varphi_i)\cos\left(\theta_i - \frac{2m\pi}{M}\right) + \mathrm{j}\frac{2\pi}{\lambda} d\cos(\varphi_i)} + n_{2m}(t), \quad m = 0,1,\cdots,M-1 \tag{7-2}$$

利用文献[15]给出的 DOA 估计方法，可得到均匀圆阵来向信号的俯仰角和方位角的估计值为

$$\hat{\varphi}_i = \arccos\left[\frac{\lambda}{2\pi d} \cdot \arg(\eta_i)\right], \quad i = 1,2,\cdots,I \tag{7-3}$$

$$\hat{\theta}_i = \frac{1}{M}\sum_{j=0}^{M-1}\left[\frac{j2\pi}{M} + \arccos\left(\frac{\lambda}{2\pi R} \cdot \frac{1}{\sqrt{1-\left(\frac{\lambda}{2\pi d}\cdot\arg(\eta_i)\right)^2}} \cdot \arg(\boldsymbol{\varepsilon}_i(j))\right)\right], \quad i = 1,2,\cdots,I \tag{7-4}$$

其中，η_i 和 $\boldsymbol{\varepsilon}_i$ 分别代表空域平滑 DOA 矩阵的特征值和相应特征矢量[15]；$\varepsilon_i(j)$ 代表 $\boldsymbol{\varepsilon}_i$ 中的第 j 个元素；$\arg(\cdot)$ 代表辐角主值运算。

7.2.3　主波束形成器

图 7-3 所示为主波束形成器的原理框图。主波束形成器由 I 个并行的线性约束最小方差波束形成器组成。假设阵列接收信号为 $\boldsymbol{V}(n)$，则第 i 个线性约束最小方差波束形成器输出信号为

$$x_i(n) = \boldsymbol{w}_i^H \cdot \boldsymbol{V}(n), \quad i = 1,2,\cdots,I \tag{7-5}$$

其中，I 代表阵列天线接收 OFDM 信号及测距仪信号源总数；$\boldsymbol{w}_i$ 代表第 i 个来向信号波束形成权值[16]：

$$\boldsymbol{w}_i=\boldsymbol{R}_{\mathrm{v}}^{-1}\boldsymbol{C}_i(\boldsymbol{C}_i^H\boldsymbol{R}_{\mathrm{v}}^{-1}\boldsymbol{C}_i)^{-1}\boldsymbol{f},\quad i=1,2,\cdots,I \tag{7-6}$$

其中，$\boldsymbol{R}_{\mathrm{v}}$ 代表接收信号协方差矩阵；$\boldsymbol{f}=[1\ 0\ \cdots\ 0]^{\mathrm{T}}$；$\boldsymbol{C}_i$ 代表约束矩阵，满足

$$\boldsymbol{C}_i=[\boldsymbol{a}_i(\hat{\theta}_i,\hat{\varphi}_i)\ \ \boldsymbol{C}_{I-1}] \tag{7-7}$$

其中，$(\hat{\theta}_i,\hat{\varphi}_i)$ 代表通过波达方向矩阵算法估计得到的信号到达角；$\boldsymbol{a}_i(\hat{\theta}_i,\hat{\varphi}_i)$ 代表信号对应导向矢量；$\boldsymbol{C}_{I-1}$ 代表除 $\boldsymbol{a}_i(\hat{\theta}_i,\hat{\varphi}_i)$ 外，由剩余 $I-1$ 个信号导向矢量构成的矩阵。

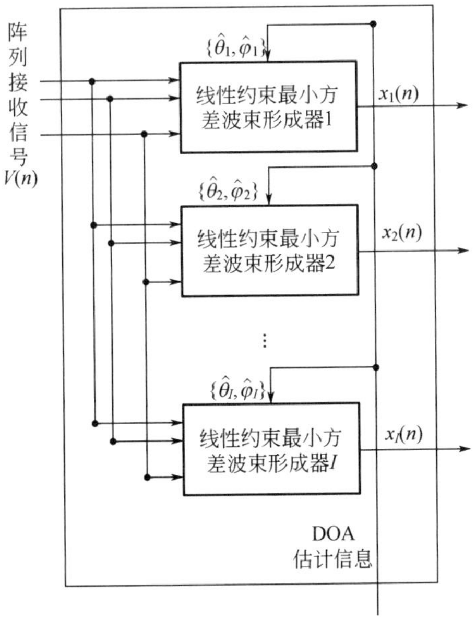

图 7-3　主波束形成器的原理框图

7.2.4　信号分类器

图 7-4 所示为信号分类器的原理框图。信号分类器由频域功率比较器与时域功率比较器两个单元组成。首先，主波束形成器输出信号送入频域功率比较器分辨 OFDM 与 DME 信号；然后，OFDM 信号进一步送入时域功率比较器分辨 OFDM 直射径与散射径信号；最后信号分类器输出 OFDM 直射径信号。

1. 频域功率比较器

考虑到 DME 与 OFDM 信号在频域存在交叠，且 DME 信号的能量集中于±250kHz 处，因此可通过比较主波束形成器输出信号在频域±250kHz 及 0Hz 处强度的方法来判定接收信号是 OFDM 信号或 DME 信号。

假设接收机已建立 OFDM 符号定时同步，则主波束形成器输出信号 $x_i(n)$ 在移除循环前缀后，通过 FFT 转换为频域信号 $X_i(k)$，利用式（7-8）计算频域接收信号 0Hz 右侧 J 个子信道信号的平均功率：

$$\overline{P}_{i,0}=\frac{1}{J}\sum_{k=0}^{J-1}\left|X_i(n_0+k)\right|^2,\quad i=1,2,\cdots,I \tag{7-8}$$

其中，n_0 代表 0Hz 所对应的子信道的索引。由式（7-9）计算频域接收信号 250kHz 右侧 J 个子信道信号的平均功率：

$$\overline{P}_{i,250}=\frac{1}{J}\sum_{k=0}^{J-1}\left|X_i(n_1+k)\right|^2,\quad i=1,2,\cdots,I \tag{7-9}$$

其中，n_1 代表 250kHz 所对应的子信道索引。由式（7-10）计算频域接收信号-250kHz 左侧 J 个子信道信号的平均功率：

$$\overline{P}_{i,-250}=\frac{1}{J}\sum_{k=0}^{J-1}\left|X_i(n_2-k)\right|^2,\quad i=1,2,\cdots,I \tag{7-10}$$

其中，n_2 代表-250kHz 所对应的子信道索引。

如果 $\overline{P}_{i,250}<\overline{P}_{i,0}$，$\overline{P}_{i,-250}<\overline{P}_{i,0}$，则待检测信号被判定为 OFDM 信号；如果 $\overline{P}_{i,250}>\overline{P}_{i,0}$，或 $\overline{P}_{i,-250}>\overline{P}_{i,0}$，则待检测信号判定为 DME 信号。

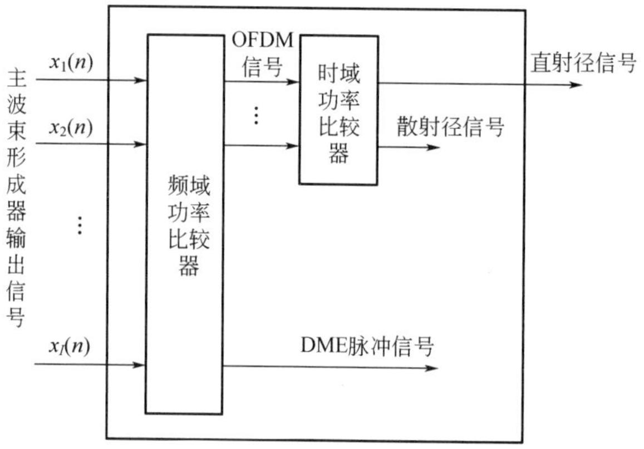

图 7-4　信号分类器的原理框图

2. 时域功率比较器

如果待检测信号被判定为 OFDM 信号，则还需进一步判定待检测信号是 OFDM 直射径还是散射径信号。考虑到航空移动信道呈现为莱斯信道[17]，且信道的莱斯因子取值通常较大（典型值为 15～20dB），因此 OFDM 直射径信号功率远高于散射径信号功率，故可通过比较 OFDM 信号平均功率的方法来寻找 OFDM 直射径信号。

假设移除循环前缀后，单个 OFDM 符号周期内信号样值记为 $r(l), l=1,2,\cdots,N$，则离散信号 $r(l)$ 的平均功率计算方法为

$$\overline{P}=\frac{1}{N}\sum_{l=1}^{N}\left|r(l)\right|^2 \tag{7-11}$$

7.2.5　数值仿真结果

为验证所提出联合 DOA 估计与主波束形成干扰抑制方法的正确性，设计实现了基于阵列天线的干扰抑制仿真系统，随后给出了 DOA 估计及主波束形成方法的性能，最后给出了仿真系统的比特差错率性能。

1. 仿真环境设置

参考 L-DACS1 系统技术规范[18]设计实现干扰抑制仿真系统，仿真系统主要技术参数如表 7-1 所示。

表 7-1　L-DACS1 系统仿真环境

参数		取值
发射机参数	传输带宽/kHz	498.05
	FFT 长度	64
	信道编码	RS+卷积编码
	调制方式	QPSK
	子载波间隔/Hz	9765.625
	有效子载波数	50
	循环前缀长度/μs	17.6
	OFDM 符号周期/μs	120
	有效 OFDM 符号长度/μs	102.4
信道参数	信道类型	多径频率选择性衰落信道
	信道莱斯因子	10dB
	DME 干扰源数目	1、2
	DME 信号载波频偏/kHz	+500、−500
	信干比（SIR）/dB	−3、−10
接收机参数	阵列类型	均匀圆阵
	阵元数目	16
	DOA 估计器	DOA 矩阵法
	主波束形成器	线性约束最小方差波束形成
	信号分类器	频域、时域功率比较法
	多普勒频偏补偿	理想补偿
	信道估计	频域 LS 估计
	信道均衡	迫零均衡

2. DOA 估计性能

图 7-5 所示为均匀圆阵的 DOA 估计性能，图中横坐标代表方位角 θ（°），纵坐标代表俯仰角 ϕ（°）。在仿真实验中，信噪比 SNR=10dB，OFDM 信号直射径来向为（60°，50°），

OFDM 散射径信号来向为（140°，40°）；DME 信号 1 的来向为（100°，10°），信干比 SIR=−3dB，载波偏置+500kHz；DME 信号 2 的来向为（200°，30°），信干比 SIR=−10dB，载波偏置−500kHz。

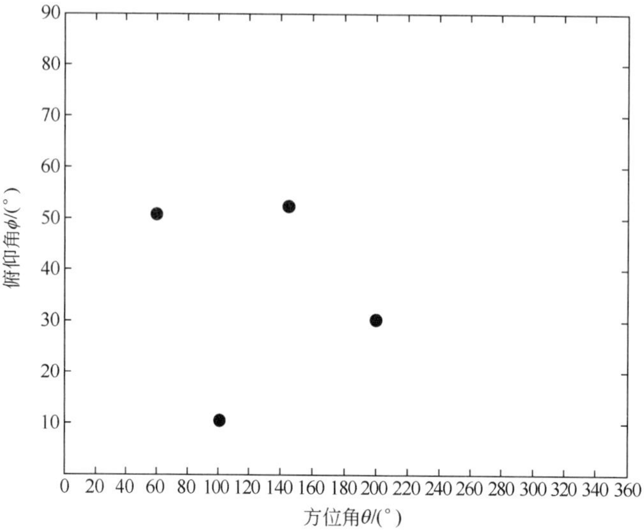

图 7-5　DOA 估计性能

（SNR=10dB，SIR=−3/−10dB，莱斯因子=10dB，200 次仿真实验）

由图 7-5 可观测到：①OFDM 直射径与 DME 信号来向的估计值与预设值完全一致；②OFDM 散射径来向的估计值与预设值存在微小偏差，产生以上现象的原因是 OFDM 散射径信号强度较低，导致其 DOA 估计精度较差。

图 7-6 所示为 DOA 估计均方根误差与输入信噪比(SNR)的关系曲线。图中横坐标代表信噪比（dB），纵坐标代表均方根误差（°）。均方根误差定义为 RMSE = $\sqrt{\frac{1}{N_0}\sum_{j=1}^{N_0}\left[\left(\hat{\theta}_{ij}-\theta_i\right)^2+\left(\hat{\varphi}_{ij}-\varphi_i\right)^2\right]}$，其中，$(\theta_i,\varphi_i)$ 代表第 i 个信号到达角的真值，仿真中 $i=1,2,3,4$；$(\hat{\theta}_{ij},\hat{\varphi}_{ij})$ 代表对第 i 个信号到达角的第 j 次估计值，$j=1,2,\cdots,N_0$。图 7-6 包含 4 条曲线：标有“○”的曲线代表 OFDM 直射径信号 DOA 估计的均方根误差曲线；标有“□”的曲线代表 OFDM 散射径信号 DOA 估计的均方根误差曲线；标有“◇”的曲线代表 DME 脉冲信号 1（信干比=−3dB，载波偏置+500kHz）DOA 估计的均方根误差曲线；标有“▽”的曲线代表 DME 脉冲信号 2（信干比=−10dB，载波偏置−500kHz）DOA 估计的均方根误差变化曲线。

由图 7-6 可观测到：①DOA 估计的均方根误差随信噪比的增加呈现逐渐降低的趋势，即提高信号信噪比有助于 DOA 估计精度的改善；②相同信噪比下，DOA 估计的精度由高到低排列次序为 DME 信号 2、DME 信号 1、OFDM 直射径、OFDM 散射径。综上所述，可得到以下结论：DOA 估计的精度主要由接收信号的强度决定，接收信号强度越高，DOA 估计的精度越高；接收信号强度越小，DOA 估计的精度越差。在本问题中，由于 DME 信号的强度远高于 OFDM 信号，因此可保证精确估计得到 DME 信号的来向信息。

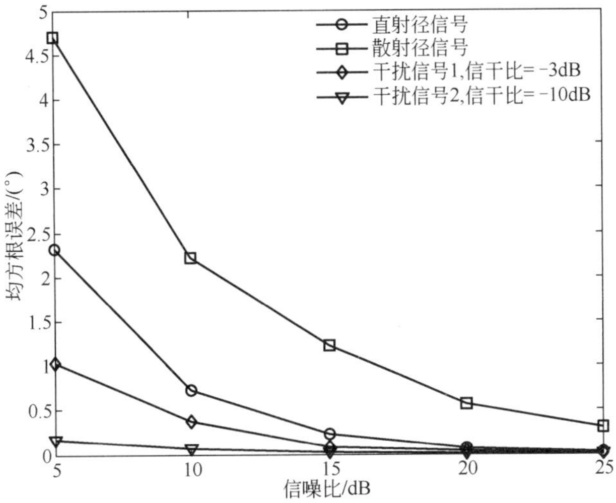

图 7-6　DOA 估计均方根误差与输入信噪比的关系曲线（莱斯因子=10dB）

图7-7和图7-8所示分别为LCMV波束形成算法在方位角和俯仰角上形成的波束图。两图纵坐标均代表归一化波束增益(dB)，不同的是图 7-7 中横坐标代表方位角 ϕ(°)，图 7-8 中横坐标代表俯仰角θ（°）。由图 7-7 和图 7-8 可观测到：阵列天线波束形成在干扰信号来向（100°,40°）及 OFDM 散射径来向（180°，80°）形成零陷，零陷衰减达−300dB，表明了所提出的方法可有效抑制 DME 及 OFDM 散射径信号的干扰。

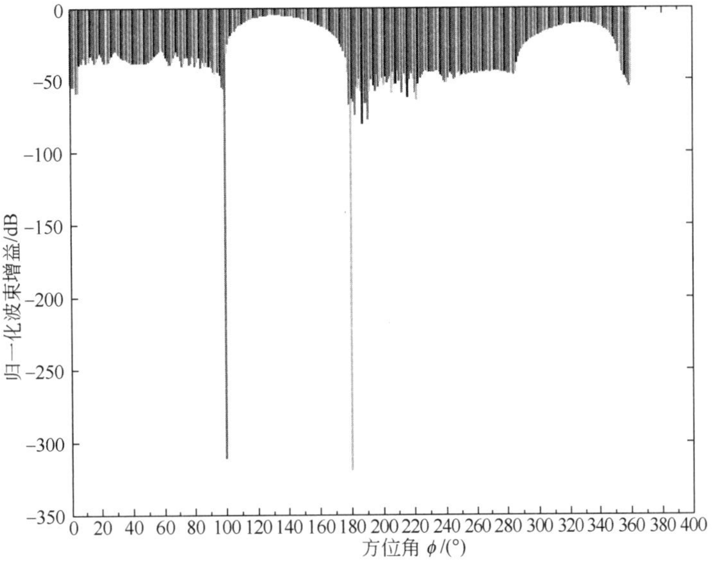

图 7-7　LCMV 算法在方位角上的波束图

（SNR=−10dB，SIR=−3dB，200 次蒙特卡罗实验）

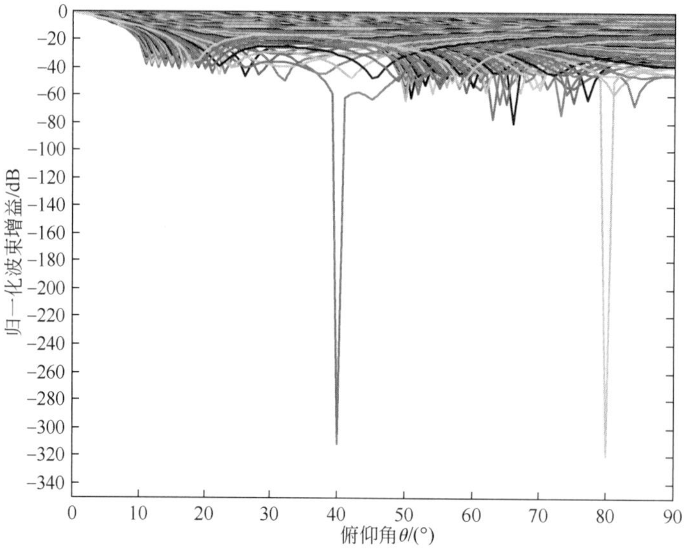

图 7-8　LCMV 算法在俯仰角上的波束图

（SNR=−10dB，SIR=−3dB，200 次蒙特卡罗实验）

图 7-9 所示为 DOA 估计误差对波束形成性能影响曲线。横坐标代表 DOA 估计误差（方向角误差+俯仰角误差），纵坐标代表波束形成输出信噪比（OFDM 直射径信号）。由图 7-9 可观测到：①波束形成输出信噪比随 DOA 估计误差的增大而逐渐降低；②理想 DOA 时，波束形成输出 OFDM 直射径信号的信噪比为 1 dB，相对于输入信噪比−4dB，经过空域滤波后信噪比改善为 5dB。

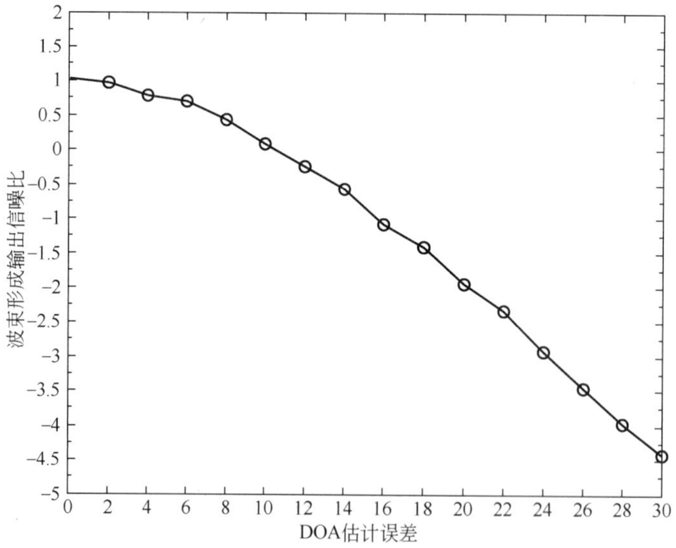

图 7-9　DOA 估计误差对波束形成性能影响曲线（输入信噪比为−4dB）

3. 比特差错率

图 7-10 所示为 L-DACS1 系统比特差错性能曲线。图中横坐标为信噪比（dB），纵坐

标代表比特差错率。图中包含 1 条对比曲线和 3 条仿真曲线：对比曲线代表存在 DME 干扰时，常规单天线 OFDM 接收机的比特差错性能曲线；3 条仿真曲线分别代表无干扰时、存在 1 个干扰时及 2 个干扰时系统比特差错率曲线。仿真曲线比较表明：所提出的方法可克服 DME 及 OFDM 散射路信号的干扰，显著改善链路传输可靠性。

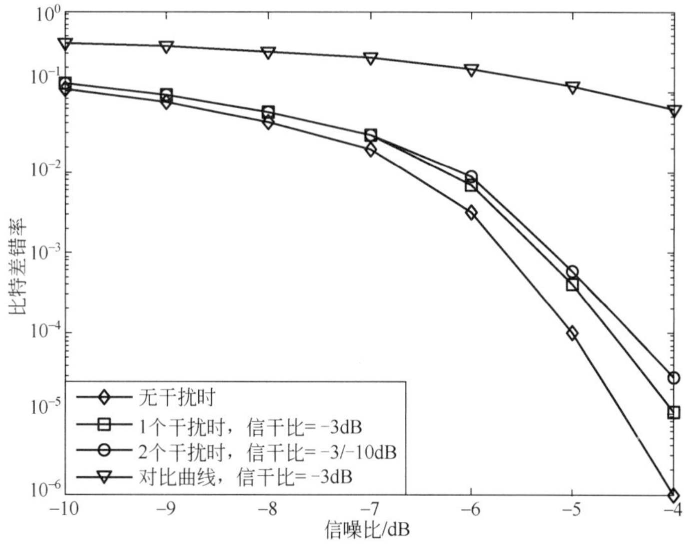

图 7-10　L-DACS1 系统的比特差错率曲线

7.3　联合正交投影与盲波束形成的干扰抑制方法

针对高强度 DME 信号干扰 L-DACS1 系统 OFDM 接收机的问题，提出了联合正交投影与盲波束形成的干扰抑制方法[13]。首先 OFDM 接收机利用阵列天线正交投影方法消除高强度 DME 脉冲干扰；然后利用 OFDM 信号循环前缀的对称特性，基于期望信号与参考信号矢量内积最大化准则得到阵列天线波束形成的权值，并通过阵列天线波束形成方法提取 OFDM 直射径信号，以进一步消除残留 DME 及 OFDM 散射径信号的干扰；最后构建仿真系统，仿真验证所提出干扰抑制方法的有效性。

7.3.1　联合正交投影与盲波束形成接收机模型

图 7-11 所示为联合正交投影与盲波束形成的干扰抑制接收机框图[13]。阵列天线接收的射频信号经射频前端处理转换为模拟基带信号，然后通过 A/D 转换器转换为数字基带信号。为避免 DME 信号采样产生频谱混叠干扰 OFDM 信号的接收，接收机使用了 4 倍过采样。多个接收通道输出的数字基带信号通过正交投影算法得到干扰信号正交补空间的投影矩阵，将投影矩阵作用于接收信号矢量，以消除 DME 信号的干扰。消除干扰后的信号矢量进一步通过盲波束形成方法获取阵列天线的波束形成权值矢量，利用得到的权值矢量对消除干扰后的信号矢量进行波束形成，以提取 OFDM 直射径信号。波束形成器输出信号在移除循环前缀后，通过 FFT 运算转换为频域信号，并进一步通过 4 倍频域

下采样，下采样器输出的信号通过均衡器进行信道均衡处理，均衡器输出信号通过解调器、解交织器及译码器得到发送比特序列的估计值。

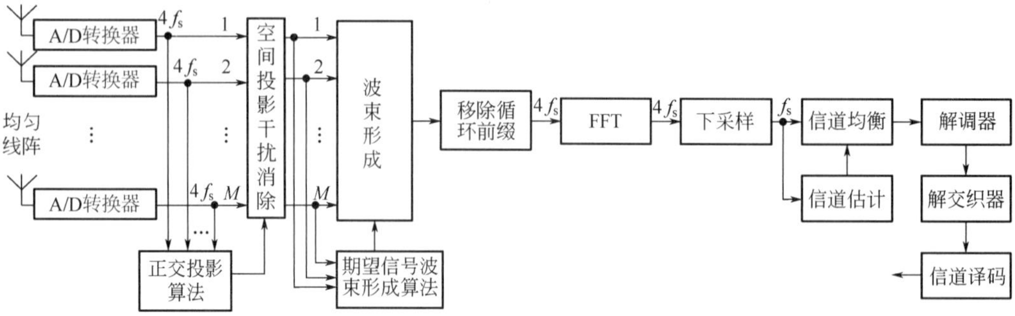

图 7-11　联合正交投影与盲波束形成的干扰抑制接收机框图

下面重点阐述正交投影干扰抑制算法及期望信号波束形成算法的工作原理。图 7-11 所示的联合正交投影与盲波束形成的干扰抑制接收机中其他单元的工作原理，请参考 OFDM 基础理论及 7.2 节的描述。

7.3.2　正交投影干扰抑制算法

假设接收机使用均匀线阵，阵元数为M，阵元间隔为$\lambda/2$，则阵列天线接收信号矢量$\boldsymbol{x}(n)$表示为

$$\boldsymbol{x}(n)=s(n)\boldsymbol{a}_\theta+\sum_{k=1}^{K}w_k(n)\boldsymbol{d}_k+\boldsymbol{n}(n) \tag{7-12}$$

其中，n代表信号采样序号；$s(n)$代表 OFDM 信号；$\boldsymbol{a}_\theta$代表 OFDM 信号对应的导向矢量；$w_k(n)$代表第k个干扰信号；$\boldsymbol{d}_k$代表第k个干扰信号对应的导向矢量；K代表干扰源的总数；$\boldsymbol{n}(n)$代表信道输入的复高斯白噪声信号矢量。式（7-12）进一步表示为

$$\boldsymbol{x}(n)=\boldsymbol{s}(n)+\boldsymbol{w}(n)+\boldsymbol{n}(n) \tag{7-13}$$

其中，$\boldsymbol{s}(n)=s(n)\boldsymbol{a}_\theta$；$\boldsymbol{w}(n)=\sum_{k=1}^{K}w_k(n)\boldsymbol{d}_k$。

阵列天线接收信号矢量$\boldsymbol{x}(n)$的协方差矩阵$\boldsymbol{R}_{\mathrm{xx}}$表示为

$$\boldsymbol{R}_{\mathrm{xx}}=E\{\boldsymbol{x}(n)\cdot\boldsymbol{x}^{\mathrm{H}}(n)\} \tag{7-14}$$

其中，$\boldsymbol{x}^{\mathrm{H}}(n)$代表对矢量$\boldsymbol{x}(n)$的共轭转置运算。由于 OFDM、DME 及噪声信号彼此统计独立，因此接收信号矢量的协方差矩阵$\boldsymbol{R}_{\mathrm{xx}}$化简为

$$\boldsymbol{R}_{\mathrm{xx}}=\boldsymbol{R}_{\mathrm{s}}+\boldsymbol{R}_{\mathrm{w}}+\boldsymbol{R}_{\mathrm{n}} \tag{7-15}$$

其中，$\boldsymbol{R}_{\mathrm{s}}$代表 OFDM 信号矢量$\boldsymbol{s}(n)$的协方差矩阵；$\boldsymbol{R}_{\mathrm{w}}$代表 DME 干扰信号矢量$\boldsymbol{w}(n)$的协方差矩阵；$\boldsymbol{R}_{\mathrm{n}}$代表噪声信号矢量$\boldsymbol{n}(n)$的协方差矩阵。

进一步考虑到 DME 信号强度远高于 OFDM 及噪声信号，因此协方差矩阵$\boldsymbol{R}_{\mathrm{xx}}$进一步表示为

$$\boldsymbol{R}_{\mathbf{xx}}=\boldsymbol{R}_{\mathbf{w}}+\boldsymbol{R}_{\mathbf{v}} \tag{7-16}$$

其中，$\boldsymbol{R}_{\mathbf{v}}=\boldsymbol{R}_{\mathbf{s}}+\boldsymbol{R}_{\mathbf{n}}$。

对协方差矩阵 $\boldsymbol{R}_{\mathbf{xx}}$ 进行特征值分解得到

$$\begin{aligned}\boldsymbol{R}_{\mathbf{xx}}&=\sum_{i=1}^{M}\lambda_i\boldsymbol{e}_i\boldsymbol{e}_i^{\mathrm{H}}\\&=\sum_{i=1}^{K}\lambda_i\boldsymbol{e}_i\boldsymbol{e}_i^{\mathrm{H}}+\sum_{i=K+1}^{M}\sigma_i^2\boldsymbol{e}_i\boldsymbol{e}_i^{\mathrm{H}}\\&=\boldsymbol{U\Pi U}^{\mathrm{H}}\end{aligned} \tag{7-17}$$

其中，$\lambda_1\geqslant\lambda_2\geqslant\cdots\geqslant\sigma_M^2$ 代表协方差矩阵 $\boldsymbol{R}_{\mathbf{xx}}$ 的非零特征值，$\boldsymbol{\Pi}=\mathrm{diag}(\lambda_1,\lambda_2,\cdots,\lambda_K,\sigma_{K+1}^2,\cdots,\sigma_M^2)$；$\boldsymbol{U}$ 代表 $\boldsymbol{R}_{\mathbf{xx}}$ 的特征值对应特征列向量构成的酉矩阵，其满足 $\boldsymbol{UU}^{\mathrm{H}}=\boldsymbol{I}$。考虑到 DME 信号的强度远高于 OFDM 及噪声信号，因此 K 个 DME 信号对应的特征值 $\lambda_i(i=1,2,\cdots,K)$ 显著大于其他特征值，此 K 个特征值称为主特征值，其对应特征向量张成干扰信号子空间，记为 $\boldsymbol{S}_{\mathrm{w}}=\mathrm{span}\{\boldsymbol{e}_1,\boldsymbol{e}_2,\cdots,\boldsymbol{e}_K\}$，其中，$\boldsymbol{e}_i(i=1,2,\cdots,K)$ 代表协方差矩阵 $\boldsymbol{R}_{\mathbf{xx}}$ 的 K 个大特征值对应的特征向量。

通过干扰信号子空间矩阵 $\boldsymbol{S}_{\mathrm{w}}$，可计算得到干扰信号的正交补空间投影矩阵为[19]

$$\boldsymbol{S}_{\mathrm{w}}^{\perp}=\boldsymbol{I}_{M\times M}-\boldsymbol{S}_{\mathrm{w}}\boldsymbol{S}_{\mathrm{w}}^{\mathrm{H}} \tag{7-18}$$

将接收信号矢量 $\boldsymbol{x}(n)$ 向干扰信号的正交补空间进行投影得到

$$\begin{aligned}\boldsymbol{y}(n)&=\boldsymbol{S}_{\mathrm{w}}^{\perp}\cdot\boldsymbol{x}(n)\\&=\boldsymbol{S}_{\mathrm{w}}^{\perp}\boldsymbol{s}(n)+\boldsymbol{S}_{\mathrm{w}}^{\perp}\boldsymbol{w}(n)+\boldsymbol{S}_{\mathrm{w}}^{\perp}\boldsymbol{n}(n)\end{aligned} \tag{7-19}$$

考虑到 $\boldsymbol{S}_{\mathrm{w}}^{\perp}\boldsymbol{w}(n)=\boldsymbol{0}$，式（7-19）化简为

$$\boldsymbol{y}(n)=\boldsymbol{S}_{\mathrm{w}}^{\perp}\boldsymbol{s}(n)+\boldsymbol{S}_{\mathrm{w}}^{\perp}\boldsymbol{n}(n) \tag{7-20}$$

式（7-20）表明：通过将接收信号矢量向干扰信号正交补空间进行投影可消除信道输入的 DME 干扰信号。

7.3.3　基于循环前缀对称特性的盲波束形成算法

尽管正交投影算法可消除高强度 DME 信号的干扰，但残留 DME 信号仍然会造成 L-DACS1 系统 OFDM 接收机传输可靠性的恶化，因此需要针对残留 DME 信号及 OFDM 散射径的干扰进一步使用波束成形方法提取 OFDM 直射径信号。

针对正交投影脉冲干扰消除后的信号矢量，定义两个新信号矢量 $\boldsymbol{z}(j,i)$ 与 $\boldsymbol{z}(j,i+N_u)$：

$$\begin{cases}\boldsymbol{z}(j,i)=\left[z_1[(j-1)\cdot N_{\mathrm{s}}+i],\cdots,z_m[(j-1)\cdot N_{\mathrm{s}}+i]\right]^{\mathrm{T}}\\\boldsymbol{z}(j,i+N_u)=\left[z_1[(j-1)\cdot N_{\mathrm{s}}+N_u+i],\cdots,z_m[(j-1)\cdot N_{\mathrm{s}}+N_u+i]\right]^{\mathrm{T}}\cdot\mathrm{e}^{\mathrm{j}2\pi\alpha}\end{cases} \tag{7-21}$$

其中，N_{s} 代表一个完整 OFDM 符号的采样点数；N_u 代表除循环前缀以外 OFDM 符号的采样点数；$z_m[(j-1)\cdot N_s+i](i=1,\cdots,N_g;j=1,\cdots,N;m=1,\cdots,M)$ 代表第 m 个通道中第 j 个 OFDM 符号的第 i 个采样样值，N_g 代表 OFDM 符号循环前缀的采样点数；$\boldsymbol{z}(j,i)$ 代表所有 M 个通道第 j 个 OFDM 符号的第 i 个采样值构成的信号矢量；$\boldsymbol{z}(j,i+N_u)$ 代表在修正信号多普勒频偏后所有 M 个通道第 j 个 OFDM 符号的第 i 个采样值构成的信号矢

量，α 代表接收信号的归一化多普勒频偏。

假设接收机已经建立 OFDM 符号定时同步，则接收机波束形成的目标：寻找矢量 $\boldsymbol{\omega}$ 使期望信号 $\boldsymbol{\omega}^{\mathrm{H}}\boldsymbol{z}(j,i)$ 与参考信号 $\boldsymbol{c}^{\mathrm{H}}\boldsymbol{z}(j,i+N_u)$ 之间的度量最大化，此问题表示为

$$\max_{\omega,c}\left|\frac{1}{N\cdot N_g}\sum_{j=1}^{N}\sum_{i=1}^{N_g}\boldsymbol{\omega}^{\mathrm{H}}\boldsymbol{z}(j,i)\boldsymbol{z}^{\mathrm{H}}(j,i+N_u)\boldsymbol{c}\right|^2=\max_{\omega,c}\left|\boldsymbol{\omega}^{\mathrm{H}}\left(\frac{1}{N\cdot N_g}\sum_{j=1}^{N}\sum_{i=1}^{N_g}\tilde{\boldsymbol{R}}(j,i)\right)\boldsymbol{c}\right|^2 \tag{7-22}$$

$$\boldsymbol{\omega}^{\mathrm{H}}\boldsymbol{\omega}=\boldsymbol{c}^{\mathrm{H}}\boldsymbol{c}=1$$

其中，$\tilde{\boldsymbol{R}}(j,i)=\boldsymbol{z}(j,i)\boldsymbol{z}^{\mathrm{H}}(j,i+N_u),i=1,2,\cdots,N_g,j=1,\cdots,N$，进一步引入矩阵 $\boldsymbol{R}=\frac{1}{N\cdot N_g}\sum_{j=1}^{N}\sum_{i=1}^{N_g}\tilde{\boldsymbol{R}}(j,i)$，则式（7-22）进一步化简为

$$\max_{\omega,c}\left|\boldsymbol{\omega}^{\mathrm{H}}\boldsymbol{R}\boldsymbol{c}\right|^2 \tag{7-23}$$

$$\boldsymbol{\omega}^{\mathrm{H}}\boldsymbol{\omega}=\boldsymbol{c}^{\mathrm{H}}\boldsymbol{c}=1$$

其中，$\boldsymbol{c}$ 代表辅助矢量。式（7-23）进一步表示为在条件 $\|\boldsymbol{\omega}\|=\|\boldsymbol{c}\|=1$ 约束下，$\boldsymbol{\omega}^{\mathrm{H}}\boldsymbol{R}\boldsymbol{c}\boldsymbol{c}^{\mathrm{H}}\boldsymbol{R}^{\mathrm{H}}\boldsymbol{\omega}$ 的最大化问题。

对式（7-23）采用拉格朗日乘子法构造代价函数：

$$F(\boldsymbol{\omega},\boldsymbol{c})=\boldsymbol{\omega}^{\mathrm{H}}\boldsymbol{R}\boldsymbol{c}\boldsymbol{c}^{\mathrm{H}}\boldsymbol{R}^{\mathrm{H}}\boldsymbol{\omega}-\mu(\boldsymbol{\omega}^{\mathrm{H}}\boldsymbol{\omega}-1)-\mu'(\boldsymbol{c}^{\mathrm{H}}\boldsymbol{c}-1) \tag{7-24}$$

对式（7-24）中 $\boldsymbol{\omega}$ 求偏导数并令等式为零，得

$$[\boldsymbol{R}\boldsymbol{c}\boldsymbol{c}^{\mathrm{H}}\boldsymbol{R}^{\mathrm{H}}+(\boldsymbol{R}\boldsymbol{c}\boldsymbol{c}^{\mathrm{H}}\boldsymbol{R}^{\mathrm{H}})^{\mathrm{H}}]\boldsymbol{\omega}=2\mu\boldsymbol{\omega} \tag{7-25}$$

考虑 $(\boldsymbol{R}\boldsymbol{c}\boldsymbol{c}^{\mathrm{H}}\boldsymbol{R}^{\mathrm{H}})^{\mathrm{H}}=\boldsymbol{R}\boldsymbol{c}\boldsymbol{c}^{\mathrm{H}}\boldsymbol{R}^{\mathrm{H}}$，则式（7-25）重新表示为

$$\boldsymbol{R}\boldsymbol{c}\boldsymbol{c}^{\mathrm{H}}\boldsymbol{R}^{\mathrm{H}}\boldsymbol{\omega}=\mu\boldsymbol{\omega} \tag{7-26}$$

对式（7-24）中 $\boldsymbol{c}$ 求偏导数并令等式为零，得

$$\boldsymbol{R}^{\mathrm{H}}\boldsymbol{\omega}\boldsymbol{\omega}^{\mathrm{H}}\boldsymbol{R}\boldsymbol{c}=\mu'\boldsymbol{c} \tag{7-27}$$

将式（7-26）右乘 $\boldsymbol{\omega}^{\mathrm{H}}\boldsymbol{R}\boldsymbol{c}$，得

$$\boldsymbol{R}\boldsymbol{c}\boldsymbol{c}^{\mathrm{H}}(\boldsymbol{R}^{\mathrm{H}}\boldsymbol{\omega}\boldsymbol{\omega}^{\mathrm{H}}\boldsymbol{R}\boldsymbol{c})=\mu\boldsymbol{\omega}\boldsymbol{\omega}^{\mathrm{H}}\boldsymbol{R}\boldsymbol{c} \tag{7-28}$$

考虑式（7-27）中 $\boldsymbol{R}^{\mathrm{H}}\boldsymbol{\omega}\boldsymbol{\omega}^{\mathrm{H}}\boldsymbol{R}\boldsymbol{c}=\mu'\boldsymbol{c}$，则式（7-28）化简为

$$\boldsymbol{R}\boldsymbol{c}\boldsymbol{c}^{\mathrm{H}}\mu'\boldsymbol{c}=\mu\boldsymbol{\omega}\boldsymbol{\omega}^{\mathrm{H}}\boldsymbol{R}\boldsymbol{c} \tag{7-29}$$

将式（7-29）左乘 $\boldsymbol{R}^{\mathrm{H}}$，得

$$\mu'\boldsymbol{R}^{\mathrm{H}}\boldsymbol{R}\boldsymbol{c}\boldsymbol{c}^{\mathrm{H}}\boldsymbol{c}=\mu\boldsymbol{R}^{\mathrm{H}}\boldsymbol{\omega}\boldsymbol{\omega}^{\mathrm{H}}\boldsymbol{R}\boldsymbol{c} \tag{7-30}$$

将 $\boldsymbol{c}^{\mathrm{H}}\boldsymbol{c}=1$ 及 $\boldsymbol{R}^{\mathrm{H}}\boldsymbol{\omega}\boldsymbol{\omega}^{\mathrm{H}}\boldsymbol{R}\boldsymbol{c}=\mu'\boldsymbol{c}$ 代入式（7-30）化简得

$$\boldsymbol{R}^{\mathrm{H}}\boldsymbol{R}\boldsymbol{c}=\mu\boldsymbol{c} \tag{7-31}$$

同理，可得

$$\boldsymbol{R}\boldsymbol{R}^{\mathrm{H}}\boldsymbol{\omega}=\mu'\boldsymbol{\omega} \tag{7-32}$$

将式（7-26）左乘 $\boldsymbol{\omega}^{\mathrm{H}}$，式（7-27）左乘 $\boldsymbol{c}^{\mathrm{H}}$，得

$$\begin{cases}(\boldsymbol{\omega}^{\mathrm{H}}\boldsymbol{Rc})\boldsymbol{c}^{\mathrm{H}}\boldsymbol{R}^{\mathrm{H}}\boldsymbol{\omega}=\mu\\ \boldsymbol{c}^{\mathrm{H}}\boldsymbol{R}^{\mathrm{H}}\boldsymbol{\omega}(\boldsymbol{\omega}^{\mathrm{H}}\boldsymbol{Rc})=\mu'\end{cases}\tag{7-33}$$

由式（7-33）知 $\mu=\mu'=\lambda$，则式（7-31）和式（7-32）可重写为

$$\boldsymbol{R}^{\mathrm{H}}\boldsymbol{Rc}=\lambda\boldsymbol{c}\tag{7-34}$$

$$\boldsymbol{RR}^{\mathrm{H}}\boldsymbol{\omega}=\lambda\boldsymbol{\omega}\tag{7-35}$$

由式（7-34）左乘 $\boldsymbol{c}^{\mathrm{H}}$ 得 $\boldsymbol{c}^{\mathrm{H}}\boldsymbol{R}^{\mathrm{H}}\boldsymbol{Rc}=\lambda$，知 $\boldsymbol{c}$ 为 $\boldsymbol{R}$ 对应奇异值为 $\sqrt{\lambda}$ 的右奇异值矢量；将式（7-35）左乘 $\boldsymbol{\omega}^{\mathrm{H}}$ 得 $\boldsymbol{\omega}^{\mathrm{H}}\boldsymbol{RR}^{\mathrm{H}}\boldsymbol{\omega}=\lambda$，知 $\boldsymbol{\omega}$ 为 $\boldsymbol{R}$ 对应奇异值为 $\sqrt{\lambda}$ 的左奇异值矢量。

以上推导过程表示为寻找矢量 $\boldsymbol{\omega}$ 和 $\boldsymbol{c}$ 使 $|\boldsymbol{\omega}^{\mathrm{H}}\boldsymbol{Rc}|^2$ 最大化过程，而 $\boldsymbol{\omega}^{\mathrm{H}}\boldsymbol{Rc}$ 最终确定为 $\boldsymbol{R}$ 的最大奇异值，即

$$\boldsymbol{\omega}^{\mathrm{H}}\boldsymbol{Rc}=\sigma_{\max}\tag{7-36}$$

其中，$\sigma_{\max}=\sqrt{\lambda}$ 表示为 $\boldsymbol{R}$ 的最大奇异值。

综上可知：最优权矢量 $\boldsymbol{\omega}$ 和辅助矢量 $\boldsymbol{c}$ 取值为 $\boldsymbol{R}$ 的最大奇异值 $\sigma_{\max}$ 对应的左、右奇异值向量时，式（7-22）取最大值。利用获得的最优权矢量 $\boldsymbol{\omega}$ 对消除干扰后的信号进行波束成形即可获得 OFDM 直射径信号。

7.3.4　数值仿真结果

为验证联合正交投影与盲波束形成干扰抑制方法的有效性，设计了计算机仿真系统，仿真系统的主要技术参数[18]如下：传输带宽 498.05kHz，FFT 点数 64，子信道带宽 9.76kHz，OFDM 符号周期 120μs，有效 OFDM 长度 102.4μs。信道编码采用 RS、交织器、卷积编码。信道模型采用两径频率选择性衰落信道模型，信道莱斯因子 15dB。接收机中，接收阵列天线为 8 单元均匀线阵，阵元间隔为半波长，接收机等效抗混叠滤波器采用升余弦滤波器，滤波器滚降因子 0.22，通带截止频率 0.25MHz。信道估计方法为频域 LS 估计，均衡器采用线性迫零均衡。

下面分别给出正交投影脉冲干扰抑制性能、盲波束形成性能，最后仿真给出了系统的比特差错性能。

1．正交投影干扰抑制性能

图 7-12 所示为正交投影算法抑制干扰前后时域波形对比图。图 7-12 包括两张图，每张图的横坐标为时间，纵坐标为信号幅值（实部）。图 7-12(a)所示为脉冲干扰抑制前时域信号波形（第 1 输入通道），图 7-2(b)所示为脉冲干扰抑制后时域信号波形（第 1 输出通道）。图比较表明：正交投影方法可显著消除 DME 信号的干扰。

图 7-13 所示为正交投影干扰抑制前后信号功率谱比较曲线，横坐标代表频率（MHz），纵坐标代表信号功率谱（dB/Hz）。其中，图 7-13(a)所示为 OFDM 发射信号的功率谱（发射信号功率为 1），由图可观测到：OFDM 信号主要频率分量位于−250～250kHz，OFDM 信号频带内功率谱值为−30dB/Hz。图 7-13(b)所示为 DME 信号经抗混叠滤波器后残留 DME 信号的功率谱（DME 信号载波偏置 500kHz，信干比 SIR 为−10dB），由图可观测到：经过抗混叠滤波器后残留 DME 信号的频率分量位于 250kHz 左右，且残

留 DME 信号仍具有较强的信号功率。图 7-13(c)所示为接收信号的功率谱（第 1 接收通道，DME 载波偏置 500kHz，SIR 为-10dB，噪声功率为 0），由图可观测到：在-250～150kHz 频率范围内，OFDM 信号功率谱取值为-30dB/Hz，而在 150～250kHz 频带范围内明显可观测到残留 DME 干扰信号的频率分量，且残留 DME 信号功率谱的最大值为-10dB/Hz。图 7-13(d)所示为接收机干扰抑制后信号的功率谱（第 1 输出通道），由图可观测到：在-250～250kHz 频率范围内，OFDM 信号功率谱取值为-30dB/Hz，而在 150～250kHz 频率范围内观测不到残留 DME 信号频率分量。总之，图 7-13 结果比较表明：正交投影方法可显著抑制 DME 信号的干扰。

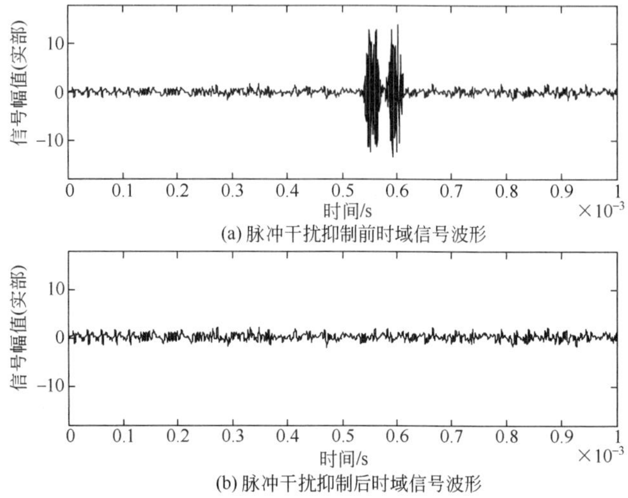

(a) 脉冲干扰抑制前时域信号波形

(b) 脉冲干扰抑制后时域信号波形

图 7-12　正交投影算法抑制干扰前后时域波形对比图

（单个 DME 干扰，载波偏置+500kHz，信干比=-10dB，噪声功率=0）

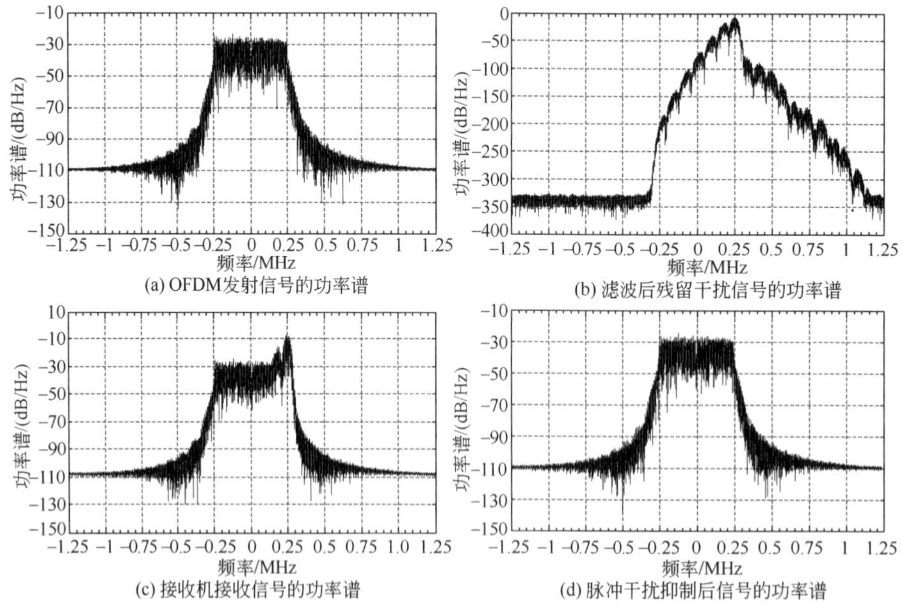

(a) OFDM发射信号的功率谱

(b) 滤波后残留干扰信号的功率谱

(c) 接收机接收信号的功率谱

(d) 脉冲干扰抑制后信号的功率谱

图 7-13　正交投影干扰抑制前后信号功率谱比较曲线

（OFDM 信号功率为 1，单个 DME 干扰源，信干比=-10dB，噪声功率=0）

图 7-14 所示为正交投影算法抑制干扰后输出信干噪比随输入干噪比的关系曲线。图中横坐标代表干扰抑制前输入干噪比（dB），纵坐标代表干扰抑制后输出信干噪比（dB）。由图观测到：①输入干噪比为 10～15dB 时，输出信干噪比随输入干噪比的增加而快速增加；②输入干噪比超过 15dB 时，输出信干噪比近似恒定为 5dB。综合以上，可得到以下结论：正交投影算法对小功率脉冲干扰抑制性能略差，对大功率干扰信号抑制性能较好。此外，抑制干扰输出信号仍包含残留脉冲干扰。

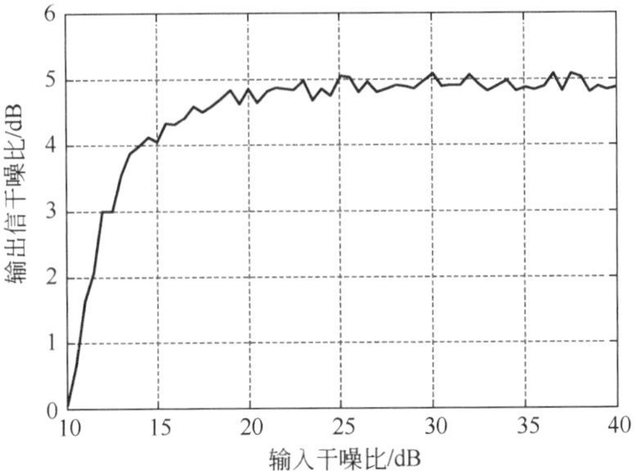

图 7-14　正交投影算法抑制干扰后输出信干噪比随输入干噪比变化曲线
（第一路天线通道，信噪比=10dB）

2. 盲波束形成算法性能

图 7-15 所示为正交投影算法消除干扰后信号采用盲波束形成方法获得的阵列天线波束图。仿真试验中，OFDM 信号直射径来向 0°，散射径来向 30°，信噪比为 6dB，DME 信号来向 15°，DME 载波偏置为 500kHz，输入信干比为−20dB。由图 7-15 可观测到：①阵列天线的主波束指向 OFDM 直射径方向；②阵列天线在 DME 信号来向方向 15° 形成较深的零陷，信号衰减达到−45dB；③多次仿真显示阵列天线波束形成后主瓣突出，零陷方向稳定。

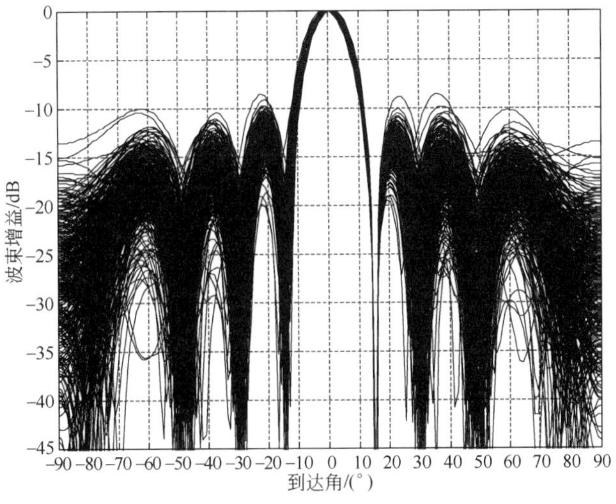

图 7-15　正交投影算法消除干扰后信号盲波束形成图
（400 次蒙特卡罗实验）

3. 系统比特差错率性能

图 7-16 所示为联合正交投影与盲波束形成 L-DACS1 系统的比特差错率性能曲线。图 7-16 中标有“▽”的曲线代表无 DME 干扰时系统的比特差错性能曲线；标有“□”的曲线代表存在单个 DME 干扰时的比特差错性能曲线（DME 载波偏置 500kHz，信干比 SIR 为-3dB）；标有“○”的曲线代表存在两个 DME 干扰时的比特差错性能曲线（DME 载波偏置分别为 500kHz 与-500kHz，SIR1=-10dB，SIR2=-5dB）。曲线比较表明：①存在单个 DME 脉冲干扰时，所提出的联合正交投影与盲波束形成的干扰抑制方法可完全消除 DME 信号对 OFDM 接收机的影响，此时的系统比特差错性能曲线与不存在 DME 脉冲干扰时的比特差错性能曲线基本相同；②当系统存在两个 DME 脉冲干扰时，所提出的方法仍可获得满意的比特差错性能。

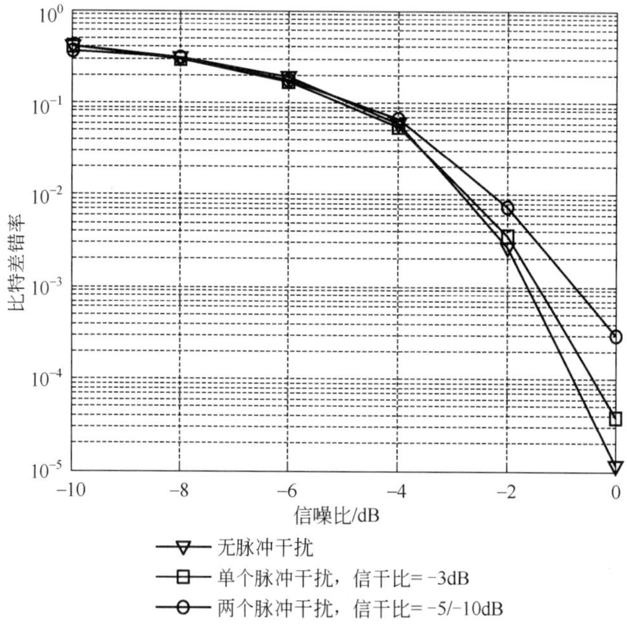

图 7-16　系统差错性能曲线（QPSK 调制）

7.4　联合正交投影与 CLEAN 的干扰抑制方法

针对 DME 信号干扰 L-DACS1 系统 OFDM 接收机的问题，提出了联合正交投影与 CLEAN 的 DME 干扰抑制方法[14]。接收机首先通过将接收信号矢量投影到干扰信号正交补空间的方法消除高强度 DME 脉冲干扰；然后利用 OFDM 信号循环前缀的对称特性构造互相关矢量，并采用 CLEAN 算法估计 OFDM 直射径信号的来向；最后通过常规波束成形方法提取 OFDM 直射径信号。仿真表明：所提出方法可显著克服 DME 脉冲干扰与散射多径干扰，提高链路传输可靠性。

7.4.1　联合正交投影与 CLEAN 的接收机模型

图 7-17 所示为联合正交投影与 CLEAN 的 DME 脉冲干扰接收机的模型[14]。来自阵列天线的射频信号经过射频前端转换为模拟基带信号，模拟基带信号通过 A/D 转换器转换为数字基带信号（在模拟基带信号转换为数字信号时，为避免 DME 脉冲信号采样产生频谱混叠干扰 OFDM 信号，接收机使用了 4 倍过采样，L-DACS1 接收机标准采样频率为 625kHz，4 倍过采样频率为 2.5MHz），接收机通过正交投影法计算得到干扰信号的正交补空间投影矩阵，并通过将接收信号矢量投影到干扰信号的正交补空间的方法以消除DME脉冲干扰信号，消除干扰后的信号矢量进一步通过CLEAN 算法估计得到OFDM直射径信号来向，最后通过常规波束成形方法提取 OFDM 直射径信号，波束成型输出 OFDM 信号经多普勒频偏补偿后移除循环前缀，并通过 FFT 运算转换为频域信号，进一步通过 4 倍频域下采样完成采样频率转换，下采样器输出信号通过频域 LS 估值和线性插值方法完成信道估计，进而通过迫零均衡器完成信道均衡，均衡器输出信号通过解调器、解交织器及译码器得到发送比特序列的估计值。

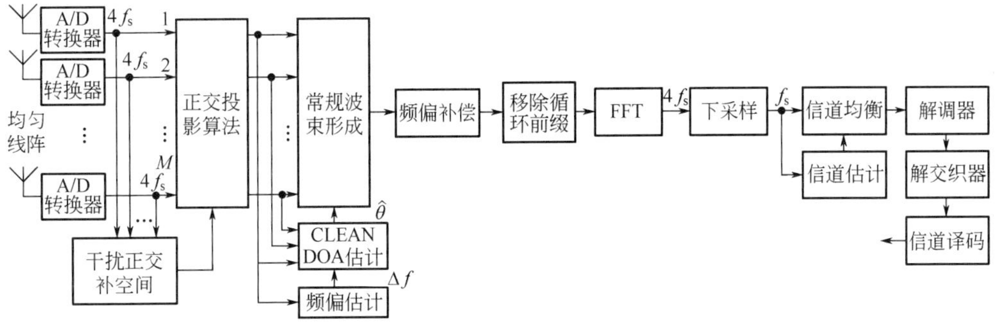

图 7-17　联合正交投影与 CLEAN 的 DME 脉冲干扰接收机模型

下面重点阐述基于信号来向估计的常规波束形成算法的工作原理，子空间投影干扰抑制算法的工作原理请参考 7.3.2 节的描述。

7.4.2　基于信号来向估计的常规波束形成算法

为克服低信噪比及相干信号环境下，7.3.3 节盲波束形成算法性能下降的问题，本节采用 CLEAN 算法估计 OFDM 直射径的来向，并基于 DOA 估计信息使用常规波束形成算法确定波束形成最优权矢量，然后使用常规波束形成提取 OFDM 直射径信号。

针对正交投影消除干扰后的阵列信号，引入矢量信号 $\boldsymbol{Y}$ 和 $\boldsymbol{z}_{m,j}$：

$$\begin{cases}\boldsymbol{Y}=[\boldsymbol{y}(j,1),\cdots,\boldsymbol{y}(j,i),\cdots,\boldsymbol{y}(j,N_g)]\\ \boldsymbol{z}_{m,j}=[z_m(j,1),\cdots,z_m(j,i),\cdots,z_m(j,N_g)]\end{cases}\tag{7-37}$$

其中，$\boldsymbol{y}(j,i)$ 代表接收信号所有天线通道中第 j 个 OFDM 符号循环前缀的第 i 个采样值所在的列信号样值构成的 $M\times1$ 信号矢量，$j=1,\cdots,N$，$i=1,\cdots,N_g$；$\boldsymbol{Y}$ 代表由 $\boldsymbol{y}(j,i)$ 构

成的 $M\times N_g$ 矢量矩阵；$z_m(j,i)$ 代表接收信号第 m 个天线通道中第 j 个 OFDM 符号循环前缀中第 i 个采样值，$m=1,\cdots,M$；$\boldsymbol{z}_{m,j}$ 代表由 $z_m(j,i)$ 构成的 $1\times N_g$ 信号矢量。$\boldsymbol{z}_{m,j}$ 中所有信号样值对应延迟 N_u 个采样点后得到延迟信号矢量 $\boldsymbol{\mu}_{m,j}$：

$$\boldsymbol{\mu}_{m,j}=\sum_{l=1}^{L}\tilde{\boldsymbol{a}}_l(m)\boldsymbol{c}_l+\boldsymbol{n}_1(n) \tag{7-38}$$

其中，$\boldsymbol{c}_l$ 代表 $1\times N_g$ 信号矢量；$\tilde{\boldsymbol{a}}_l(m)$ 代表 $\boldsymbol{c}_l$ 的导向因子，取值为 $\tilde{\boldsymbol{a}}_l(\theta_l)$ 的第 m 个元素；$\boldsymbol{n}_1(n)$ 代表复高斯白噪声矢量。类似的，将矢量矩阵 $\boldsymbol{Y}$ 表示为

$$\boldsymbol{Y}=\sum_{l=1}^{L}\tilde{\boldsymbol{a}}_l(\theta_l)\overline{\boldsymbol{s}}_l(n)+\boldsymbol{n}_2(n) \tag{7-39}$$

则 $\boldsymbol{Y}$ 和 $\boldsymbol{\mu}_{m,j}$ 的互相关矢量：

$$\boldsymbol{r}_m=E\{\boldsymbol{Y}\boldsymbol{\mu}_{m,j}^{\mathrm{H}}\} \tag{7-40}$$

根据 OFDM 符号循环前缀跟后缀具有对称特性得到 $z_m(j,i)=z_m(j,i+N_u)$，$i=1,\cdots,N_g$，即 $\boldsymbol{z}_{m,j}=\ \boldsymbol{\mu}_{m,j}$。式（7-40）进一步表示为

$$\boldsymbol{r}_m=E\{\boldsymbol{Y}\boldsymbol{z}_{m,j}^{\mathrm{H}}\} \tag{7-41}$$

将式（7-38）和式（7-39）代入式（7-41）化简，得

$$\boldsymbol{r}_m=\sum_{l=1}^{L}\beta_l\tilde{\boldsymbol{a}}_l^{\mathrm{H}}(m)\tilde{\boldsymbol{a}}_l(\theta_l) \tag{7-42}$$

其中，$\beta_l=E\left\{\sum_{l=1}^{L}\overline{\boldsymbol{s}}_l(n)\boldsymbol{c}_l^{\mathrm{H}}\right\}$。

将投影后阵列信号中每个天线通道的第 j 个 OFDM 符号循环前缀延迟信号 $\boldsymbol{\mu}_{m,j}$ 与矢量矩阵 $\boldsymbol{Y}$ 构成的 $M\times 1$ 的互相关矢量 $\boldsymbol{r}_m(m=1,2,\cdots,M)$ 顺次串接成一列新的 $M^2\times 1$ 的长矢量 $\boldsymbol{r}$：

$$\boldsymbol{r}=[\boldsymbol{r}_1^{\mathrm{T}}\ \boldsymbol{r}_2^{\mathrm{T}}\ \cdots\ \boldsymbol{r}_M^{\mathrm{T}}]^{\mathrm{T}} \tag{7-43}$$

将式（7-42）代入式（7-43）得

$$\boldsymbol{r}=\sum_{l=1}^{L}\beta_l\tilde{\boldsymbol{a}}_l(\theta_l)\otimes\tilde{\boldsymbol{a}}_l(\theta_l) \tag{7-44}$$

其中，$\otimes$ 代表 Kronecker 积运算。令 $\hat{\boldsymbol{a}}(\theta_l)=\tilde{\boldsymbol{a}}_l(\theta_l)\otimes\tilde{\boldsymbol{a}}_l(\theta_l)$，式（7-44）进一步重写为

$$\boldsymbol{r}=\sum_{l=1}^{L}\beta_l\hat{\boldsymbol{a}}(\theta_l) \tag{7-45}$$

由互相关矢量估值拟合理论值得

$$\min_{\theta_l,\beta_l}\left\|\frac{1}{N}\sum_{j=1}^{N}\tilde{\boldsymbol{r}}_j-\sum_{l=1}^{L}\beta_l\hat{\boldsymbol{a}}(\theta_l)\right\|_2^2 \tag{7-46}$$

其中，$\tilde{\boldsymbol{r}}_j$ 代表利用阵列接收信号单个 OFDM 符号数据按照式（7-43）构成的长矢量；$\frac{1}{N}\sum_{j=1}^{N}\tilde{\boldsymbol{r}}_j=\hat{\boldsymbol{r}}$ 代表利用天线通道中多个 OFDM 符号数据快拍计算获得的平均互相关矢量估值，N 代表 OFDM 符号数据快拍数目。

式（7-46）给出的非线性最小二乘问题可通过 CLEAN 算法[20]及 RELAX 算法[21]求解。相比于 CLEAN，RELAX 算法估计信号来向更准确、分辨率更高，但计算量较大[21]。考虑两种算法估计信号来向性能均可满足系统要求且 CLEAN 算法计算复杂度低的优点，采用 CLEAN 算法求解式（7-46），具体计算过程如下：

（1）$\boldsymbol{a}(\theta)=[1\ \ \mathrm{e}^{-\mathrm{j}\pi\sin\theta}\ \ \cdots\ \ \mathrm{e}^{-\mathrm{j}(M-1)\pi\sin\theta}]^{\mathrm{T}}$，$\tilde{\boldsymbol{a}}(\theta)=\boldsymbol{S}_{\mathrm{w}}^{\perp}\boldsymbol{a}(\theta)$，$\hat{\boldsymbol{a}}(\theta)=\tilde{\boldsymbol{a}}(\theta)\otimes\tilde{\boldsymbol{a}}(\theta)$，$\hat{\boldsymbol{r}}=\frac{1}{N}\sum_{j=1}^{N}\tilde{\boldsymbol{r}}_j$

（2）$\hat{\boldsymbol{r}}_0=\hat{\boldsymbol{r}}$

（3）for $l=1,\cdots,L$

（4）　for $\theta=-90:1/8:90$

（5）　　$\varepsilon_\theta=\left|\hat{\boldsymbol{a}}^{\mathrm{H}}(\theta)\hat{\boldsymbol{r}}_{l-1}\right|^2\Big/[\hat{\boldsymbol{a}}^{\mathrm{H}}(\theta)\hat{\boldsymbol{a}}(\theta)]$

（6）　end

（7）　$\hat{\theta}_l=\underset{\theta=-90:1/8:90}{\arg\max}\,(\varepsilon_\theta)$

（8）　$\hat{\beta}_l=\hat{\boldsymbol{a}}^{\mathrm{H}}(\hat{\theta}_l)\hat{\boldsymbol{r}}_{l-1}\Big/(\hat{\boldsymbol{a}}^{\mathrm{H}}(\hat{\theta}_l)\hat{\boldsymbol{a}}(\hat{\theta}_l))$

（9）　$\hat{\boldsymbol{r}}_l=\hat{\boldsymbol{r}}_{l-1}-\hat{\beta}_l\hat{\boldsymbol{a}}(\hat{\theta}_l)$

（10）　$\hat{\boldsymbol{r}}_{l-1}=\hat{\boldsymbol{r}}_l$

（11）　$l=l+1$

（12）end

最后，根据计算获得的第 l 个期望信号来向估值 $\hat{\theta}_l$，可求得阵列天线对该信号波束成形的权值：$\boldsymbol{\omega}_l=\boldsymbol{S}_{\mathrm{w}}^{\perp}\boldsymbol{a}_l(\hat{\theta}_l)$。

7.4.3　数值仿真结果

基于 7.3.4 节给出的仿真环境，仿真研究了子空间投影干扰抑制性能、基于信号来向估计的常规波束形成性能及系统比特差错率性能。

1．子空间投影干扰抑制性能

图 7-18 所示为子空间投影干扰抑制前后信号功率谱的比较，横坐标代表频率（MHz），纵坐标代表功率谱（dB/Hz）。其中，图 7-18(a)所示为 OFDM 发射信号的功率谱（发射信号功率被归一化），由图可观测到：OFDM 信号主要频率分量位于−250～250kHz，OFDM 信号频带内功率谱取值为−30dB/Hz。图 7-18(b)所示为 DME 信号经抗混叠滤波器后残留 DME 信号的功率谱（DME 信号载波偏置 500kHz，信干比 SIR 为−10dB），

由图可观测到：经过抗混叠滤波器后残留 DME 信号的频率分量位于 250kHz 左右，且残留 DME 信号仍具有较高强度。图 7-18(c)所示为接收信号的功率谱（第 1 接收通道，DME 载波偏置+500kHz，SIR 为−10dB，噪声功率为 0），由图可观测到：在−250～150kHz 频率范围内，OFDM 信号功率谱取值仍为−30dB/Hz，而在 150～250kHz 频带范围内明显可观测到残留 DME 信号的频率分量，且残留 DME 信号功率谱最大取值为−10dB/Hz。图 7-18(d)所示为接收机干扰抑制后信号的功率谱（第 1 输出通道），由图可观测到：在−250～250kHz 频率范围内，OFDM 信号功率谱取值仍为−30dB/Hz，而在 150～250kHz 频率范围内则观测不到 DME 信号分量。图 7-18 比较表明：正交投影方法可显著抑制 DME 信号的干扰。

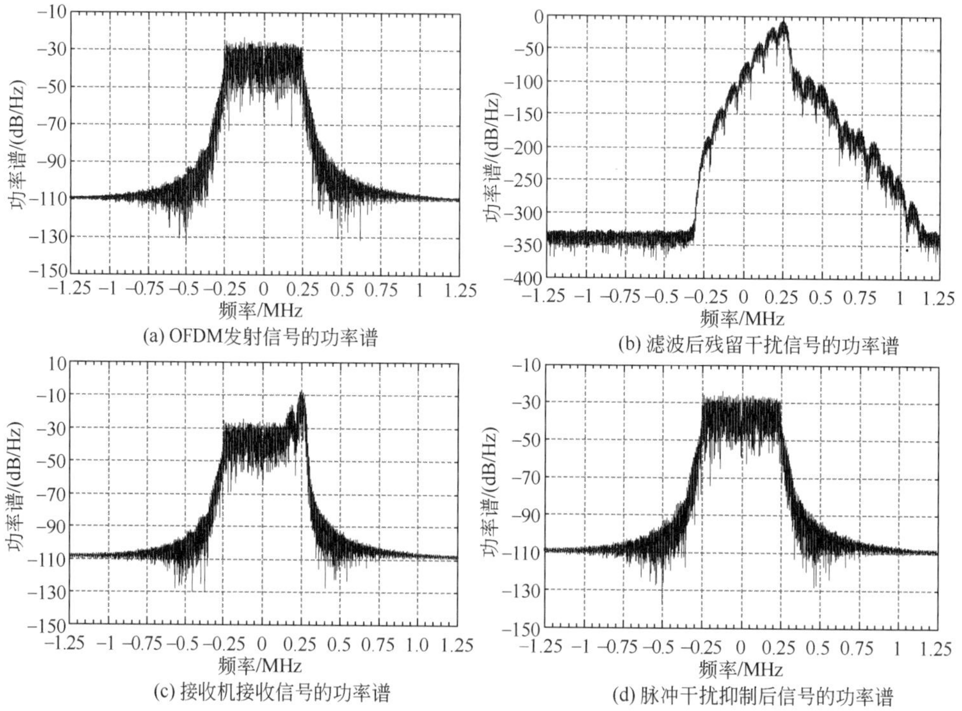

图 7-18　子空间投影脉冲干扰抑制前后信号功率谱比较曲线
（OFDM 信号功率为 1，单个 DME 干扰源，信干比=−10dB，噪声功率=0）

2. 基于信号来向估计的常规波束形成性能

图 7-19 所示为对正交投影算法消除干扰后，信号通过 CLEAN 算法估计信号来向形成的波束图，图 7-19 横坐标代表信号的到达角(°)，纵坐标表示归一化的波束增益(dB)。仿真试验中，OFDM 直射径来向 10°，散射径来向 40°，信噪比为−6dB；DME 干扰信号来向 25°，信干比−15dB（正交投影输入端），DME 载波偏置为+500kHz。由图 7-19 可观测到：①阵列天线主波束指向 OFDM 直射径方向；②阵列天线在 DME 信号来向方向 25°来向形成较深的零陷，信号衰减达到−45dB；③多次仿真显示阵列天线波束成形后主瓣突出，零陷方向稳定。

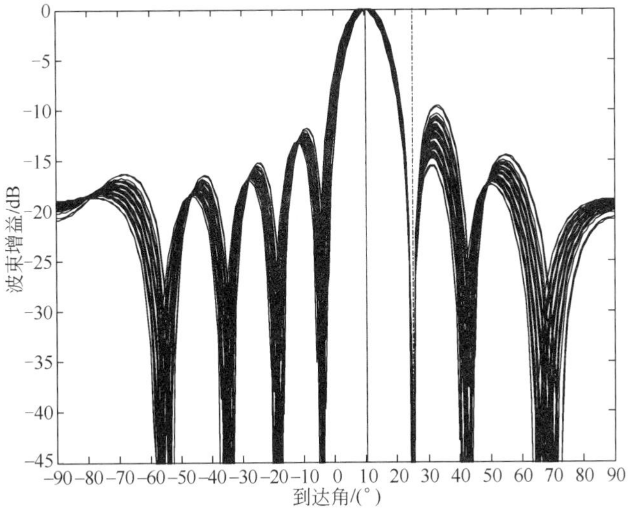

图 7-19　波束成形的波束图

（1 个 DME 干扰的场景，400 次蒙特卡罗试验）

图 7-20 所示为对子空间投影消除干扰后信号常规波束形成图。仿真试验中，OFDM 信号直射径来向 30°，散射径来向−20°，信噪比为−4dB；DME 信号 1 来向 0°，信干比−10dB，DME 载波偏置为 500kHz；DME 信号 2 来向 50°，信干比−5dB，DME 载波偏置为−500kHz。由图 7-20 可观测到：①阵列天线的主波束指向 OFDM 直射径方向；②阵列天线在 DME 脉冲信号来向方向 0° 和 50° 来向形成较深零陷，信号衰减达到−45dB；③多次仿真显示阵列天线波束成形后主瓣突出，零陷方向稳定。

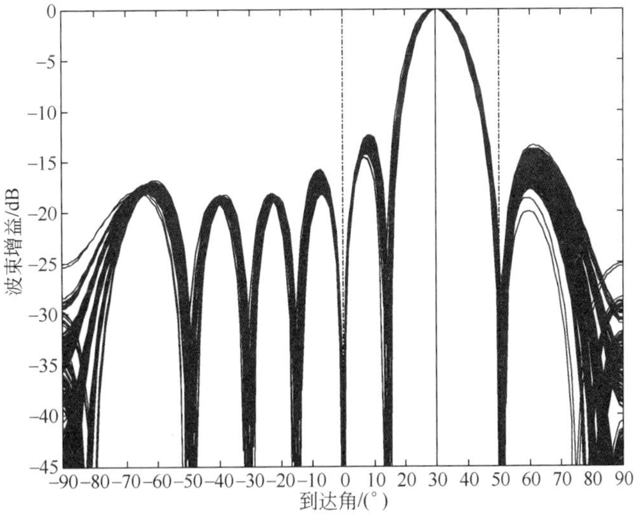

图 7-20　波束成形的波束图

（2 个 DME 干扰的场景，400 次蒙特卡罗实验）

3. 系统的比特差错率性能

图 7-21 所示为 L-DACS1 系统的比特差错率性能曲线。图中标有“▽”的曲线代表无 DME 干扰时（OFDM 信号直射径来向 30°，散射径来向-20°）系统的比特差错率性能曲线；标有“□”的曲线代表存在单个 DME 干扰时的比特差错率性能曲线（DME 载波偏置 500kHz，信号来向 50°，信干比 SIR 为-3dB）；标有“○”的曲线代表存在两个 DME 干扰时的比特差错率性能曲线（DME 载波偏置分别为 500kHz 与-500kHz，信号来向分别为 50° 和 0°，信干比 SIR1=-3dB，SIR2=-10dB）。曲线比较表明：①存在单个 DME 脉冲干扰时，所提出方法可完全消除 DME 信号干扰，系统的比特差错率性能与不存在 DME 干扰时的比特差错率性能基本相同；②当存在两个 DME 信号干扰时，所提出方法仍可获得较满意的比特差错率性能。

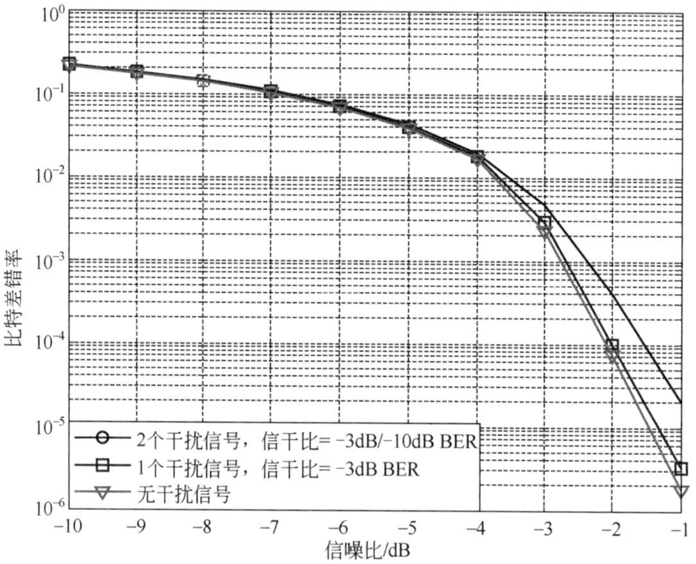

图 7-21　L-DACS1 系统的比特差错率性能曲线（QPSK 调制）

7.5　本章小结

针对高强度 DME 信号干扰 L-DACS1 系统 OFDM 接收机的问题，本章提出了三种基于空域滤波的 DME 信号干扰抑制方法：①联合 DOA 估计与主波束形成的干扰抑制方法；②联合正交投影与盲波束形成的干扰抑制方法；③联合正交投影与 CLEAN 的干扰抑制方法，并通过计算机仿真验证了三种空域滤波方法的有效性。

本章研究表明：利用 OFDM 及 DME 信号来向信息的差异，通过空域滤波的方法可有效消除 DME 及 OFDM 散射径对 OFDM 直射径信号的干扰，显著改善 L-DACS1 系统链路传输的可靠性。

参 考 文 献

[1] EPPLE U，BRANDES S，GLIGOREVIC S，et al. Receiver optimization for L-DACS1[C]// IEEE /AIAA 28th Digital Avionics Systems Conference, Piscataway, NJ: IEEE Press, 2009: 4.B.1-1-4.B.1-12.

[2] EPPLE U, SCHNELL M. Adaptive threshold optimization for a blanking nonlinearity in OFDM receivers[C]// IEEE Global Communications Conference, Piscataway, NJ: IEEE Press, 2012:3661-3666.

[3] BRANDES S, EPPLE U, SCHNELL M. Compensation of the impact of interference mitigation by pulse blanking in OFDM systems[C]// IEEE Global Telecommunications Conference, Piscataway, NJ:IEEE Press, 2009:1-6.

[4] EPPLE U, SHUTIN D, SCHNELL M. Mitigation of impulsive frequency-selective interference in OFDM based systems[J]. IEEE wireless communications letters, 2012, 1(5):484-487.

[5] RAJA M, VINOD A P, MADHUKUMAR A S. DME interference mitigation for L-DACS1 based on decision-directednoise estimation[C]// Integrated Communication, Navigation and Surveillance Conference, Herdon, VA, USA, 2015: 1-10.

[6] 刘海涛, 张智美, 成玮, 等. 联合压缩感知与干扰白化的脉冲干扰抑制方法[J]. 北京航空航天大学学报, 2015, 41(8): 1367-1373.

[7] 李冬霞, 高贝贝, 刘海涛. 联合小波变换与残留干扰白化的测距仪脉冲干扰抑制方法[J]. 信号处理, 2015, 31(6):710-719.

[8] 曾孝平, 贺渊, 简鑫, 等. 基于高阶统计量的 L-DACS1 系统自适应干扰消除技术研究[J]. 电子学报, 2016, 44(10):2377-2383.

[9] KIM C K, LEE K, CHO Y S. Adaptive beamforming algorithm for OFDM systems with antenna arrays[J]. IEEE transactions on consumer electronics, 2000, 46(4):1052-1058.

[10] HARA S, HANE S, HARA Y. Simple-steering OFDM adaptive array antenna for Doppler-shifted signal suppression [J]. IEEE transactions on vehicular technology, 2005, 54(1):91-99.

[11] JENG S S, TSUNG C W, CHANG F P. WLAN smart antenna with Bluetooth interference reduction [J]. IET communications, 2008, 2(8):1098-1107.

[12] 刘海涛, 刘亚洲, 等. 联合 DOA 估计与主波束形成的干扰抑制方法[J]. 哈尔滨工业大学学报, 2016, 48(11): 103-108.

[13] 刘海涛, 刘亚洲, 成玮, 等.联合正交投影与盲波束形成的干扰抑制方法[J].系统工程与电子技术, 2015, 37(8): 1880-1886.

[14] 刘海涛, 刘亚洲, 张学军. 联合正交投影与 CLEAN 的测距仪脉冲干扰抑制方法[J].信号处理, 2015, 31(5):536-543.

[15] 毛维平, 李国林, 谢鑫. 均匀圆阵相干信源二维波达方向估计[J]. 系统工程与电子技术, 2013, 35(8):1596-1601.

[16] BUCKLEY K M. Spatial/spectral filtering with linearly constrained minimum variance beamformers [J]. IEEE transactions on acoustics, speech and signal processing, 1987, 35(3): 249-266.

[17] HAAS E. Aeronautical channel modeling [J]. IEEE transactions on vehicular technology, 2002, 51(2):254-264.

[18] SAJATOVIC M, HAINDL B, EHAMMER M T, et al. LDACS1 system definition proposal: deliverable D2[Z]. Edition 1.0, Brussels, Belgium, Europe:European air Traffic Management, 2009.

[19] 张贤达. 矩阵分析与应用[M].北京: 清华大学出版社, 2004:589-620.

[20] LI J, STIOICA P. Efficient Mixed-spectrum Estimation with Applications to Target Feature Extraction [J]. IEEE transaction on signal processing, 1996, 44(2):281-295.

[21] STOICA P, MOSES R L. Spectrum Analysis of signals [M]. United States of America: PRENTICE HALL, Upper Saddle River, NJ:Prentice Hall, 2005: 286-319.

第8章　频率选择性瑞利衰落信道 OFDM 接收机脉冲熄灭门限设置方法

8.1　引言

围绕 OFDM 接收机脉冲干扰抑制问题，国内外研究现状如下：文献[1,2]首先建立了脉冲噪声的数学模型；为了定量比较脉冲噪声对单载波及多载波通信系统链路差错性能的影响，文献[3]研究了脉冲噪声对单载波及多载波通信系统链路差错率的影响，此外，文献[4]在脉冲噪声信道下理论分析给出了 OFDM 系统的比特差错率计算公式，文献[5]进一步将文献[4]的研究结果推广到编码 OFDM 系统。

为了提高脉冲噪声环境下 OFDM 系统的传输可靠性，文献[6,7]首次提出了脉冲熄灭与脉冲限幅的脉冲干扰抑制方法；为了将脉冲熄灭与脉冲限幅方法应用于 OFDM 系统，需要解决两个方面的关键问题：①脉冲熄灭门限与脉冲限幅门限的最优设置问题；②脉冲熄灭导致 OFDM 信号产生子载波间干扰（inter carrier interference，ICI）问题。

为克服脉冲熄灭导致 OFDM 信号产生的 ICI，文献[8]提出迭代 ICI 干扰补偿的方法，文献[9]基于信干噪比(signal to interference plus noise ratio，SINR)最大化准则提出了时域信号合并的干扰补偿方法，文献[10]进一步提出了频域线性滤波的方法；针对 L-DACS1 接收机存在 DME 脉冲干扰问题，文献[11]将脉冲熄灭与脉冲限幅方法应用于 L-DACS1 系统 OFDM 接收机，文献[12]进一步将 ICI 干扰补偿方法应用于 L-DACS1 系统。

为解决 OFDM 接收机脉冲熄灭及脉冲限幅门限的最佳设置问题，文献[13,14]在加性高斯白噪声信道(additive white gaussian noise，AWGN)下基于输出信噪比(signal to noise ratio，SNR)最大化准则给出了脉冲熄灭门限的最优设置方法；文献[15]进一步在 AWGN 信道下给出了一种自适应的门限设置方法；文献[16-18]提出了一种基于 OFDM 信号峰值幅度的脉冲熄灭门限设置方法。

文献[15-18]给出的脉冲熄灭门限设置方法仅适用于 AWGN 信道，但在实际无线通信系统中，信道通常呈现为频率选择性衰落，因此定量分析给出频率选择性衰落信道下 OFDM 接收机脉冲熄灭门限的设置方法具有重要的意义。针对以上问题，本章提出了频率选择性瑞利衰落信道脉冲熄灭 OFDM 接收机最佳门限设置方法。首先，分析给出了脉冲熄灭 OFDM 接收机输出信干噪比的计算公式，并以此为基础，基于输出信干噪比最大化准则给出脉冲熄灭 OFDM 接收机最佳熄灭门限的设置方法；随后分析给出了脉冲熄灭 OFDM 系统的符号差错概率计算公式；最后，构建计算机仿真平台，仿真结果验证了所提出方法的正确性。

8.2　脉冲熄灭 OFDM 系统模型

图 8-1 给出脉冲熄灭 OFDM 系统的模型。信息比特序列 I 送入调制器完成符号映射，调制器输出的调制符号矢量记为 $\boldsymbol{S}=[S_0,\cdots,S_k,\cdots,S_{K-1}]^{\mathrm{T}}$，其中 K 代表调制符号矢量的长度，其第 k 个分量 S_k 为复高斯分布的随机变量，其平均功率为 $E\{|S_k|^2\}=\sigma_s^2$，随后调制符号矢量 $\boldsymbol{S}$ 通过快速傅里叶逆变换（IFFT）完成 OFDM 调制，IFFT 变换器输出信号矢量记为 $\boldsymbol{s}$，随后插入 K_g 点的循环前缀，插入循环前缀后矢量 $\boldsymbol{x}=[x_0,\cdots,x_n,\cdots,x_{K+K_g-1}]^{\mathrm{T}}$ 表示为

$$\boldsymbol{x}=\boldsymbol{P}_{\text{in}}\cdot\boldsymbol{s} \tag{8-1}$$

其中，$\boldsymbol{P}_{\text{in}}$ 代表 OFDM 系统循环前缀插入矩阵：

$$\boldsymbol{P}_{\text{in}}=\begin{bmatrix}\boldsymbol{0}_{K_g\times(K-K_g)} & \boldsymbol{I}_{K_g}\\ \boldsymbol{I}_K & \end{bmatrix}_{(K+K_g)\times K} \tag{8-2}$$

其中，$\boldsymbol{0}_{K_g\times(K-K_g)}$ 是一个 $K_g\times(K-K_g)$ 的零矩阵；$\boldsymbol{I}_K$ 是一个 $K\times K$ 的单位矩阵。最后，发射信号 $\boldsymbol{x}$ 被送入频率选择性衰落信道传播。

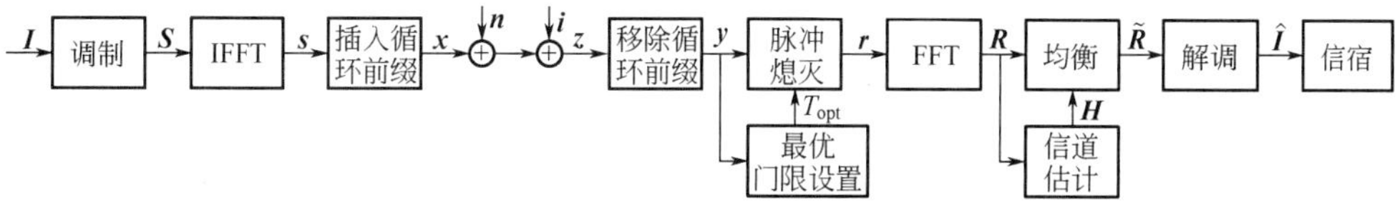

图 8-1　脉冲熄灭 OFDM 系统模型

在接收机中，假设已建立 OFDM 符号定时同步，则一个 OFDM 符号周期内，接收到的离散样值信号表示为 $\boldsymbol{z}$，信号矢量 $\boldsymbol{z}$ 移除 K_g 点循环前缀后记为 $\boldsymbol{y}=[y_0,\cdots,y_n,\cdots,y_{K-1}]^{\mathrm{T}}$：

$$\boldsymbol{y}=\boldsymbol{P}_{\text{out}}\cdot\boldsymbol{z} \tag{8-3}$$

其中，$\boldsymbol{P}_{\text{out}}=[\boldsymbol{0}_{K\times K_g}\quad \boldsymbol{I}_K]$，代表 OFDM 接收机循环前缀移除矩阵，根据 OFDM 系统工作原理，移除循环前缀后信号矢量 $\boldsymbol{y}$ 表示为

$$\boldsymbol{y}=\boldsymbol{s}\otimes\boldsymbol{h}+\boldsymbol{n}+\boldsymbol{i} \tag{8-4}$$

其中，$\boldsymbol{s}$ 代表发送信号矢量；$\otimes$ 表示循环卷积运算；$\boldsymbol{h}=[h_0,\cdots,h_l,\cdots,h_{L-1}]$ 代表 L 径离散时间信道冲激响应矢量，$\{h_l,l=0,\cdots,L-1\}$ 各个分量统计独立，且信道衰落系数在单个 OFDM 符号周期传输期间保持恒定不变，假设信道总功率是归一的，即 $\sum\limits_{l=0}^{L-1}E\{|h_l|^2\}=1$；$\boldsymbol{n}=[n_0,\cdots,n_n,\cdots,n_{K-1}]^{\mathrm{T}}$ 代表信道输入的复高斯白噪声信号矢量，其第 n 个分量 n_n 为均值为 0，方差为 σ_n^2 的复高斯随机变量，则接收机输入信噪比定义为 $\mathrm{SNR}\equiv\sigma_s^2/\sigma_n^2$；$\boldsymbol{i}=[i_0,\cdots,i_n,\cdots,i_{K-1}]^{\mathrm{T}}$ 代表信道输入的脉冲噪声信号矢量，i_n 建模为伯努利–高斯分布的随

机变量，其建模为

$$i_n = b_n \cdot g_n, \quad n = 0,1,\cdots,K-1 \tag{8-5}$$

其中，随机变量b_n服从伯努利分布，在第n个采样时刻存在脉冲噪声的概率为p，即$P_r(b_n = 1) = p$；随机变量g_n为均值为 0、方差为σ_g^2的复高斯分布随机变量，OFDM 接收机的输入信干比（SIR）定义为$\text{SIR} \equiv \sigma_s^2 / \sigma_g^2$。随后信号矢量$\boldsymbol{y}$进一步送入脉冲熄灭器消除脉冲噪声，脉冲熄灭器输出的信号矢量记为$\boldsymbol{r} = [r_0,\cdots,r_n,\cdots,r_{K-1}]^{\mathrm{T}}$：

$$\boldsymbol{r} = \boldsymbol{Q} \cdot \boldsymbol{y} \tag{8-6}$$

其中，$\boldsymbol{Q} = \text{diag}(q_0,\cdots,q_n,\cdots,q_{K-1})$代表脉冲熄灭器的脉冲熄灭矩阵，$\boldsymbol{Q}$矩阵的第$n$个分量$q_n$取值为

$$q_n = \begin{cases} 0, & |y_n| \geqslant T_{\mathrm{h}} \\ 1, & |y_n| < T_{\mathrm{h}} \end{cases} \tag{8-7}$$

其中，T_{h}代表脉冲熄灭器的脉冲熄灭门限。脉冲熄灭后输出信号矢量$\boldsymbol{r}$进一步经过K点快速傅里叶变换（FFT）完成OFDM 解调，FFT 输出的信号矢量记为$\boldsymbol{R} = [R_0,\cdots,R_k,\cdots,R_{K-1}]^{\mathrm{T}}$：

$$\boldsymbol{R} = \boldsymbol{F} \cdot \boldsymbol{r} \tag{8-8}$$

其中，$\boldsymbol{F}$代表 FFT 变换矩阵。假使接收机精确知晓信道的冲激响应矢量$\boldsymbol{h}$，则经过 FFT 后得到信道的频域响应$\boldsymbol{H}$：

$$\boldsymbol{H} = \boldsymbol{F} \cdot \boldsymbol{h} \tag{8-9}$$

随后，FFT 变换器输出信号矢量$\boldsymbol{R}$送入均衡器消除信道失真，信道均衡器输出信号表示为$\tilde{\boldsymbol{R}} = [\tilde{R}_0,\cdots,\tilde{R}_k,\cdots,\tilde{R}_{K-1}]^{\mathrm{T}}$，其中第$k$个矢量$\tilde{R}_k$记为

$$\tilde{R}_k = \frac{H_k^*}{|H_k|^2} \cdot R_k, \quad k = 0,\cdots,K-1 \tag{8-10}$$

最后，均衡器输出的信号矢量$\tilde{\boldsymbol{R}}$送入解调器完成信号解调，解调器输出的比特序列$\hat{\boldsymbol{I}}$为发送信息比特$\boldsymbol{I}$的估计值。

8.3 频率选择性衰落信道脉冲熄灭门限设置方法

本节首先分析给出脉冲熄灭OFDM 接收机解调器输出 SINR 的计算公式，随后以此为基础分析给出脉冲熄灭 OFDM 接收机最佳脉冲门限设置方法。

8.3.1 脉冲熄灭 OFDM 接收机解调器输出 SINR

将式（8-4）代入式（8-6），脉冲熄灭器输出信号矢量$\boldsymbol{r}$表示为

$$\boldsymbol{r} = \boldsymbol{Q} \cdot (\boldsymbol{s} \otimes \boldsymbol{h}) + \boldsymbol{Q} \cdot \boldsymbol{n} + \boldsymbol{Q} \cdot \boldsymbol{i} \tag{8-11}$$

其中，$\boldsymbol{r}$矢量的第n个分量进一步表示为

$$r_n = q_n \cdot \sum_{j=0}^{K-1} s_j h_{(n-j)} + q_n \cdot n_n + q_n \cdot b_n \cdot g_n \tag{8-12}$$

考虑到参量 q_n 与 b_n 的取值为 0 或 1，则 r_n 进一步化简为

$$r_n = \sum_{j=0}^{K-1} s_j h_{(n-j)} + \tilde{i}_n, \quad n = 0,1,\cdots,K-1 \tag{8-13}$$

其中，$\tilde{i}_n$ 表示脉冲熄灭器输出信号的等效噪声分量，其表示为

$$\tilde{i}_n = \begin{cases} -\sum_{j=0}^{K-1} s_j h_{(n-j)} & q_n = 0, \quad b_n = 1 \\ n_n + g_n & q_n = 1, \quad b_n = 1 \\ -\sum_{j=0}^{K-1} s_j h_{(n-j)} & q_n = 0, \quad b_n = 0 \\ n_n & q_n = 1, \quad b_n = 0 \end{cases} \tag{8-14}$$

利用本章附录 A 的推导，可得到等效噪声各个事件出现的概率，利用本章附录 B 给出的结果可得到等效噪声的条件方差。联合式（8-14）及本章附录 A 与附录 B 的结果，可计算得到等效噪声 $\tilde{i}_n$ 的方差为

$$\begin{aligned} E\left\{\left|\tilde{i}_n\right|^2\right\} &= p \cdot \alpha \cdot \left(2 + \frac{T_{\mathrm{h}}^2}{(\sigma_A^2)^2}\right) + 2p \cdot (1-\alpha) \cdot (\sigma_n^2 + \sigma_g^2)\left[1 - \frac{(\sigma_n^2 + \sigma_g^2)T_{\mathrm{h}}^2}{2(\sigma_A^2)^2(\alpha^{-1}-1)}\right] \\ &\quad + (1-p) \cdot \beta \cdot \left(2 + \frac{T_{\mathrm{h}}^2}{(\sigma_B^2)^2}\right) + 2(1-p) \cdot (1-\beta) \cdot \sigma_n^2 \left[1 - \frac{\sigma_n^2 T_{\mathrm{h}}^2}{2(\sigma_B^2)^2(\beta^{-1}-1)}\right] \end{aligned} \tag{8-15}$$

其中，$\alpha = \exp\left(-\frac{T_{\mathrm{h}}^2}{2\sigma_A^2}\right)$；$\beta = \exp\left(-\frac{T_{\mathrm{h}}^2}{2\sigma_B^2}\right)$。

结合式（8-11）与式（8-8），可得到 FFT 输出信号矢量 $\boldsymbol{R}$ 的第 k 个分量表示为

$$\begin{aligned} R_k &= S_k \cdot H_k + \frac{1}{\sqrt{K}} \sum_{n=0}^{K-1} \tilde{i}_n \mathrm{e}^{-2\pi \mathrm{j}\frac{k \cdot n}{K}} \\ &= S_k \cdot H_k + \tilde{I}_k \end{aligned} \tag{8-16}$$

其中，$\tilde{I}_k = \frac{1}{\sqrt{K}} \sum_{n=0}^{K-1} \tilde{i}_n \mathrm{e}^{-2\pi \mathrm{j}\frac{k \cdot n}{K}}$ 代表第 k 个子信道输出的频域等效噪声分量。假使第 k 个子信道的频域响应 $|H_k|$ 给定情况下，则 OFDM 解调器输出的瞬时 SINR 计算公式为

$$\gamma_k = \frac{E\left\{|S_k|^2\right\}}{E\left\{|I_k|^2\right\}} |H_k|^2 \tag{8-17}$$

考虑到 FFT 矩阵为酉变换矩阵，因此 FFT 变换前后信号的统计特性保持不变，即 $E\left\{|I_k|^2\right\} = E\left\{\left|\tilde{i}_n\right|^2\right\}$，则解调器输出瞬时 SINR 化简为

$$\gamma_k = \frac{\sigma_{\mathrm{s}}^2}{E\left\{\left|\tilde{i}_n\right|^2\right\}} |H_k|^2 \tag{8-18}$$

其中，$E\left\{\left|\tilde{i}_n\right|^2\right\}$ 的计算结果由式（8-15）给出。

8.3.2 脉冲熄灭器的最佳熄灭门限

在频率选择性瑞利衰落信道环境下，信道频域响应 $\boldsymbol{H}$ 的第 k 个分量表示为 $H_k = \sum_{l=0}^{L-1} h_l \mathrm{e}^{-\mathrm{j}2\pi\frac{kl}{K}}$（$k = 0,1,\cdots,K-1$），由于 $h_l \sim \mathcal{CN}(0,\sigma_l^2)$（$l = 0,1,\cdots,L-1$），且 $\sum_{l=0}^{L-1}\sigma_l^2 = 1$，因此 H_k 服从均值为 0、方差为 1 的高斯分布，则 $\left|H_k\right|^2$ 服从自由度为 2 的 χ^2 分布，且 $E\left\{\left|H_k\right|^2\right\} = 1$。

在给定信号功率 σ_s^2、噪声功率 σ_n^2、干扰功率 σ_g^2 及脉冲噪声出现概率 p 的条件下，$E\left\{\left|\tilde{i}_n\right|^2\right\}$ 是一个常数项，由于 $\left|H_k\right|^2$ 服从自由度为 2 的 χ^2 分布，因此解调器输出瞬时 SINR γ_k 也服从自由度为 2 的 χ^2 分布，则 OFDM 接收机解调器第 k 个子信道的平均 SINR 表示为

$$\overline{\gamma}_k = \frac{\sigma_{\mathrm{s}}^2}{E\left\{\left|\tilde{i}_n\right|^2\right\}} \tag{8-19}$$

其中，$E\left\{\left|\tilde{i}_n\right|^2\right\}$ 由式（8-15）给出。

根据式（8-15）和式（8-19）的计算结果，OFDM 解调器输出平均 SINR 仅与 σ_s^2、σ_n^2、σ_g^2、脉冲噪声出现概率 p 及脉冲熄灭门限 T_{h} 有关。假设 σ_s^2、σ_n^2、σ_g^2 及 p 给定，则解调器输出平均 SINR 仅是脉冲熄灭门限 T_{h} 的函数，因此基于解调器输出 SINR 最大化准则，可得到脉冲熄灭 OFDM 接收机的最佳熄灭门限，即最佳脉冲熄灭门限表示为

$$T_{\mathrm{opt}} = \max_{T_{\mathrm{h}}}(\overline{\gamma}_k) \tag{8-20}$$

通过对脉冲熄灭门限求导的方法，可获得最佳脉冲熄灭门限：

$$\frac{\partial \ln(\overline{\gamma}_k)}{\partial T_{\mathrm{h}}} = 0 \tag{8-21}$$

将式（8-19）的结果代入式（8-21），经过一系列复杂的数学运算，并考虑脉冲噪声功率远高于信号功率，最后可得到脉冲熄灭 OFDM 接收机的最佳脉冲熄灭门限为

$$T_{\mathrm{opt}} \approx \sqrt{\frac{2\sigma_A^2 \cdot \sigma_B^2}{\sigma_A^2 - \sigma_B^2}} \cdot \sqrt{\ln\left[\frac{(\sigma_A^2)^2 \cdot (\sigma_s^2 - \sigma_n^2) \cdot (p-1)}{(\sigma_B^2)^2 \cdot (\sigma_s^2 - \sigma_n^2 - \sigma_g^2) \cdot p}\right]} \tag{8-22}$$

由式（8-22）可知，最佳脉冲熄灭门限取决于信号功率 σ_s^2、噪声功率 σ_n^2、脉冲噪声功率 σ_g^2 及脉冲噪声出现概率 p。当脉冲噪声功率远高于信号功率时，即 $\sigma_g^2 \gg \sigma_s^2$，且 $p \neq 0$ 时，式（8-22）给出的最佳门限设置方法与参考文献[14]给出的结果完全一致。

8.3.3 脉冲熄灭 OFDM 接收机符号差错概率

在 AWGN 信道下，对于采用 QPSK 调制的 OFDM 系统，根据参考文献[19]可知，

OFDM 系统第 k 个子信道的符号差错概率计算公式为

$$P_{k,\mathrm{QPSK}}^{\mathrm{AWGN}}=1-[1-Q(\sqrt{\gamma_k})]^2 \tag{8-23}$$

其中，$Q(x)=\dfrac{1}{\pi}\int_0^{\frac{\pi}{2}}\exp\left(-\dfrac{x^2}{2\sin^2\theta}\right)\mathrm{d}\theta$。

当信道存在脉冲噪声时，脉冲熄灭 OFDM 接收机脉冲熄灭器输出信号中除了包含期望信号和高斯噪声以外，还包含残留脉冲噪声信号分量，通过 FFT 处理后，残留脉冲噪声信号被均匀地散布到频域各个子信道中，因此脉冲熄灭 OFDM 接收机解调器各个子信道具有相同的信干噪比，脉冲熄灭 OFDM 接收机各个子信道具有相同的符号差错性能，则系统总符号差错概率计算公式为

$$\begin{aligned}P_{\mathrm{QPSK}}^{\mathrm{AWGN}}&=\frac{1}{K}\sum_{k=0}^{K-1}P_{k,\mathrm{QPSK}}^{\mathrm{AWGN}}\\&=P_{k,\mathrm{QPSK}}^{\mathrm{AWGN}}\end{aligned} \tag{8-24}$$

当采用 8PSK 调制时，参考文献[19]，脉冲熄灭 OFDM 接收机第 k 个子信道的符号差错概率计算公式为

$$P_{k,8\mathrm{PSK}}^{\mathrm{AWGN}}=\mathrm{erfc}\left(\sqrt{\gamma_k}\sin\frac{\pi}{M}\right) \tag{8-25}$$

其中，$\mathrm{erfc}(\bullet)$ 代表互补误差函数，$\mathrm{erfc}(x)=\dfrac{2}{\sqrt{\pi}}\int_x^{\infty}\mathrm{e}^{-t^2}\mathrm{d}t$。同理，采用 8PSK 调制时，脉冲熄灭 OFDM 接收机总符号差错概率计算公式为

$$\begin{aligned}P_{8\mathrm{PSK}}^{\mathrm{AWGN}}&=\frac{1}{K}\sum_{k=0}^{K-1}P_{k,8\mathrm{PSK}}^{\mathrm{AWGN}}\\&=P_{k,8\mathrm{PSK}}^{\mathrm{AWGN}}\end{aligned} \tag{8-26}$$

在频率选择性瑞利衰落信道下，考虑到 γ_k 是服从自由度为 2 的 χ^2 分布，OFDM 接收机第 k 个子信道输出的平均 SINR 为 $\bar{\gamma}_k=\sigma_s^2\Big/E\left\{\left|\tilde{i}_n\right|^2\right\}$，因此 γ_k 的概率密度函数为

$$p(\gamma_k)=\frac{1}{\bar{\gamma}_k}\mathrm{e}^{-\frac{\gamma_k}{\bar{\gamma}_k}},\quad \gamma_k\geqslant 0,k=0,\cdots,K-1 \tag{8-27}$$

当采用 MPSK 调制时，脉冲熄灭 OFDM 接收机第 k 个子信道的条件符号差错概率（SER）为

$$P_{e,\mathrm{MPSK}}(\gamma_k)=\frac{1}{\pi}\int_0^{(M-1)\pi/M}\exp\left(-\gamma_k\cdot\frac{\sin^2(\pi/M)}{\sin^2\theta}\right)\mathrm{d}\theta \tag{8-28}$$

利用式（8-27）给出的概率密度函数，对式（8-28）的条件差错概率进行统计平均，可得到无条件符号差错概率为

$$\begin{aligned}P_{k,\mathrm{MPSK}}&=\int_0^{\infty}P_{e,\mathrm{MPSK}}(\gamma_k)\cdot p(\gamma_k)\mathrm{d}\gamma_k\\&=\left(\frac{M-1}{M}\right)\left\{1-\sqrt{\frac{g\bar{\gamma}_k}{1+g\bar{\gamma}_k}}\frac{M}{(M-1)\pi}\times\left[\frac{\pi}{2}+\arctan\left(\sqrt{\frac{g\bar{\gamma}_k}{1+g\bar{\gamma}_k}}\cos\frac{\pi}{M}\right)\right]\right\}\end{aligned} \tag{8-29}$$

其中，$g=\frac{\sqrt{M}-1}{\sqrt{M}}$。进一步考虑到脉冲熄灭 OFDM 接收机各个子信道具有相同的符号差错概率，因此脉冲熄灭 OFDM 接收机总符号差错概率计算公式为

$$\begin{aligned} P_{\text{MPSK}} &= \frac{1}{K}\sum_{k=0}^{K-1} P_{k,\text{MPSK}} \\ &= P_{k,\text{MPSK}} \end{aligned} \tag{8-30}$$

其中，$P_{k,\text{MPSK}}$ 为式（8-29）的计算结果。

8.3.4 仿真参数设置

为验证本章提出的脉冲熄灭 OFDM 接收机最佳门限设置方法的正确性，本章设计了脉冲熄灭 OFDM 仿真系统，仿真系统的主要技术参数如表 8-1 所示。

表 8-1　仿真参数设置[20]

参数	取值
总载波个数	1024
循环前缀长度	32
调制方式	QPSK 8PSK
信道类型	AWGN 信道 10 径频率选择性衰落信道
脉冲噪声	伯努利-高斯噪声
脉冲噪声抑制方法	脉冲熄灭
脉冲噪声位置估计方法	理想位置估计
信道估计器	理想信道估计
均衡器	线性迫零均衡器

在仿真实验过程中，理论的符号差错概率计算步骤如下：首先，给定脉冲噪声出现的概率 p，接收机输入 SNR 及 SIR；然后，根据式（8-19）和式（8-22）计算得到脉冲熄灭解调器输出的平均 SINR；最后，利用式（8-24）和式（8-26）及式（8-30）理论计算得到系统的符号差错概率。

8.3.5 仿真结果

图 8-2 所示为 QPSK 调制时，脉冲熄灭门限与解调器输出 SINR 的关系曲线（多径信道，QPSK，SIR=−15dB，SNR=25dB）。图 8-2 共包含 3 条曲线，标注“•”的曲线代表脉冲噪声出现概率 $p=0.01$，标注“*”的曲线代表脉冲噪声出现概率 $p=0.05$，标注“+”的曲线代表脉冲噪声出现概率 p=0.1。

图 8-2 中 3 条曲线比较表明：①解调器输出 SINR 是脉冲熄灭门限 T_{h} 的上凸函数，即一定存在最佳脉冲熄灭门限值使得输出 SINR 最大化；②在输入 SNR 与 SIR 给定情况下，随着脉冲噪声出现概率 p 的减少，输出 SINR 逐渐增加，极限情况下，当脉冲噪声出现概率为零时，输出 SINR 等于输出 SNR；③在输入 SNR 与 SIR 给定情况下，随着脉冲噪声出现概率 p 的减少，脉冲熄灭 OFDM 接收机的最佳门限值趋于增大。

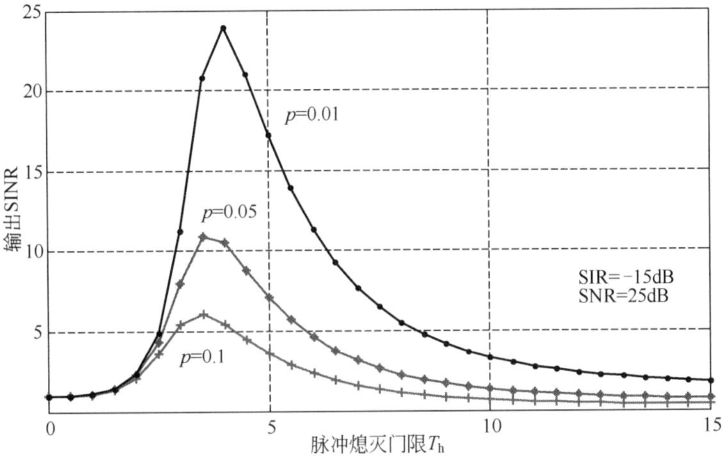

图 8-2　脉冲熄灭门限与解调器输出 SINR 的关系曲线

（QPSK 调制，SIR=-15dB，SNR=25dB）

图 8-3 所示为符号差错概率与脉冲熄灭门限值的关系曲线（AWGN 信道，QPSK 调制）。图 8-3 共包含两条曲线，其中，虚线代表计算机仿真获得的符号差错概率曲线，实线代表理论计算的符号差错概率曲线。图 8-4 所示为符号差错概率与脉冲熄灭门限值的关系曲线（频率选择性瑞利衰落信道，QPSK 调制）。图 8-4 共有两条曲线，其中虚线代表计算机仿真曲线，实线代表理论计算得到的符号差错概率曲线。

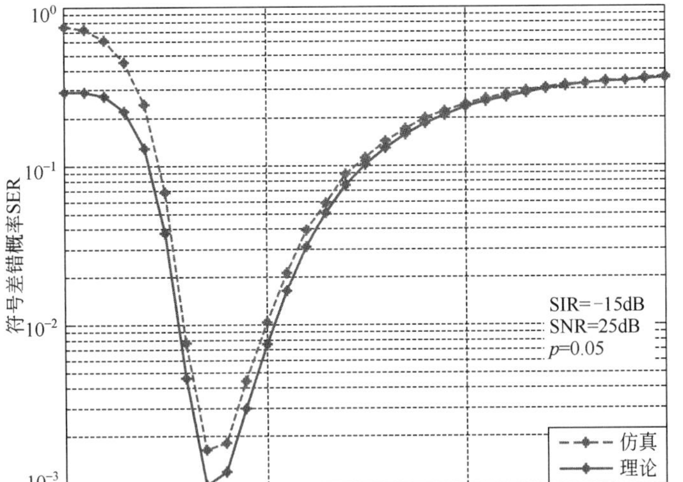

图 8-3　符号差错概率与脉冲熄灭门限值的关系曲线

（AWGN 信道，QPSK 调制）

根据图 8-3 与图 8-4 所示曲线可得到以下结果：①当脉冲熄灭门限较高时，理论符号差错概率与仿真获得符号差错概率完全一致；当脉冲熄灭门限较低时，由于式（8-22）并不成立，因此理论给出的符号差错概率与仿真差错性能出现较大的偏差；②系统符号差错概率是脉冲熄灭门限的下凹函数，即一定存在最佳的脉冲熄灭门限值使得系统的符号差错概率最小化；③AWGN 及频率选择性瑞利衰落信道下，最佳门限值取值为 3.5。

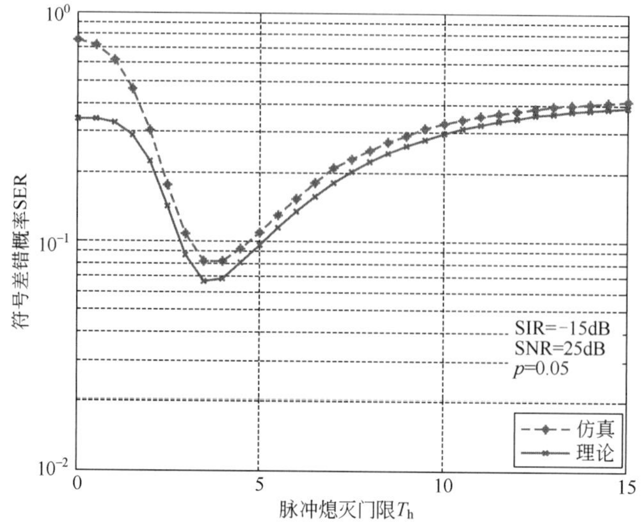

图 8-4　符号差错概率与脉冲熄灭门限值的关系曲线

（频率选择性瑞利衰落信道，QPSK 调制）

图 8-5 及图 8-6 所示为 AWGN 信道和频率选择性衰落信道下的符号差错概率与脉冲熄灭门限值的关系曲线（8PSK 调制）。每图均包含两条曲线，其中虚线代表计算机仿真获得的符号差错概率曲线，实线代表理论计算获得的符号差错概率曲线。图 8-5 与图 8-6 获得的结果与图 8-3 和图 8-4 完全一致。

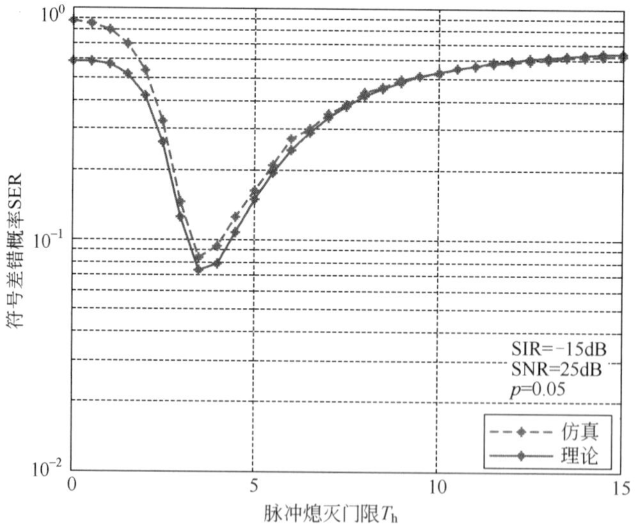

图 8-5　符号差错概率与脉冲熄灭门限值的关系曲线

（AWGN 信道，8PSK 调制）

图 8-7 所示为最佳脉冲熄灭门限与 SIR 的关系曲线（频率选择性瑞利衰落信道，QPSK 调制，SNR=25dB）。图 8-7 共包含 3 条曲线，从上到下各曲线的脉冲噪声出现概

率依次为0.01、0.05、0.1。由图 8-7 所示曲线可观测得到以下结果：①在输入 SIR 给定情况下，随着脉冲噪声出现概率的增加，脉冲熄灭门限的最佳值趋于减小；②当 SIR 取值较小时，意味着脉冲噪声功率远高于 OFDM 信号功率，脉冲熄灭的最佳门限值迅速增加；③当脉冲噪声出现概率 p 设置为 0.05，输入 SIR 设置为−15dB 时，脉冲熄灭门限的最佳值为 3.6，与图 8-3 及图 8-4 观测结果保持一致。

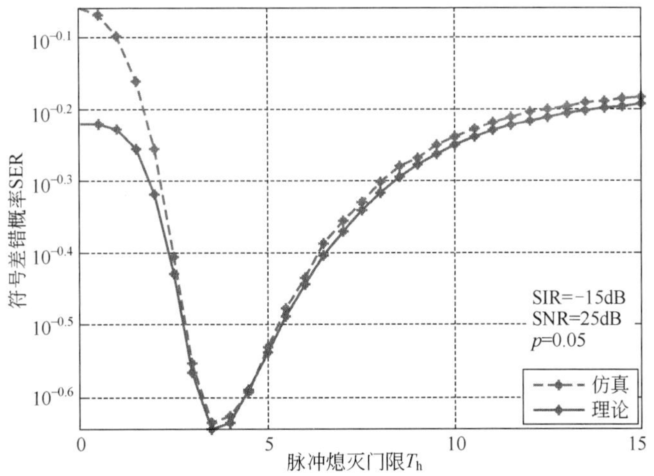

图 8-6　符号差错概率与脉冲熄灭门限值的关系曲线

（频率选择性瑞利衰落信道，8PSK 调制）

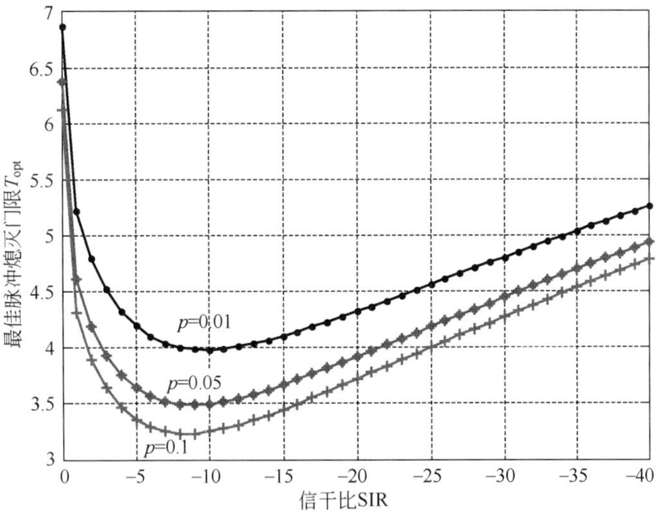

图 8-7　最佳脉冲熄灭门限与输入信干比的关系曲线

（频率选择性瑞利衰落信道，QPSK 调制，SNR=25dB）

图 8-8 所示为输出 SINR 与输入 SIR 的关系曲线（频率选择性瑞利衰落信道，QPSK 调制，SNR = 25dB）。观测结果如下：①随着脉冲噪声出现概率的降低，解调器输出 SINR 趋于增加；②当脉冲噪声功率远高于 OFDM 信号功率时，输出的 SINR 曲线呈现饱和态势。

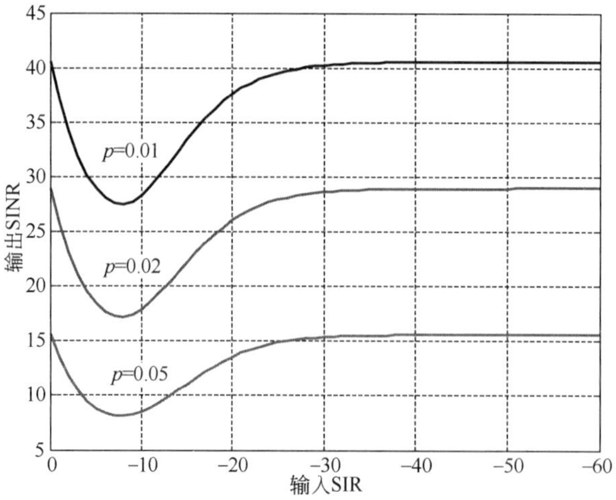

图 8-8　输出 SINR 与输入 SIR 的关系曲线
（频率选择性瑞利衰落信道，QPSK 调制，SNR=25dB）

8.4　本章小结

针对脉冲熄灭 OFDM 接收机最佳门限设置问题，在频率选择性衰落信道环境下理论分析给出脉冲熄灭 OFDM 接收机脉冲熄灭门限的最优设置方法，并通过计算机仿真实验验证了所提出门限设置方法的正确性。

本章研究结论如下：①脉冲熄灭 OFDM 接收机的符号差错概率是脉冲熄灭门限的凹函数，即一定存在一个最优门限值使脉冲熄灭 OFDM 系统的符号差错概率最小化；②最佳脉冲熄灭门限值决定于信号功率、高斯白噪声功率、脉冲噪声功率及脉冲噪声出现概率；③脉冲熄灭方法适合于消除稀疏性的脉冲噪声。

参 考 文 献

[1] BLACKARD K L, RAPPAPORT T S, BOSTIAN C W. Measurements and models of radio frequency impulsive noise for indoor wireless communications[J]. IEEE journal on selected areas in communication, 1993, 11(7):991-1001.

[2] ZIMMERMANN M, DOSTERT K. Analysis and modeling of impulsive noise in broad band powerline communications[J]. IEEE transaction on electromagnetic compatibility, 2002, 44(1):249-258.

[3] GHOSH M. Analysis of the effect of impulsive noise on multicarrier and single carrier QAM systems[J]. IEEE transaction on communications, 1996, 44(2):145-147.

[4] MA Y H, SO P L, GUNAWAN E. Performance analysis of OFDM systems for broadband power line communications under impulsive noise and multipath effects[J]. IEEE transactions on power delivery, 2005, 20(2):674-682.

[5] AMIRSHAHI P, NAVIDPOUR S M, KAVEHRAD M. Performance analysis of uncoded and coded OFDM broadband transmission over low voltage power-line channels with impulsive noise[J]. IEEE transactions on power delivery, 2006, 21(4): 1927-1934.

[6] HAFFENDEN O P. Detection and removal of clipping in multicarrier receiver: EP1043874[P]. 2000-10-11.

[7] COWLEY N P, PAYNE A, DAWKINS M. COFDM tuner with impulse noise reduction: EP1180851[P]. 2003-10-12.

[8] YIH C H. Iterative interference cancellation for OFDM signals with blanking nonlinearity in impulsive noise channels[J]. IEEE signal processing letters, 2012, 19(3):147-150.

[9] EPPLE U, SHUTIN D, SCHNELL M. Mitigation of impulsive frequency-selective interference in OFDM based systems[J]. IEEE wireless communications letters, 2012, 1(5):484-487.

[10] DARSENA D, GELLI G, MELITO F. Ici-free equalization in OFDM systems with blanking preprocessing at the receiver for impulsive noise mitigation[J]. IEEE signal processing letters, 2015, 22(9):1321-1325.

[11] Epple U, Schnell M. Overview of interference situation and mitigation techniques for LDACS1[C]// IEEE/AIAA 30th Digital Avionics Systems Conference, Piscataway, NJ: IEEE Press, 2011: 4C5-1-4C5-12.

[12] BRANDES S, EPPLE U, SCHNELL M. Compensation of the impact of interference mitigation by pulse blanking in OFDM systems[C]// IEEE Global Telecommunications Conference, Piscataway, NJ:IEEE Press, 2009:1-6.

[13] ZHIDKOV S V. Analysis and comparison of several simple impulsive noise mitigation schemes for ofdm receivers[J]. IEEE transactions on communications, 2008, 56(1):5-9.

[14] ZHIDKOV S V. Performance analysis and optimization of OFDM receiver with blanking nonlinearity in impulsive noise environment[J]. IEEE transactions on vehicular technology, 2006, 55(1):234-242.

[15] EPPLE U, SCHNELL M. Adaptive threshold optimization for a blanking nonlinearity in OFDM receivers[C]// IEEE Global Communications Conference, Piscataway, NJ:IEEE Press，2012:3661-3666.

[16] ALSUSA E, RABIE K M. Dynamic peak-based threshold estimation method for mitigating impulsive noise in power-line communication systems[J]. IEEE transactions on power delivery, 2013, 28(4):2201-2208.

[17] RABIE K M, ALSUSA E. Quantized peak-based impulsive noise blanking in power-line communications [J]. IEEE transactions on power delivery, 2014, 29(4):1630-1638.

[18] ALI Z, AYAZ F, PARK C S. Optimized threshold calculation for blanking nonlinearity at OFDM receivers based on impulsive noise estimation[J]. Journal on wireless communications and networking, 2015(1):191-198.

[19] SIMON M K, ALOUINI M S. Digital communications over fading channels[M] 2nd ed. New York:John Wiley and Sons, Publishing House: 2005:157-191.

[20] LIU H T, CONG W, WANG L, et al. Symbol error rate performance of nonlinear OFDM receiver with peak value threshold over frequency selective fading channe[J]. International journal of electronics and communications, 2017, 74:163-170.

[21] BANELLI P, RUGINI L. Impulsive noise mitigation for wireless OFDM[C]// 2015 IEEE 16th International Workshop on Signal Processing Advances in Wireless Communications, 2015:346-350.

附　　录

附录 A　事件 q_n 与 b_n 的联合概率

在式（8-4）中，接收信号矢量 $\boldsymbol{y}$ 的第 n 个分量 y_n 如果包含脉冲噪声，则 $b_n=1$，因此信号 y_n 可表示为

$$y_n=\sum_{j=0}^{K-1}s_jh_{(n-j)}+n_n+g_n \qquad \text{(A-1)}$$

由于信号分量 $\sum_{j=0}^{K-1} s_j h_{(n-j)} \sim \mathcal{CN}(0,\sigma_s^2)$，且信号分量 $\sum_{j=0}^{K-1} s_j h_{(n-j)}$ 、高斯白噪声分量 n_n 及脉冲干扰分量 g_n 是不相关的，因此接收信号 y_n 服从均值为0、方差为 $\sigma_s^2+\sigma_n^2+\sigma_g^2$ 的复高斯分布，即 $y_n \sim \mathcal{CN}(0,\sigma_s^2+\sigma_n^2+\sigma_g^2)$，则 $|y_n|$ 服从瑞利分布，其概率密度函数表示为

$$f\left(|y_n| \mid b_n=1\right)=\frac{|y_n|}{\sigma_A^2}\exp\left(-\frac{|y_n|^2}{2\sigma_A^2}\right) \tag{A-2}$$

其中，$\sigma_A^2=\sigma_s^2+\sigma_n^2+\sigma_g^2$。

如果信号 y_n 的幅值高于脉冲熄灭门限，信号 y_n 被熄灭为 0，则信号 y_n 包含脉冲噪声，且信号 y_n 被熄灭事件的联合概率为

$$\begin{aligned}P(q_n=0,b_n=1)&=P\left(|y_n|\geqslant T_{\mathrm{h}} \mid b_n=1\right)\cdot P(b_n=1)\\&=p\cdot\int_{T_{\mathrm{h}}}^{\infty} f\left(|y_n| \mid b_n=1\right)\cdot \mathrm{d}|y_n|\\&=p\cdot\exp\left(-\frac{T_{\mathrm{h}}^2}{2\sigma_A^2}\right)\end{aligned} \tag{A-3}$$

如果信号 y_n 的幅值小于脉冲熄灭门限，y_n 没有被熄灭，则信号 y_n 包含脉冲噪声，且没有被熄灭事件的联合概率为

$$\begin{aligned}P(q_n=1,b_n=1)&=P\left(|y_n|<T_h \mid b_n=1\right)\cdot P(b_n=1)\\&=p\cdot\left[1-\exp\left(-\frac{T_{\mathrm{h}}^2}{2\sigma_A^2}\right)\right]\end{aligned} \tag{A-4}$$

如果信号 y_n 不包含脉冲噪声，即 $b_n=0$，此时 y_n 被表示为

$$y_n=\sum_{j=0}^{K-1} s_j h_{(n-j)}+n_n \tag{A-5}$$

由于 $\sum_{j=0}^{K-1} s_j h_{(n-j)}$ 与 n_n 分别服从复高斯分布且不相关，故 $|y_n|$ 服从瑞利分布，其概率密度函数为

$$f\left(|y_n| \mid b_n=0\right)=\frac{|y_n|}{\sigma_B^2}\exp\left(-\frac{|y_n|^2}{2\sigma_B^2}\right) \tag{A-6}$$

其中，$\sigma_B^2=\sigma_s^2+\sigma_n^2$。

如果接收信号 y_n 的幅值高于脉冲熄灭门限，则 y_n 被熄灭为 0，则信号样值 y_n 不包含脉冲噪声，且被熄灭的联合概率为

$$\begin{aligned}P\left(q_n=0,b_n=0\right)&=P\left(|y_n|\geqslant T_{\mathrm{h}} \mid b_n=0\right)\cdot P(b_n=0)\\&=(1-p)\cdot\int_{T_{\mathrm{h}}}^{\infty} f\left(|y_n| \mid b_n=0\right)\cdot \mathrm{d}|y_n|\\&=(1-p)\cdot\exp\left(-\frac{T_{\mathrm{h}}^2}{2\sigma_B^2}\right)\end{aligned} \tag{A-7}$$

如果信号 y_n 的幅值小于脉冲熄灭门限，y_n 不被熄灭，则信号 y_n 不包含脉冲噪声，且不被熄灭事件的联合概率为

$$\begin{aligned} P\left(q_n=1,b_n=0\right)&=P\left(\left|y_n\right|<T_{\mathrm{h}}\mid b_n=0\right)\cdot P(b_n=0)\\ &=(1-p)\cdot\int_0^{T_{\mathrm{h}}} f\left(\left|y_n\right|\mid b_n=0\right)\cdot \mathrm{d}\left|y_n\right| \\ &=(1-p)\cdot\left[1-\exp\left(-\frac{T_{\mathrm{h}}^2}{2\sigma_B^2}\right)\right] \end{aligned} \tag{A-8}$$

附录 B　等效噪声分量的条件方差

在式(8-14)给出的等效噪声信号表达式中，如果接收信号 y_n 包含脉冲噪声（$b_n=1$），且信号 y_n 的幅值高于脉冲熄灭门限 $\left(\left|y_n\right|\geqslant T_{\mathrm{h}}\right)$，则等效噪声信号分量可表示为

$$\tilde{i}_n=-\sum_{j=0}^{K-1}s_j h_{(n-j)} \tag{B-1}$$

其条件方差表示为

$$\operatorname{var}\left\{-\sum_{j=0}^{K-1}s_j h_{(n-j)}\middle|q_n=0,b_n=1\right\}=E\left\{\left|-\sum_{j=0}^{K-1}s_j h_{(n-j)}\right|^2\middle|q_n=0,b_n=1\right\} \tag{B-2}$$

由于信道的衰落系数被归一化，因此式（B-2）可进一步化简为

$$\begin{aligned} E\left\{\left|-\sum_{j=0}^{K-1}s_j h_{(n-j)}\right|^2\middle|q_n=0,b_n=1\right\}&=E\left\{\left|s_n\right|^2\middle|q_n=0,b_n=1\right\}\\ &=\int_0^{\infty}\left|s_n\right|^2 f\left(\left|s_n\right|\middle|q_n=0,b_n=1\right)\cdot\mathrm{d}\left|s_n\right| \end{aligned} \tag{B-3}$$

其中，$f\left(\left|s_n\right|\middle|q_n=0,b_n=1\right)$ 表示 $\left|s_n\right|$ 的条件概率密度函数，根据贝叶斯公式，条件概率密度函数可表示为

$$\begin{aligned} f\left(\left|s_n\right|\middle|q_n=0,b_n=1\right)&=f\left(\left|s_n\right|\middle|\left|y_n\right|\geq T_{\mathrm{h}},b_n=1\right)\\ &=f\left(\left|s_n\right|\right)\cdot\frac{P\left(\left|y_n\right|\geq T_{\mathrm{h}}\middle|\left|s_n\right|,b_n=1\right)}{P\left(\left|y_n\right|\geq T_{\mathrm{h}}\middle|b_n=1\right)} \end{aligned} \tag{B-4}$$

根据本章参考文献[18]可知，$f\left(\left|y_n\right|\middle|\left|s_n\right|,b_n=1\right)$ 服从均值为 0、方差为 $\sigma_n^2+\sigma_g^2$ 的莱斯分布，其累积分布函数可表示为一阶马库姆 Q 函数[21]：

$$\begin{aligned} P\left(\left|y_n\right|\geqslant T_{\mathrm{h}}\middle|\left|s_n\right|,b_n=1\right)&=1-\left[1-Q_1\left(\frac{\left|s_n\right|}{\sigma_n+\sigma_g},\frac{T_{\mathrm{h}}}{\sigma_n+\sigma_g}\right)\right]\\ &=Q_1\left(\frac{\left|s_n\right|}{\sigma_n+\sigma_g},\frac{T_{\mathrm{h}}}{\sigma_n+\sigma_g}\right) \end{aligned} \tag{B-5}$$

由于$|s_n|$是服从瑞利分布的随机变量，因此$|s_n|$的概率密度函数为

$$f\left(|s_n|\right)=\frac{|s_n|}{\sigma_{\mathrm{s}}^2}\exp\left(-\frac{|s_n|^2}{2\sigma_{\mathrm{s}}^2}\right) \tag{B-6}$$

进一步根据等效噪声的联合概率计算公式可知，y_n包含脉冲噪声且被熄灭的概率为

$$P\left(|y_n|\geqslant T_{\mathrm{h}} \mid b_n=1\right)=\exp\left(-\frac{T_{\mathrm{h}}^2}{2\sigma_A^2}\right) \tag{B-7}$$

结合式（B-4）～式（B-7），$|s_n|$的条件概率密度函数为

$$f\left(|s_n||q_n=0,b_n=1\right)=|s_n|\exp\left(-\frac{|s_n|^2}{2\sigma_s^2}\right)\cdot\frac{Q_1\left(\frac{|s_n|}{\sigma_n+\sigma_g},\frac{T_{\mathrm{h}}}{\sigma_n+\sigma_g}\right)}{\exp\left(-\frac{T_{\mathrm{h}}^2}{2\sigma_A^2}\right)} \tag{B-8}$$

将式（B-8）代入式（B-3），最后等效噪声的条件方差为

$$\operatorname{var}\left\{-\sum_{j=0}^{K-1}s_j h_{(n-j)}\middle|q_n=0,b_n=1\right\}=2+\frac{T_{\mathrm{h}}^2}{(\sigma_A^2)^2} \tag{B-9}$$

如果y_n包含脉冲噪声（$b_n=1$），且y_n的幅值低于脉冲熄灭门限$\left(|y_n|<T_{\mathrm{h}}\right)$，则等效噪声信号分量可表示为

$$\tilde{i}_n=n_n+g_n \tag{B-10}$$

考虑到$n_n\sim\mathcal{CN}(0,\delta_n^2)$，$g_n\sim\mathcal{CN}(0,\delta_g^2)$，且$n_n$与$g_n$是相互统计独立的随机变量，则等效噪声的条件方差表示为

$$\begin{aligned}\operatorname{var}\left\{(n_n+g_n)|q_n=1,b_n=1\right\}&=E\left\{|n_n+g_n|^2|q_n=1,b_n=1\right\}\\&=\int_0^{\infty}|n_n+g_n|^2 f\left(|n_n+g_n||q_n=1,b_n=1\right)\cdot\mathrm{d}|n_n+g_n|\end{aligned} \tag{B-11}$$

其中，$f\left(|n_n+g_n||q_n=1,b_n=1\right)$表示$|n_n+g_n|$的条件概率密度函数，根据贝叶斯公式，条件概率密度函数可表示为

$$\begin{aligned}f\left(|n_n+g_n||q_n=1,b_n=1\right)&=f\left(|n_n+g_n|\,\middle|\,|y_n|<T_{\mathrm{h}},b_n=1\right)\\&=f\left(|n_n+g_n|\right)\cdot\frac{P\left(|y_n|<T_{\mathrm{h}}\,\middle|\,|n_n+g_n|,b_n=1\right)}{P\left(|y_n|<T_{\mathrm{h}}|b_n=1\right)}\end{aligned} \tag{B-12}$$

根据本章参考文献[18]可知，条件概率密度函数$f\left(|y_n|\,\middle|\,|n_n+g_n|,b_n=1\right)$服从均值为0、方差为$\sigma_s^2$的莱斯分布，则其累计分布函数可表示为一阶马库姆$Q$函数（见本章参考文献[21]）

$$P\left(|y_n|<T_{\mathrm{h}}\,\middle|\,|n_n+g_n|,b_n=1\right)=1-Q_1\left(\frac{|n_n+g_n|}{\sigma_s},\frac{T_{\mathrm{h}}}{\sigma_s}\right) \tag{B-13}$$

由于$|n_n+g_n|$是服从瑞利分布的随机变量，因此$|n_n+g_n|$的概率密度函数为

$$f\left(|n_n+g_n|\right)=\frac{|n_n+g_n|}{\sigma_n^2+\sigma_g^2}\exp\left[-\frac{|n_n+g_n|^2}{2\left(\sigma_n^2+\sigma_g^2\right)}\right] \tag{B-14}$$

进一步根据等效噪声的联合概率计算公式可知，接收信号y_n包含脉冲噪声，不被熄灭的概率为

$$P\left(|y_n|<T_{\mathrm{h}}\mid b_n=1\right)=1-\exp\left(-\frac{T_{\mathrm{h}}^2}{2\sigma_A^2}\right) \tag{B-15}$$

结合式（B-12）～式（B-15），$|n_n+g_n|$的条件概率密度函数表示为

$$f\left(|n_n+g_n|\,|q_n=1,b_n=1\right)=\frac{|n_n+g_n|}{\sigma_n^2+\sigma_g^2}\exp\left(-\frac{|n_n+g_n|^2}{2\left(\sigma_n^2+\sigma_g^2\right)}\right)\cdot\frac{1-Q_1\left(\dfrac{|n_n+g_n|}{\sigma_s},\dfrac{T_{\mathrm{h}}}{\sigma_s}\right)}{1-\exp\left(-\dfrac{T_{\mathrm{h}}^2}{2\sigma_A^2}\right)} \tag{B-16}$$

将式（B-16）代入式（B-11），则接收信号包含脉冲噪声且不被熄灭的条件方差为

$$\operatorname{var}\left\{n_n+g_n\,|q_n=1,b_n=1\right\}=2\left(\sigma_n^2+\sigma_g^2\right)\left[1-\frac{(\sigma_n^2+\sigma_g^2)T_{\mathrm{h}}^2}{2\left(\sigma_A^2\right)^2\left[\exp\left(\dfrac{T_{\mathrm{h}}^2}{2\sigma_A^2}\right)-1\right]}\right] \tag{B-17}$$

如果接收信号y_n不包含脉冲噪声（$b_n=0$），且y_n的幅值高于脉冲熄灭门限$\left(|y_n|\geq T_{\mathrm{h}}\right)$，则等效噪声信号分量可表示为

$$\tilde{i}_n=-\sum_{j=0}^{K-1}s_jh_{(n-j)} \tag{B-18}$$

采用相同的分析方法，可计算得到等效噪声信号分量的条件方差为

$$\operatorname{var}\left\{-s_n\,|c_n=0,b_n=0\right\}=2+\frac{T_{\mathrm{h}}^2}{\left(\sigma_B^2\right)^2} \tag{B-19}$$

如果y_n不包含脉冲噪声（$b_n=0$），且y_n的幅值低于脉冲熄灭门限$\left(|y_n|<T_{\mathrm{h}}\right)$，等效噪声分量可以表示为

$$\tilde{i}_n=n_n \tag{B-20}$$

同理，可计算得到等效噪声信号分量的条件方差为

$$\operatorname{var}\left\{n_n\,|q_n=1,b_n=0\right\}=2\sigma_n^2\left\{1-\frac{\sigma_n^2T_{\mathrm{h}}^2}{2\left(\sigma_B^2\right)^2\left[\exp\left(\dfrac{T_{\mathrm{h}}^2}{2\sigma_B^2}\right)-1\right]}\right\} \tag{B-21}$$

第9章　脉冲熄灭OFDM接收机链路差错性能

9.1　引言

在无线通信系统中，无线电接收机收到的噪声信号不仅包括加性高斯白噪声，还经常接收到脉冲噪声[1-4]。典型脉冲噪声，如大气中雷暴产生的电磁脉冲辐射、高频电气设备（如电弧焊、火花系统、电器开关、X光设备及高压传输线）等产生的脉冲信号等。由于脉冲噪声的统计特性与加性高斯白噪声差异非常大，因此针对加性高斯白噪声设计与优化的通信系统在脉冲噪声环境下链路差错性能显著恶化。

相关研究表明[5]：与单载波通信系统相比，当脉冲噪声强度较低时，由于多载波OFDM系统的符号周期较长，且接收机通过DFT进行OFDM信号解调时将时域脉冲噪声的能量扩散到频域各个子信道，因此多载波通信系统具有更好的脉冲噪声抑制能力；但当脉冲噪声的强度较高时，OFDM系统对脉冲噪声的抑制能力显著下降。因此针对高强度脉冲噪声干扰，开展OFDM接收机脉冲干扰抑制方法的研究具有重要的意义。

为提高OFDM系统在脉冲噪声干扰环境下的链路传输可靠性，文献[6]首次提出脉冲熄灭与脉冲限幅干扰抑制方法；为解决脉冲熄灭门限的最优设置问题，文献[7]在加性高斯白噪声信道以输出信噪比最大化准则为基础分析给出脉冲熄灭接收机的最佳门限设置方法；文献[8]进一步分析给出了脉冲熄灭OFDM接收机自适应的门限设置方法；为克服脉冲熄灭导致OFDM信号产生ICI的问题，文献[9-11]提出多种脉冲熄灭OFDM接收机ICI干扰补偿方法。

在脉冲噪声干扰情况下OFDM系统链路差错性能研究方面，相关研究如下：文献[12]定量分析存在脉冲噪声情况下OFDM系统的比特差错性能；文献[13]进一步将研究结果推广到编码OFDM系统；在假设脉冲噪声出现时刻精确知晓的情况下，文献[14]理论分析给出脉冲熄灭OFDM接收机解调器输出信噪比的计算方法；然而脉冲熄灭方法对OFDM通信系统链路差错性能的影响尚没有开展。

针对频率选择性衰落信道脉冲熄灭OFDM接收机差错性能分析问题，本章首先理论分析给出了脉冲噪声对常规OFDM接收机链路传输可靠性的影响；随后进一步分析给出了理想脉冲熄灭OFDM接收机在频率选择性衰落信道的符号差错概率计算方法[15]；最后将研究结果推广到最大比值合并（maximal ratio combining，MRC）OFDM接收机中，并定量给出了脉冲熄灭最大比值合并OFDM接收机的符号差错概率计算方法[16,17]。

需要说明，由于目前所使用的测距仪信号模型为仿真模型[18]，基于该模型可生成较符合实际测距仪脉冲干扰信号，但该模型无法使用数学工具进行处理。因此直接基于该模型无法开展OFDM接收机链路差错性能的研究。鉴于此，本章研究采用了伯努利-高斯脉冲噪声模型，基于该模型获得的研究结果对实际系统具有一定的指导意义。

9.2 脉冲噪声对 OFDM 接收机差错性能的影响

本节首先介绍了 OFDM 发射机模型，然后给出 OFDM 接收机模型，进一步理论分析给出了信道存在脉冲噪声时 OFDM 接收机解调器输出信干噪比（SINR）的计算公式，以此为基础，理论分析给出 OFDM 系统的符号差错概率计算公式，最后，仿真验证了理论分析给出符号差错概率计算公式的正确性。

9.2.1 OFDM 发射机模型

图 9-1 所示为 OFDM 发射机模型[19]。在发射机中，信源输出比特序列分组记为 $\boldsymbol{I}=\left[I_0,\cdots,I_b,\cdots,I_{B-1}\right]^{\mathrm{T}}$，其中，$B$ 代表比特序列分组的长度，I_b 代表比特序列分组中第 b 个比特。信源输出的比特序列分组 $\boldsymbol{I}$ 送入调制器进行符号调制，调制器输出的调制符号分组记为 $\boldsymbol{S}=\left[S_0,\cdots,S_k,\cdots,S_{K-1}\right]^{\mathrm{T}}$，其中，$S_k$ 代表调制符号分组中第 k 个调制符号，且 S_k 满足 $E\left\{S_k\right\}=0$ 及 $E\left\{\left|S_k\right|^2\right\}=\sigma_S^2$，此外 S_k 与 $S_j(j\neq k)$ 统计独立，K 代表调制符号分组的长度，且 $K=B/\log 2^M$，M 代表调制器的调制星座数。调制符号分组 $\boldsymbol{S}$ 通过 K 点离散傅里叶逆变换（IDFT）完成 OFDM 调制，IDFT 输出信号矢量表示为 $\boldsymbol{s}$：

$$\boldsymbol{s}=\boldsymbol{F}^{-1}\cdot\boldsymbol{S} \tag{9-1}$$

其中，$\boldsymbol{s}=\left[s_0,\cdots,s_n,\cdots,s_{K-1}\right]^{\mathrm{T}}$，$s_n$ 代表 $\boldsymbol{s}$ 矢量的第 n 个样值；$\boldsymbol{F}^{-1}$ 代表 IDFT 矩阵，$\boldsymbol{F}^{-1}$ 矩阵的第 k 行第 n 列元素记为 $\boldsymbol{F}_{k,n}^{-1}$：

$$\boldsymbol{F}_{k,n}^{-1}=\frac{1}{\sqrt{K}}\mathrm{e}^{2\pi\mathrm{j}\frac{kn}{K}},\quad k=0,\cdots,K-1;\quad n=0,\cdots,K-1 \tag{9-2}$$

其中，k 代表 OFDM 子载波的序号；n 代表时域发送样值的序号。IDFT 输出信号矢量 $\boldsymbol{s}$ 在插入 K_{g} 点循环前缀后表示为 $\boldsymbol{x}$：

$$\boldsymbol{x}=\boldsymbol{P}_{\mathrm{in}}\cdot\boldsymbol{s} \tag{9-3}$$

其中，$\boldsymbol{x}=\left[x_0,\cdots,x_n,\cdots,x_{K+K_g-1}\right]^{\mathrm{T}}$ 代表插入循环前缀后的信号矢量；$\boldsymbol{P}_{\mathrm{in}}$ 代表 OFDM 发射机循环前缀插入矩阵：

$$\boldsymbol{P}_{\mathrm{in}}=\begin{bmatrix}\boldsymbol{0}_{K_g\times(K-K_g)} & \boldsymbol{I}_{K_g}\\ \multicolumn{2}{c}{\boldsymbol{I}_K}\end{bmatrix}_{(K+K_g)\times K} \tag{9-4}$$

信号矢量 $\boldsymbol{x}$ 经 D/A 转换器转换为模拟基带信号 $x(t)$，$x(t)$ 进一步通过射频前端转换为射频信号，并通过天线送入信道。

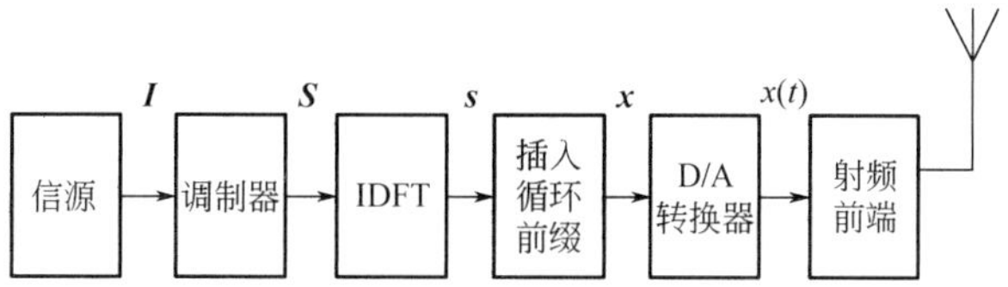

图 9-1　OFDM 发射机模型

9.2.2　OFDM 接收机模型

图 9-2 所示为常规 OFDM 接收机模型[19]。来自天线的射频信号通过射频前端转换为模拟基带信号 $r(t)$：

$$r(t) = x(t) * h(t) + n(t) + i(t) \tag{9-5}$$

其中，$x(t)$ 代表发射模拟基带信号；“$*$”代表卷积运算；$h(t)$ 代表信道的冲激响应；$n(t)$ 代表信道输入的复高斯白噪声信号；$i(t)$ 代表信道输入脉冲噪声。

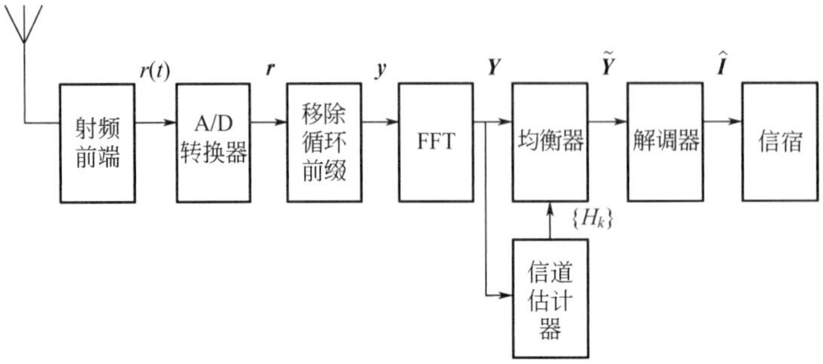

图 9-2　OFDM 接收机模型

接收信号 $r(t)$ 送入 A/D 转换器进行采样，假设接收机已建立符号定时同步，则一个 OFDM 符号周期内接收采样信号表示为 $\boldsymbol{r}$，$\boldsymbol{r}$ 在移除循环前缀后记为 $\boldsymbol{y}$:

$$\boldsymbol{y} = \boldsymbol{P}_{\text{out}} \cdot \boldsymbol{r} \tag{9-6}$$

其中，$\boldsymbol{y} = \left[y_0, \cdots, y_n, \cdots, y_{K-1}\right]^{\mathrm{T}}$；$\boldsymbol{P}_{\text{out}} = [\boldsymbol{0}_{K \times K_g} \quad \boldsymbol{I}_K]$ 代表 OFDM 接收机循环前缀移除矩阵，根据 OFDM 基本理论[19,20]，移除循环前缀后信号矢量 $\boldsymbol{y}$ 表示为

$$\boldsymbol{y} = \boldsymbol{s} \otimes \boldsymbol{h} + \boldsymbol{n} + \boldsymbol{i} \tag{9-7}$$

其中，$\boldsymbol{s}$ 代表发射信号矢量，由式（9-1）给出；“$\otimes$”代表循环卷积运算；$\boldsymbol{h} = \left[h_0, \cdots, h_l, \cdots, h_{L-1}\right]^{\mathrm{T}}$ 代表 L 径瑞利信道衰落系数构成的信道矢量，$h_l \sim \mathcal{CN}(0, \delta_l^2)$，且 h_l 与 h_m $(l \neq m)$ 统计独立，假设信道总功率归一，即 $\sum_{l=0}^{N-1} \delta_l^2 = 1$；$\boldsymbol{n} = \left[n_0, \cdots, n_n, \cdots, n_{K-1}\right]^{\mathrm{T}}$ 代表信道输入的复高斯白噪声矢量，$n_n \sim \mathcal{CN}(0, \delta_n^2)$，且 n_n 与 $n_l (n \neq l)$ 统计独立；$\boldsymbol{i} = [i_0, \cdots, i_n, \cdots, i_{K-1}]^{\mathrm{T}}$ 代表信道输入的脉冲噪声矢量，i_n 建模为伯努利-复高斯随机变量：

$$i_n = b_n \cdot g_n, \quad n = 0, \cdots, K-1 \tag{9-8}$$

其中，b_n 代表伯努利分布的随机变量，假设脉冲噪声信号出现的概率为 p，即 $P(b_n = 1) = p$，$g_n \sim \mathcal{CN}\left(0, \delta_g^2\right)$，且 g_n 与 $g_j (j \neq n)$ 统计独立。

移除循环前缀后信号矢量 $\boldsymbol{y}$ 进一步通过 K 点离散傅里叶变换（FFT）完成 OFDM 解调，FFT 输出频域信号矢量 $\boldsymbol{Y} = \left[Y_0, \cdots, Y_k, \cdots, Y_{K-1}\right]^{\mathrm{T}}$ 表示为

$$\boldsymbol{Y} = \boldsymbol{F} \cdot \boldsymbol{y} \tag{9-9}$$

其中，FFT 变换矩阵 $\boldsymbol{F}$ 的第 K 行 n 列元素记为 $\boldsymbol{F}_{k,n}$：

$$\boldsymbol{F}_{k,n}=\frac{1}{\sqrt{K}}\mathrm{e}^{-2\pi\mathrm{j}\frac{k\cdot n}{K}},\quad k=0,\cdots,K-1;\quad n=0,\cdots,K-1 \tag{9-10}$$

假设接收机通过信道估计已精确获得 K 个子信道的频域响应 $\{H_k,k=0,\cdots,K-1\}$，则第 k 个子信道频域信号 Y_k 经信道均衡消除信道失真后表示为 $\tilde{Y}_k$：

$$\tilde{Y}_k=\frac{H_k^*}{|H_k|^2}\cdot Y_k,\quad k=0,\cdots,N-1 \tag{9-11}$$

最后，K 个子信道均衡输出信号 $\tilde{\boldsymbol{Y}}=\left[\tilde{Y}_0,\cdots,\tilde{Y}_k,\cdots,\tilde{Y}_{K-1}\right]^{\mathrm{T}}$ 送入解调器得到比特发送序列分组 $\boldsymbol{I}$ 的估计值 $\hat{\boldsymbol{I}}$。

9.2.3 OFDM 接收机解调器输出信干噪比

式（9-7）两侧同时进行傅里叶变换表示为

$$\boldsymbol{Y}=\boldsymbol{S}\cdot\boldsymbol{H}+\boldsymbol{N}+\boldsymbol{I} \tag{9-12}$$

其中，$\boldsymbol{S}$ 代表频域发送信号矢量，$\boldsymbol{H}=\mathrm{diag}(H_0,\cdots,H_k,\cdots,H_{K-1})$ 代表信道频域传输矩阵，$\boldsymbol{I}=\boldsymbol{Fi}$ 代表频域脉冲噪声矢量，$\boldsymbol{N}=\boldsymbol{F}\cdot\boldsymbol{n}$ 代表频域噪声矢量，由于 FFT 为酉变换，因此 $\boldsymbol{N}=[N_0,\cdots,N_k,\cdots,N_{K-1}]$ 的统计特性保持不变，即 $N_k\sim\mathcal{CN}(0,\delta_n^2)$，且 N_k 与 $N_j(j\neq k)$ 统计独立。

展开式（9-12），脉冲噪声环境下 OFDM 接收机第 k 个子信道频域信号 Y_k 表示为

$$Y_k=S_k\cdot H_k+N_k+I_k \tag{9-13}$$

其中，S_k 代表第 k 个子信道频域发送的调制符号，H_k 代表第 k 个子信道的频率响应，N_k 代表第 k 个子信道的频域噪声信号，I_k 代表第 k 个子信道的脉冲噪声信号。

由式(9-13)知，信号 Y_k 由两部分组成，第一部分与第 k 个子信道传输的调制符号 S_k 有关，这部分是第 k 个子信道期望接收的信号分量，记为 E_k；另一部分与脉冲噪声及信道输入的复高斯白噪声有关，这部分统一视为噪声项，记为 D_k。

$$E_k=S_k\cdot H_k \tag{9-14}$$

$$D_k=N_k+I_k \tag{9-15}$$

根据式（9-14）与式（9-15），式（9-13）进一步化简为

$$Y_k=E_k+D_k \tag{9-16}$$

根据式（9-14），信号分量 E_k 的方差表示为

$$\mathrm{var}(E_k)=\delta_S^2\cdot|H_k|^2 \tag{9-17}$$

根据式（9-15），噪声分量 D_k 的方差表示为

$$\mathrm{var}(D_k)=\mathrm{var}(N_k)+\mathrm{var}(I_k)=\delta_n^2+p\cdot\delta_g^2 \tag{9-18}$$

由式（9-17）与式（9-18）可计算得到脉冲噪声环境下 OFDM 接收机解调器第 k 个

子信道输出瞬时信干噪比 γ_k 表示为

$$\begin{aligned}\gamma_k &= \frac{\operatorname{var}(E_k)}{\operatorname{var}(D_k)} \\ &= \frac{\rho}{1+p\cdot\eta}\cdot\left|H_k\right|^2\end{aligned} \tag{9-19}$$

其中，$\rho=\delta_S^2/\delta_n^2$ 代表接收机输入信噪比；$\eta=\delta_g^2/\delta_n^2$ 代表接收机输入干噪比。式(9-19)表明：存在脉冲噪声情况下，OFDM 接收机解调器第 k 个子信道输出瞬时信干噪比由参数 ρ 、p、η 、H_k 联合确定。当脉冲噪声出现概率 $p=0$ 时，式（9-19）退化为常规 OFDM 接收机输出信噪比的计算公式。

9.2.4　脉冲噪声环境下 OFDM 接收机符号差错概率

由于 $h_l\sim\mathcal{CN}(0,\delta_l^2)$，且 h_l 与 h_m $(l\neq m)$ 统计独立，则 $H_k=\sum_{l=0}^{L-1}h_l\mathrm{e}^{-\mathrm{j}2\pi\frac{kl}{K}}$ 服从均值为 0，方差为 $\sum_{l=0}^{N-1}\delta_l^2=1$ 的复高斯分布，则 $\left|H_k\right|^2$ 为服从 2 个自由度的 χ^2 分布的随机变量。假设发送符号功率为 δ_S^2，噪声功率为 δ_n^2，且脉冲噪声功率 δ_g^2 给定，则因子 $\rho/(1+p\cdot\eta)$ 为常量，因此第 k 个子信道输出瞬时信干噪比 γ_k 也服从自由度为 2 的 χ^2 分布，由此可计算得到第 k 个子信道输出平均信噪比 $\overline{\gamma}$ 为

$$\overline{\gamma}=\frac{\rho}{1+p\cdot\eta} \tag{9-20}$$

由式（9-20）可观测到：OFDM 解调器第 k 个子信道输出平均信干噪比与子信道的序号 k 无关，即脉冲噪声环境下 OFDM 接收机各个子信道具有相同的平均信干噪比。

由于 γ_k 服从自由度为 2 的 χ^2 分布，其概率密度函数（probability density function，PDF）表示为[20]

$$p(\gamma_k)=\frac{1}{\overline{\gamma}}\mathrm{e}^{\frac{-\gamma_k}{\overline{\gamma}}},\quad \gamma_k\geqslant 0 \tag{9-21}$$

利用参考文献[21]的结果，频率选择性瑞利衰落信道下，存在脉冲噪声时 MPSK 调制的 OFDM 接收机第 k 个子信道的符号差错概率表示为

$$P_{k,\text{Rayleigh}}^{\text{MPSK}}=\left(\frac{M-1}{M}\right)\left\{1-\sqrt{\frac{a\cdot\overline{\gamma}}{1+a\cdot\overline{\gamma}}}\cdot\frac{M}{(M-1)\pi}\cdot\left[\frac{\pi}{2}+\arctan\left(\sqrt{\frac{a\cdot\overline{\gamma}}{1+a\cdot\overline{\gamma}}}\cot\frac{\pi}{M}\right)\right]\right\} \tag{9-22}$$

其中，$a=\sin^2(\pi/M)$。

频率选择性瑞利衰落信道下存在脉冲噪声时 MQAM 调制的 OFDM 接收机第 k 个子信道的符号差错概率表示为[21]

$$P_{k,\text{Rayleigh}}^{\text{MQAM}}=2\left(\frac{\sqrt{M}-1}{\sqrt{M}}\right)\cdot(1-\varOmega)-\left(\frac{\sqrt{M}-1}{\sqrt{M}}\right)^2\cdot\left[1-\varOmega\cdot\left(\frac{4}{\pi}\arctan(1/\varOmega)\right)\right] \tag{9-23}$$

其中，$\varOmega=\sqrt{\dfrac{1.5\bar{\gamma}}{M-1+1.5\bar{\gamma}}}$。

最后，频率选择性瑞利衰落信道下存在脉冲时 OFDM 接收机的平均符号差错概率表示为

$$
\begin{aligned}
P_{\text{Rayleigh}} &= \frac{1}{K}\sum_{k=0}^{K-1} P_{k,\text{Rayleigh}} \\
&= P_{k,\text{Rayleigh}}
\end{aligned}
\tag{9-24}
$$

其中，$P_{k,\text{Rayleigh}}$ 由式（9-22）和式（9-23）给出。

9.2.5　数值仿真结果

为验证本节理论分析给出符号差错概率计算方法的正确性，构造了脉冲噪声干扰 OFDM 仿真通信系统，仿真系统的主要技术参数如表 9-1 所示。

表 9-1　仿真参数设置

参数		取值
系统参数	调制器	BPSK,16QAM
	信号带宽/MHz	8.192
	子载波总数	512
	数据子载波数	512
	子载波间隔/kHz	16
	采样间隔/μs	0.122
	循环前缀样点数	16
信道参数	信道类型	频率选择性瑞利衰落信道（10 径）
	脉冲噪声模型	伯努利-复高斯噪声
	信道输入干噪比	10
	脉冲噪声出现概率 p	0、0.05、0.1、0.2
接收机参数	信道估计	理想信道估计器
	信道均衡	迫零均衡器

在绘制 OFDM 系统理论符号差错性能时，首先根据接收机输入信噪比 ρ，信道输入干噪比 η 及脉冲噪声出现的概率 p，通过式（9-20）计算 OFDM 接收机输出平均 SNR，最后利用式（9-22）～式（9-24）计算频率选择性瑞利衰落信道下 BPSK、16QAM 调制的 OFDM 接收机的符号差错概率。

图 9-3 所示为脉冲噪声对 BPSK 调制的 OFDM 接收机符号差错性能的影响。图 9-3 中横轴代表接收机输入 SNR（dB），纵轴代表符号差错概率（SER），图 9-3 共包含四组曲线，分别代表脉冲噪声出现概率为 0、0.05、0.1、0.2 时 OFDM 接收机的理论与仿真的符号差错概率曲线。曲线比较表明：①理论计算结果与计算机仿真得到的结果完全一致，验证理论分析的正确性；②随着脉冲噪声出现概率的增加，系统的符号差错概率增高。

图 9-4 所示为脉冲噪声对 16QAM 调制的 OFDM 接收机符号差错性能的影响，图 9-4 中横轴代表接收机输入 SNR（dB），纵轴代表符号差错概率（SER）。图 9-4 观测的结果

与图 9-3 完全相同。

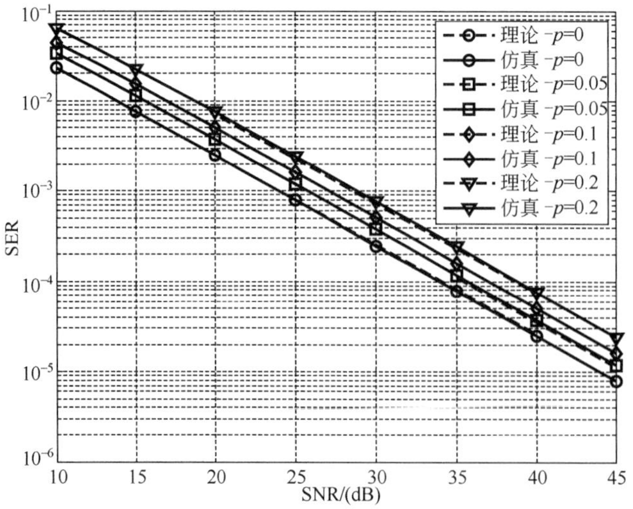

图 9-3　脉冲噪声对 OFDM 系统符号差错性能的影响
（BPSK 调制，$\eta=10$，频率选择性瑞利衰落信道）

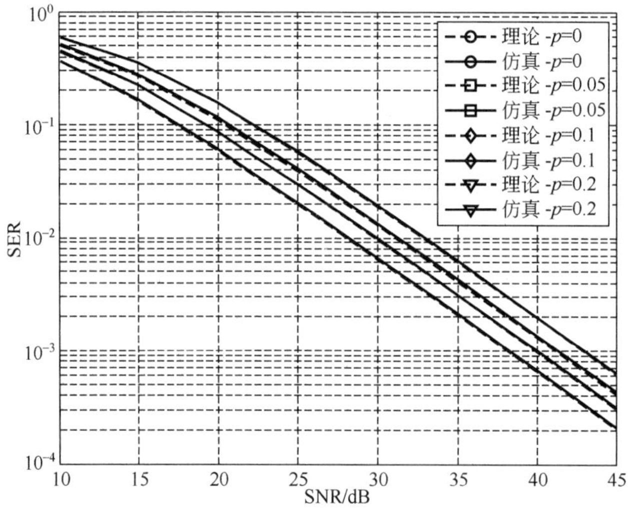

图 9-4　脉冲噪声对 OFDM 系统符号差错性能的影响
（16QAM 调制，$\eta=10$，频率选择性瑞利衰落信道）

9.3　理想脉冲熄灭 OFDM 接收机链路差错性能

本节在频率选择性衰落信道环境下理论分析给出理想脉冲熄灭 OFDM 接收机的符号差错概率。首先介绍了理想脉冲熄灭 OFDM 接收机的模型，随后理论分析给出了 OFDM 接收机解调器输出信噪比的计算公式，以此为基础，理论分析给出理想脉冲熄灭 OFDM 接收机的符号差错概率，最后仿真验证理论公式的正确性。

9.3.1 脉冲熄灭 OFDM 接收机模型

图 9-5 所示为脉冲熄灭 OFDM 接收机模型。来自天线的射频信号通过射频前端转换为模拟基带信号 $r(t)$，模拟基带信号 $r(t)$ 送入 A/D 转换器进行采样，假设接收机已经建立精确的符号定时同步，则一个 OFDM 符号周期内接收的采样值记为 $\boldsymbol{r}$，$\boldsymbol{r}$ 在移除循环前缀后表示为 $\boldsymbol{z}$。根据 OFDM 基本理论[19,20]，信号矢量 $\boldsymbol{z}$ 表示为

$$\boldsymbol{z}=\boldsymbol{s}\otimes\boldsymbol{h}+\boldsymbol{i}+\boldsymbol{n} \tag{9-25}$$

其中，$\boldsymbol{s}=[s_0,\cdots,s_n,\cdots,s_{K-1}]^{\mathrm{T}}$ 代表时域发射信号矢量，发射信号平均功率记为 $E\{|s_n|^2\}=\sigma_S^2$；“$\otimes$”代表循环卷积运算；$\boldsymbol{h}=[h_0,\cdots,h_l,\cdots,h_{L-1}]^{\mathrm{T}}$ 代表 L 径信道衰落系数构成的信道矢量，$h_l\sim\mathcal{CN}(0,\delta_l^2)$，且 h_l 与 $h_m(l\neq m)$ 统计独立，假设信道总功率归一，即 $\sum_{l=0}^{L-1}\delta_l^2=1$；$\boldsymbol{i}=[i_0,\cdots,i_n,\cdots,i_{K-1}]^{\mathrm{T}}$ 代表信道输入的脉冲噪声矢量，i_n 建模为伯努利-复高斯分布的随机变量：

$$i_n=b_n\cdot g_n,\quad n=0,1,\cdots,K-1 \tag{9-26}$$

其中，b_n 代表伯努利随机变量；g_n 代表复高斯随机变量，$g_n\sim\mathcal{CN}(0,\delta_g^2)$；$\boldsymbol{n}=[n_0,\cdots,n_n,\cdots,n_{K-1}]^{\mathrm{T}}$ 代表信道输入的复高斯白噪声矢量，$n_n\sim\mathcal{CN}(0,\delta_n^2)$，且 n_n 与 $n_l\ (n\neq l)$ 统计独立。

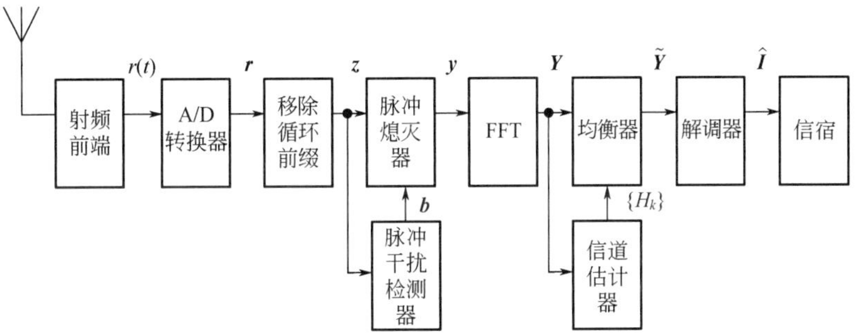

图 9-5　脉冲熄灭 OFDM 接收机模型

进一步假设接收机通过脉冲干扰检测可精确获得脉冲噪声出现的位置，则脉冲熄灭器输出信号矢量表示为

$$\boldsymbol{y}=\boldsymbol{z}\odot\boldsymbol{b} \tag{9-27}$$

其中，“$\odot$”代表矢量的哈达玛积（Hadamard）运算；$\boldsymbol{b}=[\bar{b}_0,\cdots,\bar{b}_n,\cdots,\bar{b}_{K-1}]^{\mathrm{T}}$ 代表脉冲熄灭器的脉冲熄灭窗函数，$\boldsymbol{b}$ 矢量中第 n 个分量 $\bar{b}_n=1-b_n$。脉冲熄灭器输出信号矢量 $\boldsymbol{y}$ 通过 K 点 FFT，FFT 输出频域信号矢量 $\boldsymbol{Y}=\boldsymbol{F}\cdot\boldsymbol{y}$，$\boldsymbol{F}$ 代表 FFT 矩阵。假设接收机可精确知晓 K 个子信道的频域响应 $\{H_k,\ k=0,\cdots,K-1\}$，则第 k 个子信道信号 Y_k 经信道均衡后表示为 $\tilde{Y}_k$：

$$\tilde{Y}_k=\frac{H_k^*}{|H_k|^2}\cdot Y_k,\quad k=0,\cdots,K-1 \tag{9-28}$$

最后，所有 K 个子信道均衡后输出信号矢量 $\tilde{\boldsymbol{Y}}=\left[\tilde{Y}_0,\cdots,\tilde{Y}_k,\cdots,\tilde{Y}_{K-1}\right]^{\mathrm{T}}$ 送入解调器进行解调，解调器输出的比特序列分组 $\boldsymbol{I}$ 就是发送信息序列分组 $\hat{\boldsymbol{I}}$ 的估计值。

9.3.2 脉冲熄灭 OFDM 接收机输出信干噪比

同时对式（9-27）两侧进行 FFT 变换后得

$$\boldsymbol{Y}=\frac{1}{\sqrt{K}}(\boldsymbol{Z}\otimes\boldsymbol{B}) \tag{9-29}$$

其中，$\boldsymbol{Z}$ 与 $\boldsymbol{B}$ 分别代表接收信号矢量 $\boldsymbol{z}$ 与脉冲熄灭函数 $\boldsymbol{b}$ 的 FFT 变换，即 $\boldsymbol{Z}=\boldsymbol{F}\cdot\boldsymbol{z}$，脉冲熄灭函数 $\boldsymbol{b}$ 的 FFT 变换 $\boldsymbol{B}=\left[B_0,\cdots,B_k,\cdots,B_{K-1}\right]^{\mathrm{T}}$ 表示为

$$\boldsymbol{B}=\boldsymbol{F}\cdot\boldsymbol{b} \tag{9-30}$$

由式（9-30）可方便计算得到 $\boldsymbol{B}$ 矢量的第一个元素 B_0 为

$$\begin{aligned}B_0&=\frac{1}{\sqrt{K}}(b_0+\cdots+b_n+\cdots+b_{K-1})\\&=\frac{1}{\sqrt{K}}(K-K_B)\end{aligned} \tag{9-31}$$

此外，根据 OFDM 基本理论[19,20]，式（9-29）中信号矢量 $\boldsymbol{Z}=\left[Z_0,\cdots,Z_k,\cdots,Z_{K-1}\right]^{\mathrm{T}}$ 表示为

$$\boldsymbol{Z}=\boldsymbol{H}\cdot\boldsymbol{S}+\boldsymbol{I}+\boldsymbol{N} \tag{9-32}$$

其中，$\boldsymbol{H}=\mathrm{diag}(H_0,\cdots,H_k,\cdots,H_{K-1})$ 代表信道频域传输矩阵；$\boldsymbol{S}$ 代表频域发送信号矢量；$\boldsymbol{I}=\boldsymbol{F}\cdot\boldsymbol{i}$ 代表频域脉冲噪声矢量；$\boldsymbol{N}=\boldsymbol{F}\cdot\boldsymbol{n}$ 代表频域噪声矢量。由于 FFT 为酉变换，因此 $\boldsymbol{N}=\left[N_0,\cdots,N_k,\cdots,N_{K-1}\right]]^{\mathrm{T}}$ 的统计特性保持不变，即 $N_k\sim\mathcal{CN}(0,\delta_n^2)$，且 N_k 与 $N_j(k\neq j)$ 统计独立。式（9-29）进一步展开后，$\boldsymbol{Y}$ 矢量中第 k 个子信道频域观测信号 Y_k 表示为

$$\begin{aligned}Y_k&=\frac{1}{\sqrt{K}}\sum_{p=0}^{K-1}Z_p\cdot B_{(k-p)\bmod K}\\&=\frac{1}{\sqrt{K}}\sum_{p=0}^{K-1}S_pH_pB_{(k-p)\bmod K}+\frac{1}{\sqrt{K}}\sum_{p=0}^{K-1}I_pB_{(k-p)\bmod K}+\frac{1}{\sqrt{K}}\sum_{p=0}^{K-1}N_pB_{(k-p)\bmod K}\end{aligned} \tag{9-33}$$

考虑到脉冲熄灭后，因子 $\frac{1}{\sqrt{K}}\sum_{p=0}^{K-1}I_p\cdot B_{(k-p)\bmod K}=0$，式（9-33）化简为

$$Y_k=\frac{1}{\sqrt{K}}S_k\cdot H_k\cdot B_0+\frac{1}{\sqrt{K}}\sum_{\substack{p=0\\p\neq k}}^{K-1}S_p\cdot H_p\cdot B_{(k-p)\bmod K}+\frac{1}{\sqrt{K}}\sum_{p=0}^{K-1}N_p\cdot B_{(k-p)\bmod K} \tag{9-34}$$

仔细观测式（9-34）发现：信号 Y_k 由两部分组成，第一部分与第 k 个子信道传输的调制符号 S_k 有关，这部分是第 k 个子信道期望接收的信号，记为 E_k；另一部分由脉冲熄灭后产生的 ICI 及信道输入复高斯白噪声有关，这部分信号统一视为噪声项，记为 D_k。

$$E_k = \frac{1}{\sqrt{K}} S_k \cdot H_k \cdot B_0 \tag{9-35}$$

$$D_k = \frac{1}{\sqrt{K}} \sum_{\substack{p=0 \\ p \neq k}}^{K-1} S_p \cdot H_p \cdot B_{(k-p) \bmod K} + \frac{1}{\sqrt{K}} \sum_{p=0}^{K-1} N_p \cdot B_{(k-p) \bmod K} \tag{9-36}$$

此时，式（9-34）进一步化简为

$$Y_k = E_k + D_k \tag{9-37}$$

进一步将式（9-31）代入式（9-35）化简得

$$E_k = \alpha \cdot H_k \cdot S_k \tag{9-38}$$

其中，参数 $\alpha = (1 - K_B / K)$ 代表由于 OFDM 接收机熄灭 K_B 个样值而导致 OFDM 接收机第 k 个子信道输出有用信号幅度的衰减量。由式（9-38）进一步计算得到期望信号 E_k 的方差为

$$\mathrm{var}(E_k) = \alpha^2 \cdot |H_k|^2 \cdot \sigma_S^2 \tag{9-39}$$

再次利用参数 α 的定义，式（9-36）化简为

$$D_k = \alpha \cdot N_k + \frac{1}{\sqrt{K}} \sum_{\substack{p=0 \\ p \neq k}}^{N-1} \left(S_p \cdot H_p + N_p\right) B_{(k-p) \bmod K} \tag{9-40}$$

噪声项 D_k 的方差计算公式为

$$\mathrm{var}(D_k) = E\left\{|D_k|^2\right\} - \left(E\left\{|D_k|\right\}\right)^2 \tag{9-41}$$

考虑到调制符号 S_k、信道衰落系数 H_k、噪声项 N_k 相互统计独立，式（9-41）第一项 $E\left\{|D_k|^2\right\}$ 化简为

$$\begin{aligned} E\left\{|D_k|^2\right\} &= E\left\{\left|\alpha \cdot N_k + \frac{1}{\sqrt{K}} \sum_{p=0, p\neq k}^{K-1} \left(S_p \cdot H_p + N_p\right) B_{(k-p) \bmod K}\right|^2\right\} \\ &= E\left\{|\alpha \cdot N_k|^2\right\} + \frac{1}{K} E\left\{\left|\sum_{p=0, p\neq k}^{K-1} S_p \cdot H_p \cdot B_{(k-p) \bmod K}\right|^2\right\} \\ &\quad + \frac{1}{K} E\left\{\left|\sum_{p=0, p\neq k}^{K-1} N_p B_{(k-p) \bmod K}\right|^2\right\} \end{aligned} \tag{9-42}$$

进一步考虑到 $B_{(k-p) \bmod K}$ 与 S_p、H_p $(p \neq k)$ 统计独立，则式（9-42）化简为

$$E\left\{|D_k|^2\right\} = \alpha \sigma_n^2 + \alpha(1-\alpha)\sigma_S^2 \tag{9-43}$$

此外，容易计算得出式（9-41）中第二项中 $E\left\{|D_k|\right\} = 0$，因此第 k 个子信道频域观测信号 Y_k 中噪声项 D_k 的方差为

$$\mathrm{var}(D_k)=\alpha\sigma_n^2+\alpha(1-\alpha)\sigma_S^2 \tag{9-44}$$

联合式（9-39）与式（9-44）可得到，脉冲熄灭 OFDM 接收机第 k 个子信道输出信号 Y_k 的瞬时 SNR 为

$$\begin{aligned}\gamma_k&=\frac{\mathrm{var}(E_k)}{\mathrm{var}(D_k)}\\&=\frac{\alpha\sigma_S^2}{\sigma_n^2+(1-\alpha)\sigma_S^2}\left|H_k\right|^2\end{aligned} \tag{9-45}$$

式（9-45）表明：脉冲熄灭 OFDM 接收机第 k 个子信道的输出瞬时 SNR 由四个参量确定：α、σ_S^2、σ_n^2 及 H_k。当脉冲熄灭样点数 K_B 为 0 时，α 取值为 1，此时瞬时 SNR 计算公式退化为常规 OFDM 接收机 SNR 计算公式，即 $\gamma=\left(\sigma_S^2/\sigma_n^2\right)\cdot\left|H_k\right|^2$。

假设脉冲熄灭的样点数 K_B 给定，且调制符号方差 σ_S^2 与噪声功率 σ_n^2 给定，则因子 $\alpha\sigma_S^2/\left[\sigma_n^2+(1-\alpha)\sigma_S^2\right]$ 为一个常数项，考虑到 $|H_k|^2$ 为服从 2 个自由度的 χ^2 分布的随机变量，因此第 k 个子信道瞬时信噪比 γ_k 也服从 2 个自由度 χ^2 分布，则第 k 个子信道输出平均信干噪比 $\overline{\gamma}_k$ 为

$$\overline{\gamma}_k=\frac{\alpha\sigma_S^2}{\sigma_n^2+\left(1-\alpha\right)\sigma_S^2} \tag{9-46}$$

由式（9-46）可观测到：①第 k 个子信道的平均信干噪比由参量 α、σ_S^2 及 σ_n^2 联合确定；②第 k 个子信道的平均信干噪比与子信道序号 k 无关，即所有子信道具有相同的平均信干噪比。

9.3.3 脉冲熄灭 OFDM 接收机符号差错概率

根据参考文献[20]研究结果，脉冲熄灭 OFDM 接收机第 k 个子信道的条件符号差错概率为

$$P_e(\gamma_k)=\frac{1}{2}\mathrm{erfc}\left(\sqrt{\gamma_k}\right),\quad k=0,\cdots,K-1 \tag{9-47}$$

其中，γ_k 的概率密度函数为

$$p(\gamma_k)=\frac{1}{\overline{\gamma}_k}\mathrm{e}^{\frac{-\gamma_k}{\overline{\gamma}_k}},\quad \gamma_k\geqslant 0 \tag{9-48}$$

则第 k 个子信道的符号差错概率为[20]

$$\begin{aligned}P_k^{\mathrm{BPSK}}&=\int_0^{\infty}P_e(\gamma_k)p(\gamma_k)\mathrm{d}\gamma_k\\&=\frac{1}{2}\left(1-\sqrt{\frac{\overline{\gamma}_k}{\overline{\gamma}_k+1}}\right),\quad k=0,\cdots,K-1\end{aligned} \tag{9-49}$$

其中，$\bar{\gamma}_k$ 代表 BPSK 调制的理想脉冲熄灭 OFDM 接收机第 k 子信道平均 SNR。由于脉冲熄灭 OFDM 接收机各个子信道具有相同符号差错概率，因此可得到理想脉冲熄灭 OFDM 接收机的平均符号差错概率为

$$\begin{aligned} P_{\text{Blank}}^{\text{BPSK}} &= \frac{1}{K}\sum_{k=0}^{K-1} P_k^{\text{BPSK}} \\ &= \frac{1}{2}\left(1-\sqrt{\frac{\bar{\gamma}_k}{\bar{\gamma}_k+1}}\right) \end{aligned} \tag{9-50}$$

其中，$\bar{\gamma}_k = \alpha\sigma_S^2 \big/ \left(\sigma_n^2 + (1-\alpha)\sigma_S^2\right)$。

以下对 BPSK 调制的理想脉冲熄灭 OFDM 接收机的符号差错概率公式进行讨论：①当脉冲熄灭样点数 K_B 取值为 0 时，$\bar{\gamma}_k = \sigma_S^2 \big/ \sigma_n^2$，此时式（9-50）退化为常规 BPSK 调制的 OFDM 接收机符号差错概率公式[20]。②当信噪比取值充分大时，噪声功率 $\sigma_n^2 \approx 0$，$\bar{\gamma}_k = \sigma_S^2 \big/ \sigma_D^2$，其中，$\sigma_D^2 = K_B / K$ 代表脉冲熄灭产生的 ICI 干扰功率，由于 σ_D^2 取值不为零，因此理想脉冲熄灭 OFDM 接收机的符号差错概率曲线存在错误平台。③脉冲熄灭 OFDM 接收机差错概率曲线的错误平台主要由因子 σ_D^2 确定，在子信道总数 K 给定情况下，脉冲熄灭的样点数 K_B 越多，σ_D^2 取值越大，则符号差错概率曲线的错误平台越高；在脉冲熄灭样点数 K_B 给定情况下，增加子载波总数 K，σ_D^2 取值减小，则符号差错概率曲线的错误平台将降低。④以上分析结果也适用于 QPSK、8PSK、16QAM 调制的脉冲熄灭 OFDM 接收机。

根据文献[21]给出的 M-PSK 符号差错性能计算公式，可得到频率选择性瑞利衰落信道下 QPSK 调制的理想脉冲熄灭 OFDM 接收机的符号差错概率为

$$P_{\text{Blank}}^{\text{QPSK}} \approx \frac{3}{8}\cdot\frac{1}{\bar{\gamma}_k \cdot \sin^2(\pi/4)} \tag{9-51}$$

同理可得到频率选择性衰落瑞利信道下 8PSK 调制的理想脉冲熄灭 OFDM 接收机的符号差错概率为

$$P_{\text{Blank}}^{\text{8PSK}} \approx \frac{3}{8}\cdot\frac{1}{\bar{\gamma}_k \cdot \sin^2(\pi/4)} \tag{9-52}$$

根据文献[21]给出的 16QAM 符号差错性能计算公式，可得到频率选择性瑞利衰落信道下 16QAM 调制的理想脉冲熄灭 OFDM 接收机的符号差错性能为

$$P_{\text{Blank}}^{\text{16QAM}} = \frac{3}{2}\cdot\left(1-\sqrt{\frac{\bar{\gamma}_k}{10+\bar{\gamma}_k}}\right) - \frac{9}{16}\cdot\left(1-\frac{\pi}{4}\cdot\sqrt{\frac{\bar{\gamma}_k}{10+\bar{\gamma}_k}}\cdot\arctan\sqrt{\frac{10+\bar{\gamma}_k}{\bar{\gamma}_k}}\right) \tag{9-53}$$

9.3.4　数值仿真结果

为验证本节给出的理想脉冲熄灭 OFDM 接收机符号差错概率公式的正确性，构建了理想脉冲熄灭 OFDM 仿真系统，仿真系统主要技术参数如表 9-2 所示。

表 9-2　仿真参数设置

参数		取值
系统参数	调制器	BPSK、QPSK、8PSK、16QAM
	信号带宽/MHz	8.192
	子载波总数	512
	数据子载波数	512
	子载波间隔/kHz	16
	采样间隔/μs	0.122
	循环前缀样点数	16
信道参数	信道类型	频率选择性瑞利衰落信道（10 径）
	脉冲噪声模型	伯努利-复高斯噪声
	脉冲熄灭器	理想脉冲熄灭器
	脉冲熄灭样点数	0、1、3、5、10
接收机参数	信道估计	理想信道估计器
	信道均衡	迫零均衡器

在绘制理想脉冲熄灭 OFDM 接收机符号差错性能曲线时，首先根据接收机输入 SNR 与脉冲熄灭样点数 K_B，利用式（9-46）计算得到脉冲熄灭 OFDM 接收机解调器输出平均信干噪比 $\bar{\gamma}_k$，再将其代入式（9-50）～式（9-53）计算脉冲熄灭 OFDM 接收机的符号差错概率。

图 9-6 所示为脉冲熄灭样点数对 OFDM 接收机符号差错性能的影响（BPSK 调制），图 9-6 中横轴代表接收机输入 SNR（dB），纵轴代表符号差错概率（SER）。图 9-6 中共包含五组曲线，分别代表脉冲熄灭样点数为 0、1、3、5、10 时 OFDM 接收机的符号差错性能，此外，每组曲线包含理论计算曲线和计算机仿真曲线。曲线比较表明：①理论结果与仿真结果完全一致，验证理论计算公式的正确性；②脉冲熄灭将导致符号差错性能曲线出现错误平台；③随着熄灭样点数的增加，脉冲熄灭产生的 ICI 噪声功率增加，差错性能曲线错误平台提高。

表 9-3 所示为 OFDM 接收机熄灭 1、3、5、10 个样点数时 BPSK 调制的 OFDM 系统符号差错概率曲线错误平台的位置。表 9-3 理论和仿真结果比较表明：理论计算错误平台出现位置及仿真曲线观测的错误平台出现位置完全一致，验证了理论分析的正确性。

表 9-3　脉冲熄灭 OFDM 接收机符号差错性能错误平台（BPSK，K=512）

脉冲熄灭样点数	理论计算错误平台	仿真观测错误平台
1	4.88×10^{-4}	5×10^{-4}
3	1.50×10^{-3}	1.5×10^{-3}
5	2.40×10^{-3}	2.5×10^{-3}
10	4.80×10^{-3}	4.5×10^{-3}

图 9-7 所示为脉冲熄灭样点数对 OFDM 接收机符号差错性能的影响（QPSK 调制），图 9-7 中横轴代表接收机输入 SNR（dB），纵轴代表符号差错概率。图 9-7 中共包含五组曲线，分别代表脉冲熄灭样点数为 0、1、3、5、10 时 OFDM 系统的符号差错性能，此外，每组曲线包含理论计算曲线和计算机仿真曲线。由图 9-7 得到的观测结果与图 9-6 完全相同。

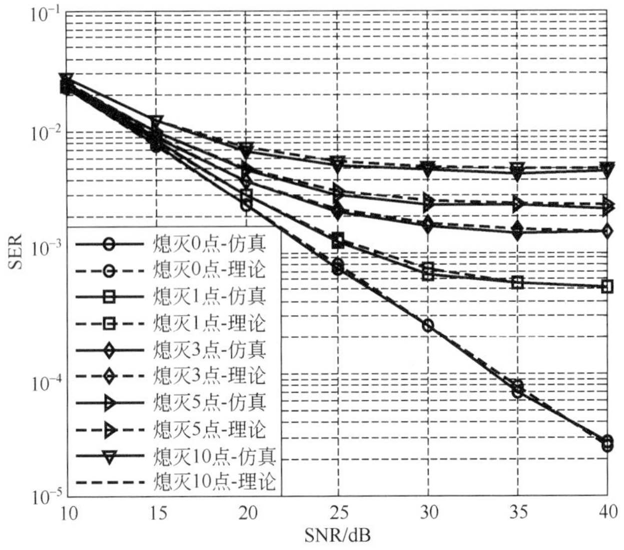

图 9-6　脉冲熄灭样点数对 OFDM 接收机符号差错性能的影响（BPSK 调制，频率选择性瑞利衰落信道）

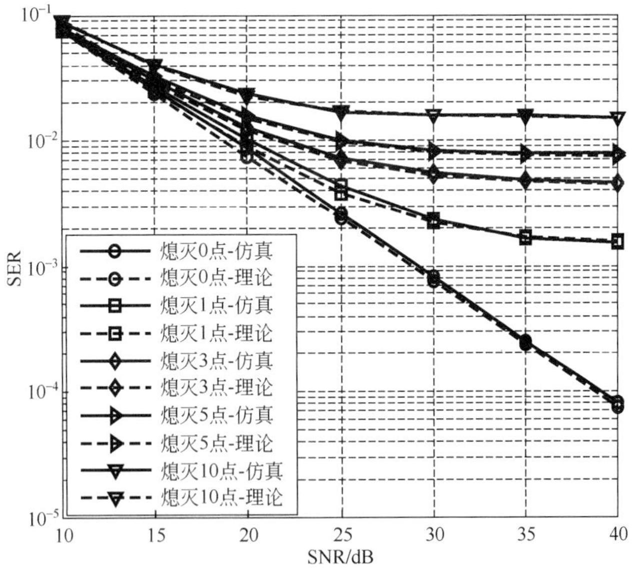

图 9-7　脉冲熄灭样点数对 OFDM 接收机符号差错性能的影响（QPSK 调制，瑞利衰落信道）

图 9-8 所示为脉冲熄灭样点数对 OFDM 接收机符号差错性能的影响（8PSK 调制），图 9-8 中横轴代表接收机输入 SNR（dB），纵轴代表符号差错概率，图 9-8 中共包含五

组曲线，分别代表脉冲熄灭样点数为 0、1、3、5、10 时 OFDM 系统的符号差错性能，此外，每组曲线包含理论计算曲线和计算机仿真曲线。理论曲线与计算机仿真曲线比较表明：理论计算结果与仿真结果完全一致，验证理论分析的正确性。

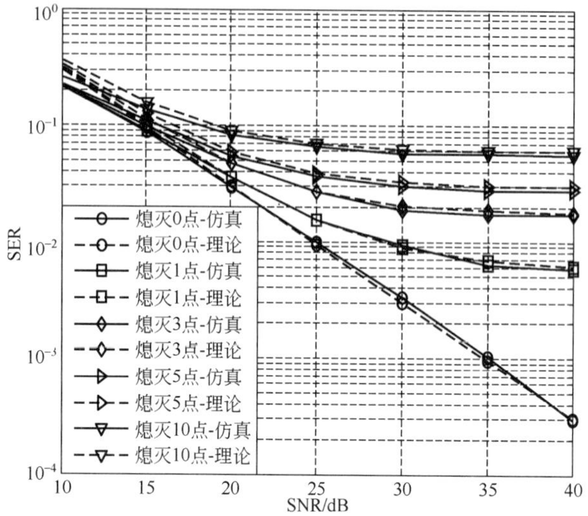

图 9-8　脉冲熄灭样点数对 OFDM 接收机符号差错性能的影响

（8PSK 调制，瑞利衰落信道）

图 9-9 所示为脉冲熄灭样点数对 OFDM 接收机符号差错性能的影响（16QAM 调制），图 9-9 中横轴代表接收机输入 SNR（dB），纵轴代表符号差错概率，图 9-9 中共包含五组曲线，分别代表脉冲熄灭样点数为 0、1、3、5、10 时 OFDM 系统的符号差错性能，此外，每组曲线包含理论计算曲线和计算机仿真曲线。理论曲线与计算机仿真曲线比较表明：理论计算结果与仿真结果完全一致，验证理论分析的正确性。

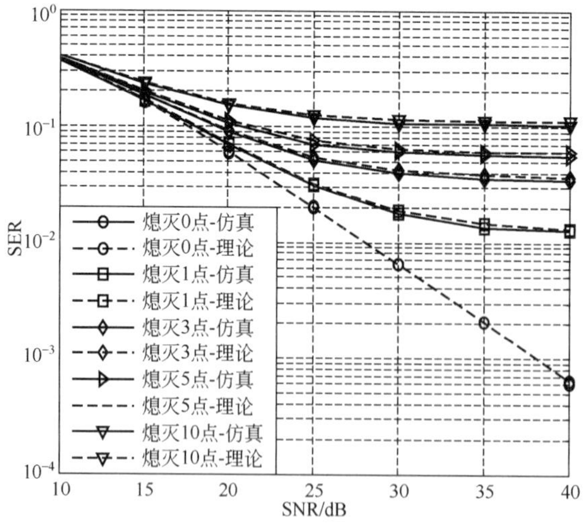

图 9-9　脉冲熄灭样点数对 OFDM 接收机符号差错性能的影响

（16QAM 调制，瑞利衰落信道）

9.4　理想脉冲熄灭最大比值合并 OFDM 接收机符号差错性能

最大比值合并接收方法是 OFDM 系统提高链路传输可靠性的重要技术手段，该方法也可用于克服脉冲熄灭产生的 ICI 干扰。本节定量分析给出了理想脉冲熄灭最大比值合并 OFDM 接收机的符号差错概率。首先，给出了脉冲熄灭最大比值合并 OFDM 接收机模型，随后理论分析给出了最大比值合并 OFDM 接收机输出信噪比计算公式，以此为基础，理论分析给出脉冲熄灭最大比值合并 OFDM 接收机的符号差错概率，最后仿真验证理论分析的正确性。

9.4.1　脉冲熄灭最大比值合并 OFDM 接收机模型

图 9-10 所示为脉冲熄灭最大比值合并 OFDM 接收机模型。为了提高链路传输可靠性，假设接收机采用了分集接收方案，接收机接收天线数为 N，第 v 个接收天线接收到的模拟信号 $r^v(t)$ 表示为

$$r^v(t)=x(t)*h^v(t)+n^v(t)+i^v(t),\quad v=1,\cdots,N \tag{9-54}$$

其中，$x(t)$ 代表发射信号；“$*$”代表卷积运算；$h^v(t)$ 代表发射机至第 v 个接收天线的信道冲激响应；$n^v(t)$ 代表第 v 个接收天线输入的复高斯白噪声信号；$i^v(t)$ 代表第 v 个接收天线接收到的脉冲噪声信号。$r^v(t)$ 进一步送入 A/D 转换器采样，假设接收机已建立精确的 OFDM 符号定时同步，则在一个 OFDM 符号周期内 A/D 输出信号矢量表示为 $\boldsymbol{r}^v$，$\boldsymbol{r}^v$ 在移除循环前缀后记为 $\boldsymbol{z}^v$：

$$\boldsymbol{z}^v=\boldsymbol{P}_{\text{out}}^v\cdot\boldsymbol{r}^v,\quad v=1,\cdots,N \tag{9-55}$$

其中，$\boldsymbol{z}^v=\left[z_0^v,\cdots,z_n^v,\cdots,z_{K-1}^v\right]^{\mathrm{T}}$，$\boldsymbol{P}_{\text{out}}^v=\left[\boldsymbol{0}_{K\times K_g}\quad \boldsymbol{I}_K\right]$代表 OFDM 接收机循环前缀移除矩阵，根据 OFDM 基础理论[19,20]，移除循环前缀后的信号矢量 $\boldsymbol{z}^v$ 表示为

$$\boldsymbol{z}^v=\boldsymbol{s}\otimes\boldsymbol{h}^v+\boldsymbol{i}^v+\boldsymbol{n}^v,\quad v=1,\cdots,N \tag{9-56}$$

其中，$\boldsymbol{s}=[s_0,\cdots,s_n,\cdots,s_{K-1}]^{\mathrm{T}}$ 代表时域发射信号矢量，发射信号平均功率记为 $E\{|s_n|^2\}=\sigma_S^2$；$\boldsymbol{h}^v=\left[h_0^v,\cdots,h_l^v,\cdots,h_{L_v-1}^v\right]^{\mathrm{T}}$ 代表第 v 条支路 L_v 径信道衰落系数构成的信道矢量，且 h_l^v 与 $h_m^v(m\neq l)$ 统计独立，h_l^v 与 h_l^q $(v\neq q)$ 统计独立，假设各信道的功率均归一化，即 $\sum\limits_{l=0}^{L-1}E\left\{\left|h_l^v\right|^2\right\}=1,\ v=1,\cdots,N$；$\boldsymbol{i}^v=\left[i_0^v,\cdots,i_n^v,\cdots,i_{K-1}^v\right]^{\mathrm{T}}$ 代表第 v 个接收天线接收到的脉冲噪声矢量，i_n^v 建模为伯努利-复高斯分布的随机变量：

$$i_n^v=b_n^v\cdot g_n^v,\quad n=0,\cdots,K-1;\quad v=1,\cdots,N \tag{9-57}$$

其中，b_n^v 代表伯努利分布的随机变量，假设第 v 个支路第 n 个样值脉冲噪声出现的概率为 p，即 $P(b_n^v=1)=p,\ v=1,\cdots,N$；$g_n^v$ 代表复高斯随机变量，$g_n^v\sim\mathcal{CN}\left(0,\delta_n^2\right)$，$\boldsymbol{n}^v=\left[n_0^v,\cdots,n_n^v,\cdots,n_{K-1}^v\right]^{\mathrm{T}}$ 代表第 v 个支路输入的复高斯白噪声矢量，$n_n^v\sim\mathcal{CN}\left(0,\delta_n^2\right)$，且 n_n^v 与 $n_l^v(n\neq l)$ 统计独立。

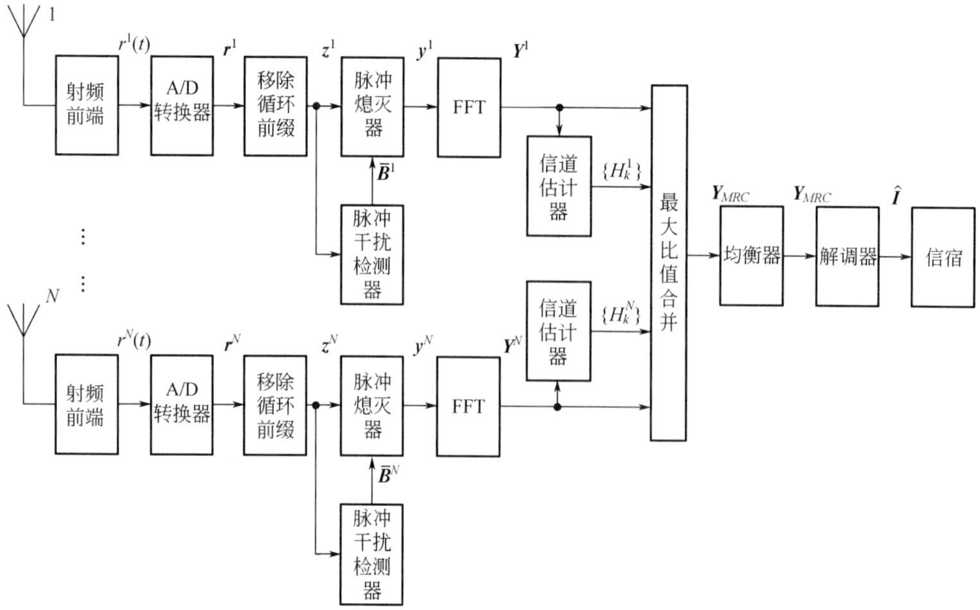

图 9-10　脉冲熄灭最大比值合并 OFDM 接收机模型

信号矢量 $\boldsymbol{z}^v$ 进一步送入脉冲熄灭器进行脉冲噪声抑制，假设接收机精确知晓脉冲噪声出现的位置，脉冲熄灭器输出信号矢量表示为 $\boldsymbol{y}^v=\left[y_0^v,\cdots,y_n^v,\cdots,y_{K-1}^v\right]^{\mathrm{T}}$：

$$\boldsymbol{y}^v=\bar{\boldsymbol{B}}^v\cdot\boldsymbol{z}^v,\quad v=1,\cdots,N \tag{9-58}$$

其中，$\bar{\boldsymbol{B}}^v=\mathrm{diag}\left(\bar{b}_0^v,\cdots,\bar{b}_n^v,\cdots,\bar{b}_{K-1}^v\right)$ 代表第 v 个接收支路的脉冲熄灭矩阵，$\bar{\boldsymbol{B}}^v$ 对角线元素中第 n 个分量 $\bar{b}_n^v=1-b_n^v$。脉冲熄灭后信号矢量 $\boldsymbol{y}^v$ 进一步通过 K 点 FFT 完成 OFDM 信号解调，FFT 输出频域信号矢量记为 $\boldsymbol{Y}^v=\left[Y_0^v,\cdots,Y_k^v,\cdots,Y_{K-1}^v\right]^{\mathrm{T}}$：

$$\boldsymbol{Y}^v=\boldsymbol{F}\cdot\boldsymbol{y}^v,\quad v=1,\cdots,N \tag{9-59}$$

其中，$\boldsymbol{F}$ 代表 FFT 矩阵，$\boldsymbol{F}$ 矩阵的第 k 行第 n 列元素记为 $\boldsymbol{F}_{k,n}$：

$$\boldsymbol{F}_{k,n}=\frac{1}{\sqrt{K}}\mathrm{e}^{-2\pi\mathrm{j}\frac{k\cdot n}{K}},\quad k=0,\cdots,K-1;\ \ n=0,\cdots,K-1 \tag{9-60}$$

所有 N 个接收支路的频域信号矢量 $\{\boldsymbol{Y}^v,v=1,\cdots,N\}$ 同时送入最大比值合并器进行信号合并处理，最大比值合并器输出信号矢量表示为 $\boldsymbol{Y}_{\mathrm{MRC}}$：

$$\boldsymbol{Y}_{\mathrm{MRC}}=\sum_{v=1}^{N}(\boldsymbol{H}^v)^*\odot\boldsymbol{Y}^v \tag{9-61}$$

其中，“$\odot$”代表哈达玛积（Hadamard）。假设接收机通过信道估计可精确地获得 N 个信道的频域响应矩阵 $\{\boldsymbol{H}^v,v=1,\cdots,N\}$，其中，$\boldsymbol{H}^v=\left[H_0^v,\cdots,H_k^v,\cdots,H_{K-1}^v\right]^{\mathrm{T}}$ 代表第 v 个接收支路的频域传输矩阵，H_k^v 代表第 v 个接收支路第 k 个子信道的频率响应。最大比值合并器输出信号矢量 $\boldsymbol{Y}_{\mathrm{MRC}}$ 进一步通过迫零均衡后，第 k 个子信道输出频域信号表示为

$$\tilde{Y}_{\mathrm{MRC},k}=\frac{\sum_{v=1}^{N}(H_k^v)^*\cdot Y_k^v}{\sum_{v=1}^{N}\left|H_k^v\right|^2},\quad k=0,\cdots,K-1 \tag{9-62}$$

最后，迫零均衡器输出信号矢量$\tilde{\boldsymbol{Y}}_{\mathrm{MRC}}=\left[\tilde{Y}_{\mathrm{MRC},0},\cdots,\tilde{Y}_{\mathrm{MRC},k},\cdots,\tilde{Y}_{\mathrm{MRC},K-1}\right]$进一步送入解调器得到比特发送序列$\boldsymbol{I}$的估计值$\hat{\boldsymbol{I}}$。

9.4.2 脉冲熄灭最大比值合并 OFDM 接收机输出信干噪比

将式（9-56）代入式（9-58），考虑到脉冲熄灭后$\bar{\boldsymbol{B}}^v\cdot\boldsymbol{i}^v=\boldsymbol{0},\quad v=1,\cdots,N$，式（9-58）化简为

$$\boldsymbol{y}^v=\bar{\boldsymbol{B}}^v\cdot(\boldsymbol{s}\otimes\boldsymbol{h}^v)+\bar{\boldsymbol{B}}^v\cdot\boldsymbol{i}^v+\bar{\boldsymbol{B}}^v\cdot\boldsymbol{n}^v,\quad v=1,\cdots,N \tag{9-63}$$

其中，$\bar{\boldsymbol{B}}^v\cdot\boldsymbol{i}^v=\mathrm{diag}\left(\bar{b}_0^v i_0^v,\cdots,\bar{b}_n^v i_n^v,\cdots,\bar{b}_{K-1}^v i_{K-1}^v\right)$的第$n$个分量表示为

$$\bar{b}_n^v i_n^v=\left(1-b_n^v\right)b_n^v g_n^v,\quad n=0,\cdots,K-1;\ v=1,\cdots,N \tag{9-64}$$

由于b_n^v代表取值为 0 或 1 的伯努利随机变量，因此乘积项$\left(1-b_n^v\right)b_n^v\equiv 0$，则$\bar{b}_n^v i_n^v=0$，进一步得到$\bar{\boldsymbol{B}}^v\cdot\boldsymbol{i}^v=\boldsymbol{0}$，式（9-63）化简为

$$\boldsymbol{y}^v=\boldsymbol{s}\otimes\boldsymbol{h}^v+\tilde{\boldsymbol{i}}^v+\tilde{\boldsymbol{n}}^v,\quad v=1,\cdots,N \tag{9-65}$$

$\tilde{\boldsymbol{i}}^v=(\bar{\boldsymbol{B}}^v-\boldsymbol{I})\cdot(\boldsymbol{s}\otimes\boldsymbol{h}^v)$代表$v$个接收天线收到的等效脉冲噪声矢量，其中$\tilde{\boldsymbol{i}}^v=\left[\tilde{i}_0^v,\cdots,\tilde{i}_n^v,\cdots,\tilde{i}_{K-1}^v\right]^{\mathrm{T}}$的第$n$个分量$\tilde{i}_n^v$表示为

$$\tilde{i}_n^v=-b_n^v\sum_{m=0}^{K-1}s_m\cdot h_{(n-m)\bmod K}^v,\quad v=1,\cdots,N \tag{9-66}$$

$\tilde{\boldsymbol{n}}^v=\bar{\boldsymbol{B}}^v\cdot\boldsymbol{n}^v$代表第$v$个接收支路脉冲熄灭器输出的高斯白噪声信号矢量，其中$\tilde{\boldsymbol{n}}^v=\left[\tilde{n}_0^v,\cdots,\tilde{n}_n^v,\cdots,\tilde{n}_{K-1}^v\right]^{\mathrm{T}}$的第$n$个分量$\tilde{n}_n^v$表示为

$$\tilde{n}_n^v=\left(1-b_n^v\right)n_n^v,\quad v=1,\cdots,N \tag{9-67}$$

将式（9-65）代入式（9-59），则第v支路频域观测信号矢量$\boldsymbol{Y}^v$进一步表示为

$$\boldsymbol{Y}^v=\boldsymbol{S}\cdot\boldsymbol{H}^v+\boldsymbol{F}\cdot\tilde{\boldsymbol{i}}^v+\boldsymbol{F}\cdot\tilde{\boldsymbol{n}}^v,\quad v=1,\cdots,N \tag{9-68}$$

式（9-68）展开后，$\boldsymbol{Y}^v$矢量中第k个子信道观测信号Y_k^v表示为

$$Y_k^v=S_k\cdot H_k^v+\frac{1}{\sqrt{K}}\sum_{n=0}^{K-1}\tilde{i}_n^v\mathrm{e}^{-2\pi\mathrm{j}\frac{k\cdot n}{K}}+\frac{1}{\sqrt{K}}\sum_{n=0}^{K-1}\tilde{n}_n^v\mathrm{e}^{-2\pi\mathrm{j}\frac{k\cdot n}{K}},\quad v=1,\cdots,N \tag{9-69}$$

利用式（9-69），式（9-62）进一步展开后，最大比值合并器输出信号矢量$\boldsymbol{Y}_{\mathrm{MRC}}$中第$k$个子信道观测信号$Y_{\mathrm{MRC},k}$表示为

$$\begin{aligned}Y_{\mathrm{MRC},k}&=\sum_{v=1}^{N}(H_k^v)^*\cdot Y_k^v\\&=\sum_{v=1}^{N}S_k\cdot\left|H_k^v\right|^2+\sum_{v=1}^{N}\frac{(H_k^v)^*}{\sqrt{K}}\cdot\sum_{n=0}^{K-1}\tilde{i}_n^v\mathrm{e}^{-2\pi\mathrm{j}\frac{k\cdot n}{K}}+\sum_{v=1}^{N}\frac{(H_k^v)^*}{\sqrt{K}}\cdot\sum_{n=0}^{K-1}\tilde{n}_n^v\mathrm{e}^{-2\pi\mathrm{j}\frac{k\cdot n}{K}}\end{aligned} \tag{9-70}$$

观测式（9-70），$Y_{\mathrm{MRC},k}$ 由两部分组成：第一部分为第 k 个子信道期望接收观测信号，记为 E_k；另一部分由脉冲熄灭后产生的 ICI 干扰及复高斯白噪声组成，此项视为噪声项，记为 W_k。因此，$Y_{\mathrm{MRC},k}$ 进一步表示为

$$Y_{\mathrm{MRC},k} = E_k + W_k \tag{9-71}$$

其中，

$$E_k = S_k \cdot \sum_{v=1}^{N} \left| H_k^v \right|^2 \tag{9-72}$$

$$W_k = \sum_{v=1}^{N} \frac{(H_k^v)^*}{\sqrt{K}} \sum_{n=0}^{K-1} \tilde{i}_n^v \mathrm{e}^{-2\pi \mathrm{j}\frac{k \cdot n}{K}} + \sum_{v=1}^{N} \frac{(H_k^v)^*}{\sqrt{K}} \sum_{n=0}^{K-1} \tilde{n}_n^v \mathrm{e}^{-2\pi \mathrm{j}\frac{k \cdot n}{K}} \tag{9-73}$$

考虑到 S_k 与 $S_j (j \neq k)$ 统计独立，$E\left\{\left|S_k\right|^2\right\} = \sigma_S^2$，$E\{S_k\} = 0$，$S_k$ 与 H_k^v 统计独立，H_k^v 与 $H_k^j (j \neq v)$ 统计独立，因此 E_k 的方差表示为

$$\mathrm{var}(E_k) = \sigma_S^2 \cdot \left[\sum_{v=1}^{N} \left(\left| H_k^v \right|^2 \right) \right]^2 \tag{9-74}$$

由式（9-73）计算得到噪声项 W_k 的方差为

$$\mathrm{var}(W_k) = E\left\{ \left| W_k \right|^2 \right\} - \left(E\left\{ \left| W_k \right| \right\} \right)^2 \tag{9-75}$$

考虑到 H_k^v 与 $H_k^j (j \neq v)$ 统计独立，式（9-75）中第一项 $E\left\{\left|W_k\right|^2\right\}$ 化简为

$$E\left\{ \left| W_k \right|^2 \right\} = \frac{1}{K} \sum_{v=1}^{N} \left| H_k^v \right|^2 \sum_{n=0}^{K-1} \left(E\left\{ \left| \tilde{i}_n^v \right|^2 \right\} + E\left\{ \left| \tilde{n}_n^v \right|^2 \right\} \right) \tag{9-76}$$

考虑到 b_n^v、s_m 与 h_l^v 相互统计独立，由式（9-66）计算 $E\left\{\left|\tilde{i}_n^v\right|^2\right\}$ 表示为

$$\begin{aligned} E\left\{ \left| \tilde{i}_n^v \right|^2 \right\} &= E\left\{ \left| -b_n^v \sum_{m=0}^{K-1} s_m \cdot h_{(n-m) \bmod K}^v \right|^2 \right\} \\ &= E\left\{ \left| b_n^v \right|^2 \right\} \sum_{m=0}^{K-1} E\left\{ \left| s_m \right|^2 \right\} \sum_{m=0}^{K-1} E\left\{ \left| h_{(n-m) \bmod K}^v \right|^2 \right\} \\ &= p\sigma_S^2 \end{aligned} \tag{9-77}$$

考虑到 b_n^v 与 n_n^v 相互统计独立，由式（9-67）计算 $E\left\{\left|\tilde{n}_n^v\right|^2\right\}$ 表示为

$$\begin{aligned} E\left\{ \left| \tilde{n}_n^v \right|^2 \right\} &= E\left\{ \left| (1 - b_n^v) n_n \right|^2 \right\} \\ &= (1 - p)\delta_n^2 \end{aligned} \tag{9-78}$$

利用式（9-66）与式（9-67），已知 $E\{s_m\} = 0$，$E\{n_n^v\} = 0$，易知 $E\{\tilde{i}_n^v\} = 0$，$E\{\tilde{n}_n^v\} = 0$，

因此易知式（9-75）中第二项$\left(E\{|W_k|\}\right)^2=0$，最后由式（9-75）计算得到噪声项$W_k$的方差为

$$\operatorname{var}(W_k)=\left[p\sigma_S^2+(1-p)\delta_n^2\right]\sum_{v=1}^{N}\left|H_k^v\right|^2 \tag{9-79}$$

利用式（9-74）与式（9-79）的结果，脉冲熄灭最大比值合并 OFDM 接收机第 k 个子信道输出瞬时 SNR 的计算公式为

$$\begin{aligned}\gamma_k&\equiv\frac{\operatorname{var}(E_k)}{\operatorname{var}(W_k)}\\&=\sum_{v=1}^{N}\frac{\sigma_S^2}{p\sigma_S^2+(1-p)\delta_n^2}\left|H_k^v\right|^2,\quad k=0,\cdots,K-1\end{aligned} \tag{9-80}$$

定义参数$\rho\triangleq\sigma_S^2/\delta_n^2$代表每个支路输入的平均 SNR，则式（9-80）化简为

$$\begin{aligned}\gamma_k&=\sum_{v=1}^{N}\frac{\rho}{p\rho+(1-p)}\left|H_k^v\right|^2\\&=\sum_{v=1}^{N}\gamma_k^v,\quad k=0,\cdots,K-1\end{aligned} \tag{9-81}$$

其中，$\gamma_k^v=\dfrac{\rho}{p\rho+(1-p)}\left|H_k^v\right|^2$代表第 v 个支路第 k 个子信道输出瞬时信干噪比。考虑到 N 个信道统计独立，则H_k^v与$H_k^j(j\neq v)$统计独立，因此γ_k^v与$\gamma_k^j(j\neq v)$相互统计独立。

9.4.3　瑞利衰落信道脉冲熄灭最大比值合并 OFDM 接收机符号差错概率

频率选择性瑞利衰落信道下脉冲熄灭最大比值合并 OFDM 接收机第 v 个接收支路第 k 个子信道的频域响应$H_k^v=\sum_{l=0}^{L_v-1}h_l^v\mathrm{e}^{-\mathrm{j}2\pi\frac{kl}{K}}$（$v$=1,···,$N$；$k$=0,···,$K$−1）服从均值为 0、方差为 1 的复高斯分布，易知$\left|H_k^v\right|^2$服从 2 个自由度的χ^2分布，并且$E\left\{\left|H_k^v\right|^2\right\}=1$。

假设脉冲噪声出现概率 p 给定，则因子$\rho/[p\rho+(1-p)]$为常量，考虑到$\left|H_k^v\right|^2$服从 2 个自由度的χ^2分布，因此γ_k^v也服从 2 个自由度的χ^2分布，易知第 v 个接收支路第 k 个子信道输出平均信噪比$\bar{\gamma}=\rho/[p\rho+(1-p)]$。因此$\gamma_k^v$的概率密度函数表示为[20]

$$p(\gamma_k^v)=\frac{1}{\bar{\gamma}}\mathrm{e}^{\frac{-\gamma_k^v}{\bar{\gamma}}},\quad\gamma_k^v\geqslant 0,\quad v=1,\cdots,N;\quad k=0,\cdots,K-1 \tag{9-82}$$

利用式（9-82），对$p(\gamma_k^v)$求拉普拉斯变换并符号取反得到γ_k^v的矩量母函数（moment generating function，MGF）表示为

$$M_{\gamma_k^v}(s)=\frac{1}{1-s\bar{\gamma}},\quad v=1,\cdots,N;\quad k=0,\cdots,K-1 \tag{9-83}$$

根据文献[21]的结果，利用式（9-81）与式（9-83），脉冲熄灭最大比值合并 OFDM 接收

机第 k 个子信道输出信噪比 γ_k 的矩量母函数表示为

$$\begin{aligned} M_{\gamma_k}(s) &= \prod_{v=1}^{N} M_{\gamma_k^v}(s) \\ &= \frac{1}{(1-s\overline{\gamma}_k^v)^N}, \quad k=0,\cdots,K-1 \end{aligned} \tag{9-84}$$

利用文献[21]的结果，频率选择性瑞利衰落信道 MPSK 调制的脉冲熄灭最大比值合并 OFDM 接收机第 k 个子信道的符号差错概率为

$$\mathrm{SER}_{\mathrm{MPSK},k}^{\mathrm{Rayleigh}} = \frac{1}{\pi}\int_0^{(M-1)\pi/M} M_{\gamma_k}\left(\frac{-g_{\mathrm{PSK}}}{\sin^2\theta}\right)\mathrm{d}\theta \tag{9-85}$$

其中，$g_{\mathrm{PSK}} = \sin^2(\pi/M)$。当 $\overline{\gamma}$ 取值较大时，式（9-85）给出的符号差错概率近似表示为[21]

$$\mathrm{SER}_{\mathrm{MPSK},k}^{\mathrm{Rayleigh}} \approx \frac{C_{\mathrm{PSK}}(N,M)}{\overline{\gamma}^N} \tag{9-86}$$

其中，

$$C_{\mathrm{PSK}}(N,M) = \frac{1}{[2\sin(\pi/M)]^{2N}}\left[\binom{2N}{N}\frac{M-1}{M} - \sum_{j=1}^{N}\binom{2N}{N-j}\times(-1)^j\times\frac{\sin(2\pi j/M)}{\pi j}\right] \tag{9-87}$$

频率选择性瑞利衰落信道 MQAM 调制的脉冲熄灭最大比值合并 OFDM 接收机第 k 个子信道的符号差错概率表示为

$$\begin{aligned} \mathrm{SER}_{\mathrm{MQAM},k}^{\mathrm{Rayleigh}} = &\frac{4}{\pi}\left(1-\frac{1}{\sqrt{M}}\right)\int_0^{\pi/2} M_{\gamma_k}\left(-\frac{g_{\mathrm{QAM}}}{\sin^2\theta}\right)\mathrm{d}\theta \\ &-\frac{4}{\pi}\left(1-\frac{1}{\sqrt{M}}\right)^2\int_0^{\pi/4} M_{\gamma_k}\left(-\frac{g_{\mathrm{QAM}}}{\sin^2\theta}\right)\mathrm{d}\theta \end{aligned} \tag{9-88}$$

其中，$g_{\mathrm{QAM}} = 3/[2(M-1)]$。当 $\overline{\gamma}$ 取值较大时，式（9-88）给出的符号差错概率近似表示为[21]

$$\mathrm{SER}_{\mathrm{MQAM},k}^{\mathrm{Rayleigh}} \approx \frac{C_{\mathrm{QAM}}(N,M)}{\overline{\gamma}^N} \tag{9-89}$$

其中，

$$C_{\mathrm{QAM}}(N,M) = \frac{1}{2^{2N}}\left(\frac{\sqrt{M}-1}{\sqrt{M}}\right)^2 g_{\mathrm{QAM}}{}^{-N}\left[\binom{2N}{N}\left(\frac{2\sqrt{M}}{\sqrt{M}-1}-1\right) - \frac{4}{\pi}\sum_{j=1}^{N}\binom{2N}{N-j}\frac{(-1)^{(j+1)/2}}{j}\right] \tag{9-90}$$

观测式（9-85）、式（9-86）、式（9-88）与式（9-89），第 k 个子信道的符号差错概率计算公式与子信道序号 k 无关，因此脉冲熄灭最大比值合并 OFDM 接收机各个子信道具有相同的符号差错概率，因此频率选择性瑞利衰落信道脉冲熄灭最大比值合并 OFDM 接收机平均符号差错概率表示为

$$P_{\text{Rayleigh}} = \frac{1}{K}\sum_{k=0}^{K-1} P_{k,\text{Rayleigh}} = P_{k,\text{Rayleigh}} \tag{9-91}$$

其中，$P_{k,\text{Rayleigh}}$ 由式（9-85）、式（9-86）、式（9-88）、式（9-89）给出。

利用式（9-85），频率选择性瑞利衰落信道 BPSK 调制的最大比值合并 OFDM 接收机的第 k 个子信道符号差错概率进一步表示为[20]

$$\text{SER}_{\text{BPSK},k}^{\text{Rayleigh}} = \left[\frac{1}{2}(1-\mu)\right]^N \sum_{j=0}^{N-1}\binom{N-1+j}{j}\left[\frac{1}{2}(1+\mu)\right]^j \tag{9-92}$$

其中，$\mu = \sqrt{\bar{\gamma}/1+\bar{\gamma}}$。

下面对 BPSK 调制最大比值合并 OFDM 接收机的符号差错概率进行讨论：①当信道不存在脉冲噪声时（$p=0$），输出信干噪比化简为$\bar{\gamma}=\rho$，式（9-92）退化为常规最大比值合并 OFDM 接收机的符号差错概率计算公式；②当信道存在脉冲噪声，且脉冲噪声出现概率不为零时（$p \neq 0$），另外假设信道输入噪声功率近似为零，此时输入信噪比 ρ 趋近于无穷大，输出信干噪比化简为 $\bar{\gamma}=1/p$，这表明输入信噪比为无穷大时，而输出信干噪比为有限值，这意味着符号差错性能曲线将出现错误平台；③ 进一步假设脉冲噪声出现概率很低（$p<0.1$），此时输出信干噪 $\bar{\gamma} \gg 1$，则式（9-92）化简为 $\text{SER}_{\text{BPSK},k}^{\text{Rayleigh}} = \left(\frac{p}{4}\right)^N \binom{2N-1}{N}$，这表明增加接收分集天线的数目 N，可显著提高系统的符号差错性能；④以上结果可进一步推广到其他调制方式。

9.4.4　莱斯衰落信道脉冲熄灭最大比值合并 OFDM 接收机差错性能

频率选择性莱斯（Ricean）衰落信道下，脉冲熄灭最大比值合并 OFDM 接收机第 v 个接收支路的信道矢量记为 $\boldsymbol{h}^v = \left[h_0^v,\cdots,h_l^v,\cdots,h_{L_v-1}^v\right]^{\mathrm{T}}$（$v$=1,⋯,$N$），其中 h_0^v 代表信道的直射径分量，$h_0^v \sim \mathcal{CN}\left(u_v,\delta_0^2\right)$，$h_l^v (l\neq 0)$ 代表散射径分量，$h_l^v \sim \mathcal{CN}\left(0,\delta_l^2\right)$，假设信道功率被归一化，即 $|u_v|^2 + \sum_{l=0}^{L_v-1}\delta_l^2 = 1$，莱斯因子定义为 $K_v \triangleq |u_v|^2 \Big/ \sum_{l=0}^{L_v-1}\delta_l^2$，则第 v 条接收支路第 k 个子信道频域响应 $H_k^v = \sum_{l=0}^{L_v-1} h_l^v \mathrm{e}^{-\mathrm{j}2\pi\frac{kl}{K}}$ 服从均值为 u_v、方差为 $\sum_{l=0}^{L_v-1}\delta_l^2 - |u_v|^2$ 的复高斯分布的随机变量，此外，易知 $|H_k^v|^2$ 服从自由度为 2 的非中心 χ^2 分布，并且 $E\left\{|H_k^v|^2\right\}=1$。

假设脉冲噪声出现概率 p 给定，因子 $\rho/[p\rho+(1-p)]$ 为常量，考虑到 $|H_k^v|^2$ 服从 2 个自由度的非中心 χ^2 分布，因此 γ_k^v 也服从 2 个自由度的非中心 χ^2 分布，此外第 v 个支路第 k 个子信道输出平均信干噪比 $\bar{\gamma}=\rho/[p\rho+(1-p)]$，因此 γ_k^v 的概率密度函数可表示为[20,21]

$$p(\gamma_k^v) = \frac{(1+K_v)\mathrm{e}^{-\frac{(1+K^v)\gamma_k^v}{\bar{\gamma}}}}{\bar{\gamma}} I_0\left(2\sqrt{\frac{K_v(1+K_v)\gamma_k^v}{\bar{\gamma}}}\right),\quad \gamma_k^v \geqslant 0 \tag{9-93}$$

其中，$I_0(\cdot)$ 代表第一类零阶修正贝塞尔函数。由式（9-93）求得 γ_k^v 的矩量母函数表示为

$$M_{\gamma_k^v}(s)=\frac{1+K_v}{1+K_v-s\bar{\gamma}}\exp\left(\frac{K_v s\bar{\gamma}}{1+K_v-s\bar{\gamma}}\right) \tag{9-94}$$

根据文献[21]的结果，利用式（9-71）与式（9-94），脉冲熄灭最大比值合并 OFDM 接收机第 k 个子信道输出信噪比 γ_k 的矩量母函数表示为

$$\begin{aligned}M_{\gamma_k}(s)&=\prod_{v=1}^{N}M_{\gamma_k^v}(s)\\&=\prod_{v=1}^{N}\left\{\frac{1+K_v}{1+K_v-s\bar{\gamma}}\exp\left(\frac{K_v s\bar{\gamma}}{1+K_v-s\bar{\gamma}}\right)\right\}\end{aligned} \tag{9-95}$$

利用文献[21]的结果，频率选择性莱斯衰落信道 M-PSK 调制的脉冲熄灭最大比值合并 OFDM 接收机第 k 个子信道的符号差错概率表示为

$$\mathrm{SER}_{\mathrm{MPSK},k}^{\mathrm{Ricean}}=\frac{1}{\pi}\int_0^{(M-1)\pi/\mathrm{M}}M_{\gamma_k}\left(-\frac{g_{\mathrm{PSK}}}{\sin^2\theta}\right)\mathrm{d}\theta \tag{9-96}$$

当 $\bar{\gamma}$ 取值较大时，式（9-96）给出的符号差错概率近似表示为[21]

$$\mathrm{SER}_{\mathrm{MPSK},k}^{\mathrm{Ricean}}\approx\frac{\exp\left(-\sum_{v=1}^{N}K_v\right)C_{\mathrm{PSK}}(N,M)}{\bar{\gamma}^N}\prod_{v=1}^{N}(1+K_v) \tag{9-97}$$

莱斯衰落信道 MQAM 调制的脉冲熄灭最大比值合并 OFDM 接收机第 k 个子信道的符号差错概率表示为

$$\begin{aligned}\mathrm{SER}_{\mathrm{MQAM},k}^{\mathrm{Ricean}}=&\frac{4(\sqrt{M}-1)}{\pi\sqrt{M}}\int_0^{\pi/2}M_{\gamma_k}\left(-\frac{g_{\mathrm{QAM}}}{\sin^2\theta}\right)\mathrm{d}\theta\\&-\frac{4(\sqrt{M}-1)^2}{\pi M}\int_0^{\pi/4}M_{\gamma_k}\left(-\frac{g_{\mathrm{QAM}}}{\sin^2\theta}\right)\mathrm{d}\theta\end{aligned} \tag{9-98}$$

当 $\bar{\gamma}$ 取值较大时，式（9-98）给出的符号差错概率公式近似为[21]

$$\mathrm{SER}_{\mathrm{MQAM},k}^{\mathrm{Ricean}}\approx\frac{\exp\left(-\sum_{v=1}^{N}K_v\right)C_{\mathrm{QAM}}(N,M)}{\bar{\gamma}^N}\prod_{v=1}^{N}(1+K_v) \tag{9-99}$$

比较式（9-97）与式（9-96），式（9-98）与式（9-99），在莱斯因子 $\{K_v,v=1,\cdots,N\}$ 给定的情况下，由式（9-97）与式（9-99）可得到与式（9-89）一致的分析结果。

由于脉冲熄灭最大比值合并 OFDM 接收机各个子信道具有相同的符号差错概率，因此莱斯衰落信道脉冲熄灭最大比值合并 OFDM 接收机平均符号差错概率表示为

$$\begin{aligned}P_{\mathrm{Ricean}}&=\frac{1}{K}\sum_{k=0}^{K-1}P_{k,\mathrm{Ricean}}\\&=P_{k,\mathrm{Ricean}}\end{aligned} \tag{9-100}$$

其中，$P_{k,\text{Ricean}}$ 由式（9-96）～式（9-99）给出。

9.4.5　数值仿真结果

表 9-4 所示为 Matlab 仿真程序所使用的 OFDM 系统仿真参数。

表 9-4　仿真参数设置

参数		取值
系统参数	调制器	BPSK、8PSK、16QAM
	信号带宽/MHz	8.192
	子载波总数	512
	数据子载波数	512
	子载波间隔/kHz	16
	采样间隔/μs	0.122
	循环前缀样点数	16
信道参数	信道类型	频率选择性瑞利衰落信道（10 径）； 频率选择性莱斯衰落信道（10 径，$\{K_v\}=10\text{dB}$）
	脉冲噪声模型	伯努利-复高斯噪声
接收机参数	信道估计	理想信道估计器
	信道均衡	迫零均衡器

在绘制符号差错的理论性能曲线时，首先根据接收机输入 SNR 与脉冲噪声出现的概率 p，计算得到第 v 个支路第 k 个子信道平均信干噪比 $\bar{\gamma}$，然后利用式（9-91）与式（9-100）计算得出脉冲熄灭最大比值合并 OFDM 接收机的平均符号差错概率。

图 9-11 与图 9-12 所示分别为接收天线数 N 为 2 与 4 时频率选择性瑞利衰落信道下 BPSK 调制的脉冲熄灭最大比值合并 OFDM 系统符号差错性能。其中每个图包含四组曲线，分别代表 p 取不同值时脉冲熄灭最大比值合并 OFDM 接收机的符号差错性能，此外，每组曲线分别包含理论和计算机仿真曲线。曲线比较表明：①理论结果与计算机仿真结果完全一致，验证了理论分析结果的正确性；②随着脉冲噪声出现概率的增加，脉冲熄灭产生的 ICI 干扰增加，系统符号差错性能曲线恶化；③脉冲熄灭产生的 ICI 干扰，使得系统符号差错性能曲线出现错误平台；④随着分集接收天线数的增加，系统符号差错性能曲线的错误平台降低，即利用系统的分集增益，可克服 ICI 干扰，提高链路传输的可靠性。

图 9-13 和图 9-14 所示分别为接收天线数 N 为 2 和 4 时，频率选择性瑞利衰落信道下 16QAM 调制的脉冲熄灭最大比值合并 OFDM 系统符号差错性能。其中每个图中包含四组曲线，分别代表 p 取不同值时脉冲熄灭 OFDM 接收机的符号差错性能。此外，每组曲线分别包含理论和计算机仿真曲线。由图 9-13 和图 9-14 观测得到的结果与图 9-11 与图 9-12 完全一致，因此不再赘述。

图 9-15 与图 9-16 所示分别为接收天线个数 N 为 2 和 4 时，莱斯衰落信道下 8PSK 调制的脉冲熄灭最大比值合并 OFDM 系统符号差错性能，其中每个图包含四组曲线，分别代表 p 取不同值时脉冲熄灭 OFDM 接收机的符号差错性能。此外，每组曲线分别包含

理论和计算机仿真曲线。由图 9-15 与图 9-16 观测得到的结果与图 9-11 与图 9-12 完全一致，因此不再赘述。

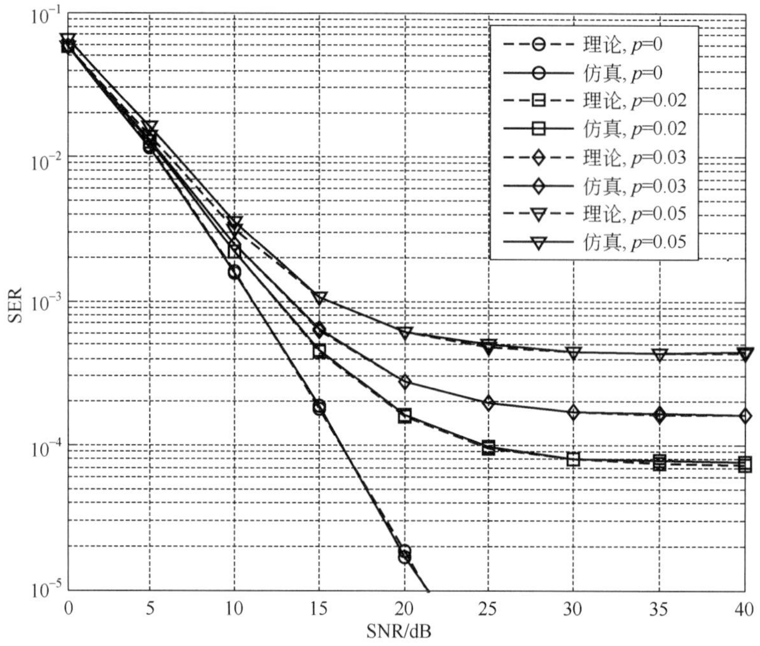

图 9-11　脉冲熄灭最大比值合并 OFDM 接收机差错性能

（BPSK，频率选择性瑞利衰落信道，N=2）

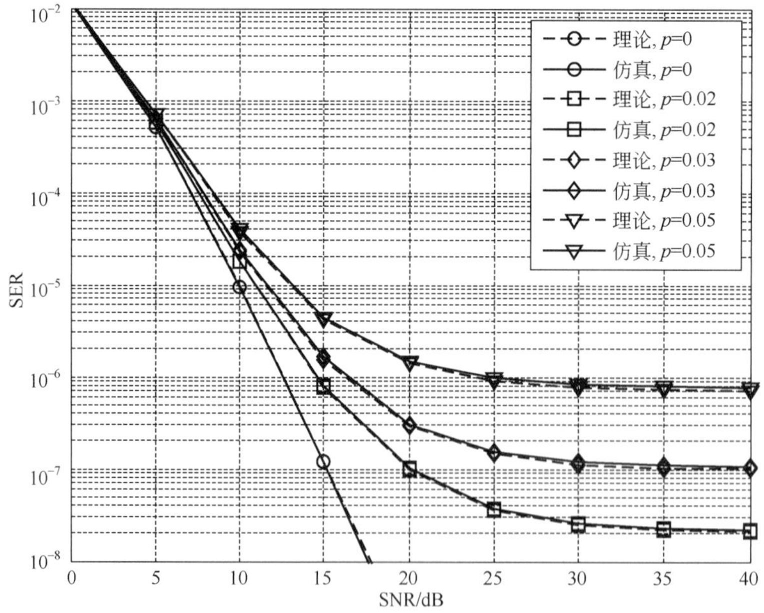

图 9-12　脉冲熄灭最大比值合并 OFDM 接收机差错性能

（BPSK，频率选择性瑞利衰落信道，N=4）

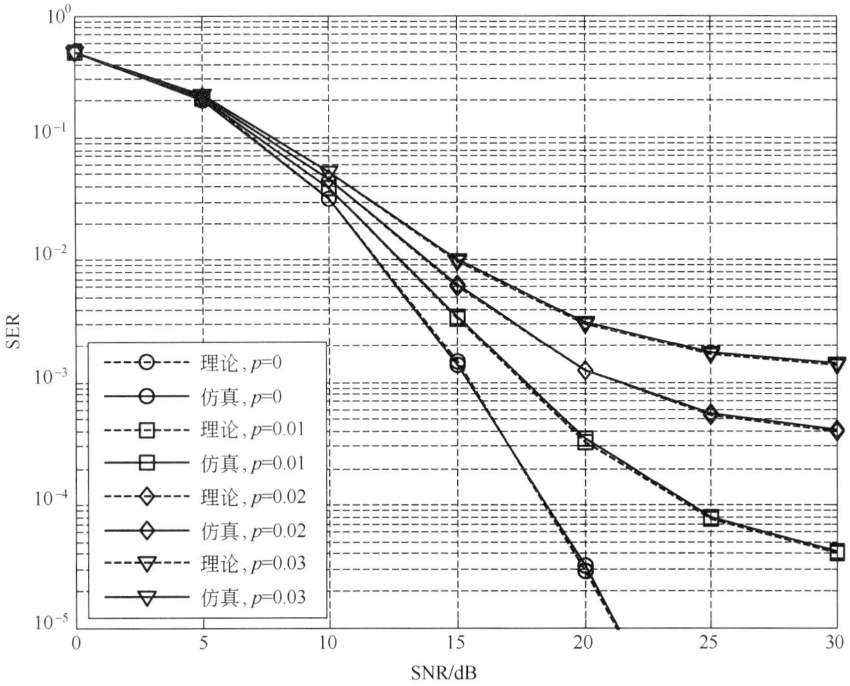

图 9-13　脉冲熄灭最大比值合并 OFDM 接收机差错性能
（16QAM，频率选择性瑞利衰落信道，N=2）

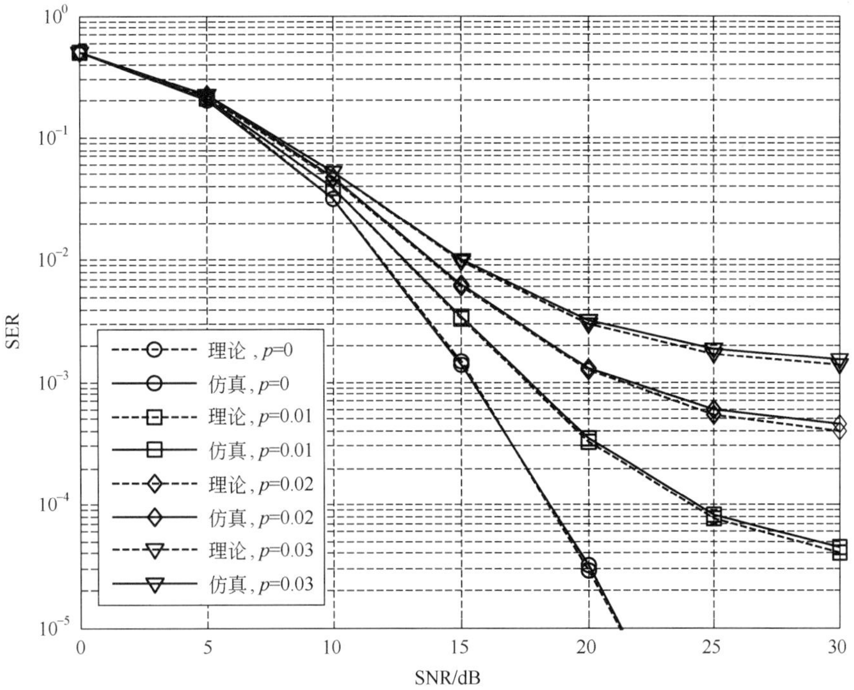

图 9-14　脉冲熄灭最大比值合并 OFDM 接收机差错性能
（16QAM，频率选择性瑞利衰落信道，N=4）

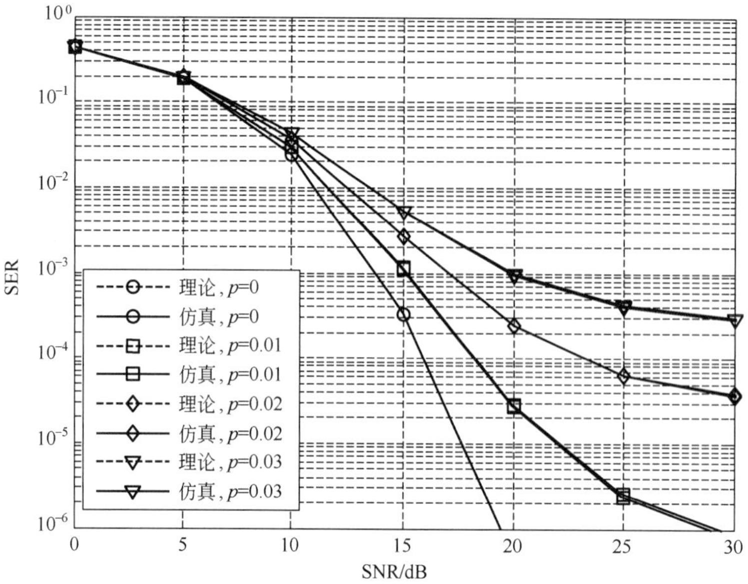

图 9-15　脉冲熄灭最大比值合并 OFDM 接收机差错性能

（8PSK，莱斯衰落信道，$\{K_v\}=10\text{dB}$，N=2）

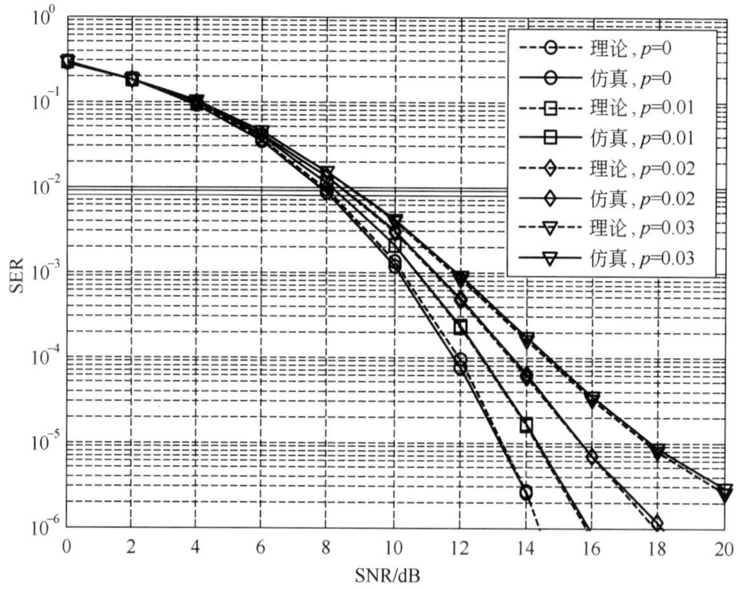

图 9-16　脉冲熄灭最大比值合并 OFDM 接收机差错性能

（8PSK，莱斯衰落信道，$\{K_v\}=10\text{dB}$，N=4）

图 9-17 与图 9-18 所示分别为接收天线个数 N 为 2 和 4 时，莱斯衰落信道下 16QAM 调制的脉冲熄灭最大比值合并 OFDM 系统符号差错性能，其中每个图中包含四组曲线，分别代表 p 取不同值时脉冲熄灭最大比值合并 OFDM 接收机的符号差错性能。此外，每组曲线分别包含理论和计算机仿真曲线。由图 9-17 与图 9-18 观测得到的结果与图 9-11 与图 9-12 完全一致，因此不再赘述。

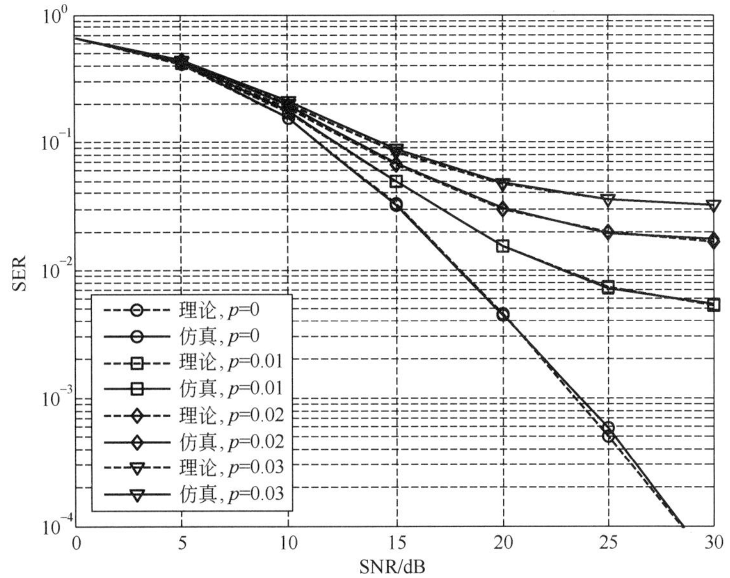

图 9-17　脉冲熄灭最大比值合并 OFDM 接收机差错性能
（16QAM，莱斯衰落信道，$\{K_v\}=10\text{dB}$，N=2）

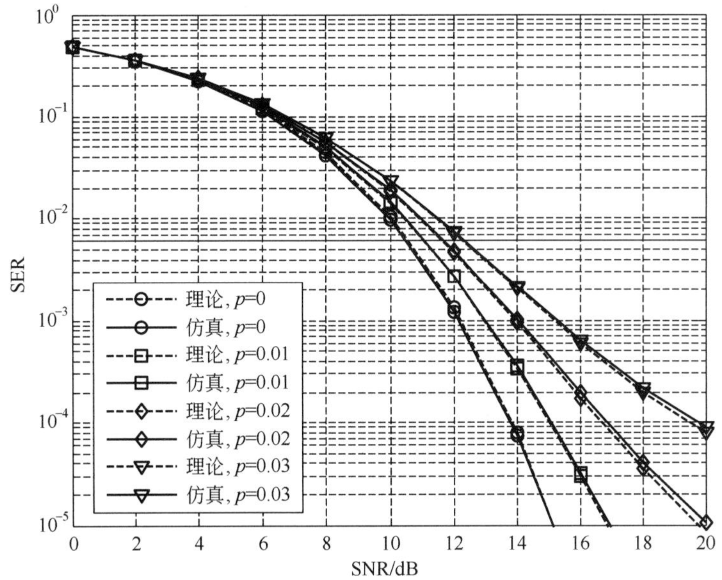

图 9-18　脉冲熄灭最大比值合并 OFDM 接收机差错性能
（16QAM，莱斯衰落信道，$\{K_v\}=10\text{dB}$，N=4）

9.5　本章小结

为定量给出脉冲熄灭对 OFDM 接收机链路差错性能的影响，本章在频率选择性衰落信道下理论分析给出理想脉冲熄灭 OFDM 接收机及最大比值合并 OFDM 接收机的符号差错概率计算公式，并仿真验证了理论分析结果的正确性。

本章研究结论如下：①脉冲熄灭 OFDM 接收机各个子信道具有相同的符号差错概率；②脉冲熄灭将导致 OFDM 系统符号差错概率曲线出现错误平台，且错误平台主要由脉冲噪声出现的概率决定；③接收机分集措施有助于改善脉冲熄灭 OFDM 系统的链路传输可靠性。

参 考 文 献

[1] BLACKARD K L, RAPPAPORT T S, BOSTIAN C W. Measurements and models of radio frequency impulsive noise for indoor wireless communications[J]. IEEE journal on selected areas in communications, 1993, 11(7):991-1001.

[2] ZIMMERMANN M, DOSTERT K. Analysis and modeling of impulsive noise in broad-band powerline communications[J]. IEEE transactions on electromagnetic compatibility, 2002, 44(1):249-258.

[3] HOOIJEN O. A channel model for the residential power circuit used as a digital communications medium[J]. IEEE transactions on electromagnetic compatibility, 1998, 40(4):331-336.

[4] SANCHEZ M G, HARO L d, RAMON M C, et al. Impulsive noise measurements and characterization in a UHF digital TV channel[J]. IEEE transactions on electromagnetic compatibility, 1999, 41(2):124-136.

[5] GHOSH M. Analysis of the effect of impulse noise on multicarrier and single carrier QAM systems[J]. IEEE transactions on communications, 1996, 44(2):145-147.

[6] HAFFENDEN O P. Detection and removal of clipping in multicarrier receiver: EP1043874[P]. 2010-10-11.

[7] ZHIDKOV S V. Performance analysis and optimization of OFDM receiver with blanking nonlinearity in impulsive noise environment[J]. IEEE transactions on vehicular technology, 2006, 55(1):234-242.

[8] EPPLE U, SCHNELL M. Adaptive threshold optimization for a blanking nonlinearity in OFDM receivers[C]// IEEE Global Communications Conference, Piscataway, NJ:IEEE Press，2012:3661-3666.

[9] BRANDES S, EPPLE U, SCHNELL M. Compensation of the impact of interference mitigation by pulse blanking in OFDM systems[C]// IEEE Global Telecommunications Conference, Piscataway, NJ:IEEE Press, 2009:1-6.

[10] YIH C H. Iterative interference cancellation for OFDM signals with blanking nonlinearity in impulsive noise channels[J]. IEEE signal processing letters, 2012, 19(3):147-150.

[11] DARSENA D, GELLI G, MELITO F, et al. ICI-free equalization in OFDM systems with blanking preprocessing at the receiver for impulsive noise mitigation[J]. IEEE signal processing letters, 2015, 22(9):1321-1325.

[12] MA Y H, SO P L, GUNAWAN E. Performance analysis of OFDM systems for broadband power line communications under impulsive noise and multipath effects[J]. IEEE transactions on power delivery, 2005, 20(2):674-682.

[13] AMIRSHAHI P, NAVIDPOUR S M, KAVEHRAD M. Performance analysis of uncoded and coded OFDM broadband transmission over low voltage power-line channels with impulsive noise[J]. IEEE transactions on power delivery, 2006, 21(4): 1927-1934.

[14] EPPLE U, SHIBLI K, SCHNELL M. Investigation of Blanking Nonlinearity in OFDM Systems[C]// IEEE International Conference on Communications, Piscataway, NJ: IEEE Press, 2011:1-5.

[15] 刘海涛, 尹志胜, 张学军. 频率选择瑞利衰落信道脉冲熄灭 OFDM 接收机差错性能分析[J]. 北京邮电大学学报, 2015, 38(4): 28-32.

[16] LIU H.T, YIN Z.S, JIA M, et al. SER analysis of the MRC-OFDM receiver with pulse blanking over frequency selective fading channel[J]. Journal on wireless communications and networking, 2016,1:135.

[17] 刘海涛, 尹志胜, 李冬霞, 等. 脉冲熄灭 STBC-OFDM 接收机差错性能分析[J]. 系统工程与电子技术, 2016, 38(5): 1159-1163.

[18] EPPLE U，BRANDES S，GLIGOREVIC S，et al. Receiver optimization for L-DACS1[C]// IEEE /AIAA 28th Digital Avionics Systems Conference, Piscataway, NJ: IEEE Press, 2009: 4.B.1-1-4.B.1-12.

[19] LI Y, STUBER G. Orthogonal Frequency Division Multiplexing for Wireless Communications[M]. NY, USA: Springer Science & Business Media, 2006.

[20] PROAKIS J G. Digital Communications[M]. 4th ed. Beijing:Publishing House of Electronics Industry, 2011.

[21] SIMON M K, ALOUINI M S. Digital Communications over Fading Channels[M].2nd ed. New York :John Wiley & Sons, 2005.

第 10 章　基于峰值门限的非线性 OFDM 接收机性能

10.1　引言

在 OFDM 接收机中，脉冲噪声的抑制方法主要分为三类：①非线性脉冲干扰抑制方法[1,2]（脉冲熄灭、脉冲限幅、联合脉冲熄灭与限幅的方法）；②基于信号重构的干扰抑制方法[3-9]；③基于阵列天线空域滤波的干扰抑制方法[10-14]。基于信号重构的干扰抑制方法在实际应用中存在的主要问题为：信号重构与干扰消除后，存在着残留脉冲干扰信号，限制了通信系统链路传输可靠性的进一步改善；基于阵列天线空域滤波方法的主要不足是要求接收机使用阵列天线，限制了该方法的适用范围。相对于其他两类干扰抑制方法，非线性脉冲干扰抑制方法具有运算复杂度低、工程实现简单、适用性强等优点，因此该方法在许多无线通信系统中获得了应用，如电力线载波通信系统、数字视频广播系统及 L-DACS1。

非线性脉冲干扰抑制在 OFDM 系统应用时需要解决的关键技术问题是脉冲熄灭及脉冲限幅门限的最优设置。针对脉冲熄灭 OFDM 接收机最优门限设置问题，文献[15]在加性高斯白噪声信道基于信干比最大化准则提出了 OFDM 接收机最佳熄灭门限设置方法，文献[16,17]进一步提出了自适应脉冲熄灭门限设置方法，然而以上两种方法需要知晓脉冲噪声的统计特性，限制了该方法的适用范围；文献[18-21]提出了一种基于 OFDM 信号峰值幅度的门限设置方法，相对于最优门限设置方法，基于 OFDM 信号峰值幅度的设置方法具有运算复杂度低、不需要脉冲噪声的统计特性等方面的优点，因此该方法具有广泛的应用前景。

为定量给出脉冲噪声对 OFDM 接收机差错性能的影响，文献[22]比较了脉冲噪声对单载波及多载波通信系统链路传输可靠性的影响；文献[23]进一步理论分析给出脉冲噪声环境下 OFDM 系统链路的比特差错率公式；文献[24]研究给出理想脉冲熄灭 OFDM 接收机在频率选择性衰落信道的差错性能；文献[25]将以上成果推广到脉冲熄灭最大比值合并接收机系统。然而峰值脉冲熄灭方法对 OFDM 接收机链路差错性能的影响尚没有见到相关研究。

为定量给出峰值脉冲熄灭与峰值限幅对 OFDM 接收机链路差错性能的影响，本章在频率选择性衰落信道下理论分析给出了非线性 OFDM 接收机的符号差错性能[26]。首先，分析给出常规 OFDM 接收机在脉冲噪声环境下输出信噪比的表达式；随后分析给出基于峰值脉冲熄灭和峰值脉冲限幅的 OFDM 接收机在脉冲噪声环境下的输出信干噪比计算公式，以此为基础，理论分析给出非线性 OFDM 接收机的符号差错概率计算公式；最后，通过仿真验证了理论分析结果的正确性。

10.2　系统模型

10.2.1　OFDM 发射机模型

图 10-1 所示为OFDM 发射机的模型。首先，信源输出的比特序列记为I，比特序列I送入调制器完成符号映射，调制器输出的调制符号序列记为$\boldsymbol{S}=\left[S_0,\cdots,S_k,\cdots,S_{K-1}\right]^{\mathrm{T}}$，其中，$\boldsymbol{S}$第$k$个分量$S_k$的均值为$E\{S_k\}=0$，方差为$E\left\{\left|S_k\right|^2\right\}=\sigma_s^2$，当$n\neq l$时，$\boldsymbol{S}$的第$n$个分量$S_n$与第$l$个分量$S_l$是统计独立的，$K$代表调制符号序列的长度。随后调制符号序列$S$通过$K$点 IDFT 完成OFDM 调制，IDFT 输出的时域信号矢量记为$\boldsymbol{s}=[s_0,\cdots,s_n,\cdots,s_{K-1}]^{\mathrm{T}}$：

$$s=\boldsymbol{F}^{-1}\cdot S \tag{10-1}$$

其中，$\boldsymbol{F}^{-1}$代表 IDFT 矩阵，$\boldsymbol{F}^{-1}$的第n行k列表示为

$$\boldsymbol{F}_{n,k}^{-1}=\frac{1}{\sqrt{K}}\mathrm{e}^{\mathrm{j}2\pi\frac{kn}{K}}\ n,\quad k=0,1,\cdots,K-1 \tag{10-2}$$

在插入循环前缀并通过D/A转换器转换后，时域信号矢量$\boldsymbol{s}$被转换为模拟基带信号$m(t)$。最后，$m(t)$通过射频前端转换为射频信号，并通过发射天线送入信道。

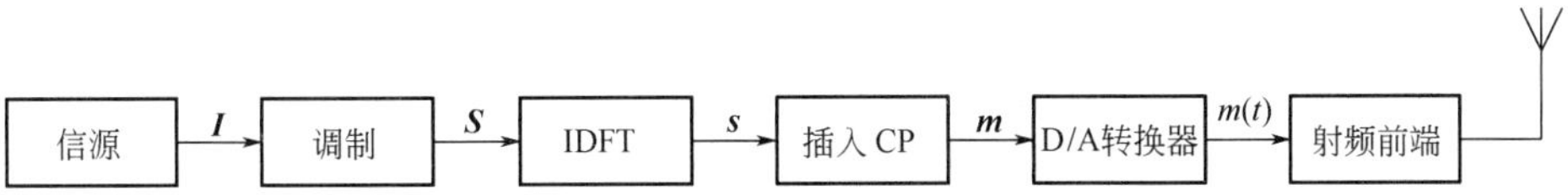

图 10-1　OFDM 发射机的模型

10.2.2　基于峰值门限的非线性 OFDM 接收机模型

图 10-2 所示为基于峰值门限的非线性OFDM 接收机模型。来自接收天线的射频信号经射频前端转换为模拟基带信号$z(t)$，对信号$z(t)$以$\Delta T=T/K$为间隔进行时域采样，其中，T代表OFDM 符号周期，K代表OFDM 系统子信道总数，采样信号矢量记为$\boldsymbol{z}$。假设接收机已建立精确的符号定时同步，根据 OFDM 基础理论[27]，信号矢量$\boldsymbol{z}$在移除循环前缀后表示为$\boldsymbol{y}=\left[y_0,\cdots,y_n,\cdots,y_{K-1}\right]^{\mathrm{T}}$：

$$\boldsymbol{y}=\boldsymbol{s}\otimes\boldsymbol{h}+\boldsymbol{n}+\boldsymbol{i} \tag{10-3}$$

其中，$\boldsymbol{s}=[s_0,\cdots,s_n,\cdots,s_{K-1}]^{\mathrm{T}}$代表发送信号矢量，由式（10-1）给出，由于 IDFT 为酉变换，因此$\boldsymbol{s}$的统计特性与$\boldsymbol{S}$完全相同，即$E\{s_n\}=0$，$E\left\{\left|s_k\right|^2\right\}=\sigma_s^2$；$\otimes$代表循环卷积运算；$\boldsymbol{h}=[h_0,\cdots,h_l,\cdots,h_{L-1}]^{\mathrm{T}}$代表信道冲激响应矢量，且$\boldsymbol{h}$在单个OFDM 符号周期传输期间内恒定不变，$L$代表信道的多径数，$h_l\sim\mathcal{CN}(0,\sigma_l^2)$，其第$n$个分量$h_n$与第$l$个分量$h_l$在$n\neq l$时统计独立，同时假设信道功率是归一的，则$\sum\limits_{l=0}^{L-1}E\left\{\left|h_l\right|^2\right\}=1$；$\boldsymbol{n}=\left[n_0,\cdots,n_n,\cdots,n_{K-1}\right]^{\mathrm{T}}$，代表信道输入的复高斯白噪声矢量，$n_n\sim\mathcal{CN}(0,\sigma_n^2)$，其第$n$个分量$n_n$与

第 l 个分量 n_l 在 $n \neq l$ 时是统计独立的；$\boldsymbol{i}=[i_0,\cdots,i_n,\cdots,i_{K-1}]^{\mathrm{T}}$，代表信道输入的脉冲噪声矢量，其建模为伯努利–复高斯噪声（BG），则第 n 个分量表示为[22,23]

$$i_n = b_n \cdot g_n,\quad n=0,1,\cdots,K-1 \tag{10-4}$$

其中，随机变量 b_n 服从伯努利分布，当第 n 个采样值 y_n 包含脉冲噪声时，随机变量 b_n 取值为 1，且 $P(b_n=1)=p$；当第 n 个采样值 y_n 不包含脉冲噪声时，随机变量 b_n 的取值为 0，且 $P(b_n=0)=1-p$。随机变量 g_n 服从复高斯分布，即 $g_n \sim \mathcal{CN}\left(0,\sigma_g^2\right)$，其第 n 个分量 g_n 与第 l 个分量 g_l 在 $n \neq l$ 时是统计独立的。

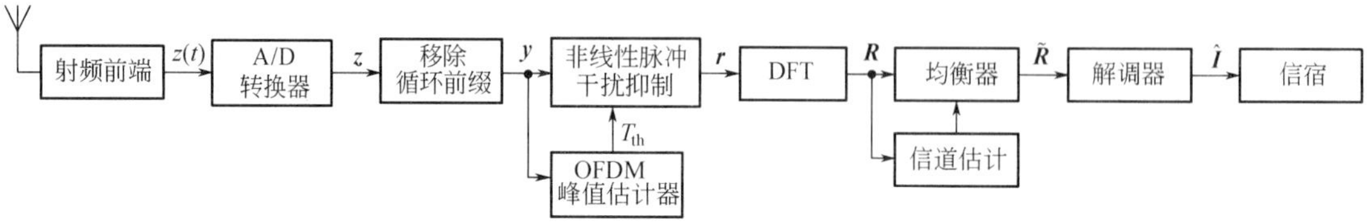

图 10-2　基于峰值门限的非线性 OFDM 接收机模型

随后信号矢量 $\boldsymbol{y}$ 进一步送入非线性脉冲干扰抑制器消除脉冲噪声，在本章中脉冲干扰抑制器采用峰值门限抑制的方法，因此门限 T_{th} 被设置为 OFDM 信号幅度的峰值，则脉冲干扰抑制器输出信号矢量 $\boldsymbol{r}=\left[r_0,\cdots,r_n,\cdots,r_{K-1}\right]^{\mathrm{T}}$ 表示为

$$\boldsymbol{r}=\boldsymbol{Q}\cdot\boldsymbol{y} \tag{10-5}$$

其中，$\boldsymbol{Q}=\mathrm{diag}(q_0,\cdots,q_n,\cdots,q_{K-1})$ 为 $K\times K$ 脉冲干扰抑制矩阵。脉冲干扰抑制器输出信号矢量 $\boldsymbol{r}$ 进一步经 K 点 DFT 完成 OFDM 信号的解调，DFT 输出信号矢量 $\boldsymbol{R}$ 记为

$$\boldsymbol{R}=\boldsymbol{F}\cdot\boldsymbol{r} \tag{10-6}$$

其中，$\boldsymbol{F}$ 代表 DFT 矩阵，且 $\boldsymbol{F}\boldsymbol{F}^{-1}=\boldsymbol{I}$。假设 OFDM 接收机通过信道估计可精确地获得 K 个子信道的频域响应 $\{H_k,k=0,1,\cdots,K-1\}$，则接收机均衡器输出信号矢量 $\tilde{\boldsymbol{R}}$ 的第 k 个分量 $\tilde{R}_k$ 表示为

$$\tilde{R}_k=\frac{H_k^*}{\left|H_k\right|^2}\cdot R_k,\quad k=0,1,\cdots,K-1 \tag{10-7}$$

最后，矢量 $\tilde{\boldsymbol{R}}=[\tilde{R}_0,\cdots,\tilde{R}_k,\cdots,\tilde{R}_{K-1}]^{\mathrm{T}}$ 送入解调器完成信号的解调，解调器输出的信息序列记为 $\hat{\boldsymbol{I}}$，$\hat{\boldsymbol{I}}$ 就是发送序列 $\boldsymbol{I}$ 的估计值。

10.3　基于峰值门限的非线性 OFDM 接收机输出信干噪比

10.3.1　常规 OFDM 接收机输出信干噪比

在式（10-5）中，当将脉冲干扰抑制矩阵 $\boldsymbol{Q}$ 设置为单位矩阵时，图 10-2 给出的非线性 OFDM 接收机退化为常规的 OFDM 接收机。将式（10-3）代入式（10-5）展开，可得到 $\boldsymbol{r}$ 矢量的第 n 个分量 r_n 表示为

$$r_n = \sum_{j=0}^{K-1} s_j h_{(n-j)\bmod K} + n_n + i_n \tag{10-8}$$

式（10-8）可进一步化简为

$$r_n = \sum_{j=0}^{K-1} s_j h_{(n-j)\bmod K} + \tilde{i}_n \tag{10-9}$$

其中，$\tilde{i}_n$ 代表等效噪声分量，其表示为

$$\tilde{i}_n = \begin{cases} n_n + g_n, & b_n = 1 \\ n_n, & b_n = 0 \end{cases} \tag{10-10}$$

由于信道输入的复高斯白噪声 n_n 与脉冲噪声 g_n 是统计独立的，因此容易计算得到等效噪声信号 $\tilde{i}_n$ 的方差为

$$\begin{aligned} \operatorname{var}\left(\left|\tilde{i}_n\right|^2\right) &= E\left\{\left|n_n + g_n\right|^2\right\} \cdot P(b_n = 1) + E\left\{\left|n_n\right|^2\right\} \cdot P(b_n = 0) \\ &= \left(\sigma_n^2 + \sigma_g^2\right) \cdot p + \sigma_n^2 \cdot (1-p) \end{aligned} \tag{10-11}$$

信号矢量 $\boldsymbol{r}$ 经过 K 点 DFT 后，矢量 $\boldsymbol{R}$ 的第 k 个分量 R_k 表示为

$$R_k = S_k \cdot H_k + \tilde{I}_k, \quad k = 1, \cdots, K \tag{10-12}$$

其中，S_k 代表 OFDM 发射机第 k 个子信道传输的调制符号；H_k 代表第 k 个子信道的频域响应；$\tilde{I}_k$ 代表第 k 个子信道的等效噪声信号：

$$\tilde{I}_k = \sum_{n=1}^{K-1} \tilde{i}_n \mathrm{e}^{-2\pi \mathrm{j} \frac{k \cdot n}{K}}, \quad k = 0, \cdots, K-1 \tag{10-13}$$

信号分量 R_k 由两部分组成：第一部分为第 k 个子信道的期望信号 $E_k = S_k \cdot H_k$，第二部分为第 k 个子信道的等效噪声信号 $\tilde{I}_k$，则第 k 个子信道的期望信号的平均功率为

$$\begin{aligned} \operatorname{var}(E_k) &= E\left\{\left|S_k \cdot H_k\right|^2\right\} \\ &= \sigma_s^2 \cdot \left|H_k\right|^2 \end{aligned} \tag{10-14}$$

第 k 个子信道的等效噪声信号的平均功率为

$$\begin{aligned} \operatorname{var}(\tilde{I}_k) &= E\left\{\left|\tilde{I}_k\right|^2\right\} \\ &= E\left\{\left|i_n\right|^2\right\} \\ &= \left(\sigma_n^2 + \sigma_g^2\right) \cdot p + \sigma_n^2 \cdot (1-p) \end{aligned} \tag{10-15}$$

根据式（10-14）与式（10-15）给出的结果，可得到在存在脉冲噪声的情况下，常规 OFDM 接收机第 k 个子信道输出瞬时 SNR 为

$$\gamma_{k,\text{OFDM}} = \frac{\text{var}(E_k)}{\text{var}(\tilde{I}_k)} = \eta_{\text{OFDM}} \cdot |H_k|^2, \quad k = 0,\cdots,K-1 \tag{10-16}$$

其中，$\eta_{\text{OFDM}} = \dfrac{\sigma_s^2}{(\sigma_n^2+\sigma_g^2)\cdot p+\sigma_n^2\cdot(1-p)}$。当信道不存在脉冲噪声时，伯努利参数 p 取值为零，$\gamma_{k,\text{OFDM}} = (\sigma_s^2/\sigma_n^2)\cdot|H_k|^2$ 退化为常规OFDM 接收机输出 SNR。

10.3.2 峰值门限熄灭 OFDM 接收机输出信干噪比

当接收机采用峰值脉冲熄灭方法消除脉冲噪声时，非线性脉冲干扰抑制矩阵 $\boldsymbol{Q}=\text{diag}(q_0,\cdots,q_n,\cdots,q_{K-1})$ 的第 n 个对角元素 q_n 设置方法如下：当接收信号样值 y_n 超过熄灭门限 T_{th} 时，即 $|y_n| \geqslant T_{\text{th}}$，$q_n$ 取值为 0；当接收信号样值 y_n 低于熄灭门限 T_{th} 时，q_n 取值为 1，参数 q_n 表示为

$$q_n = \begin{cases} 0, & |y_n| \geqslant T_{\text{th}} \\ 1, & |y_n| < T_{\text{th}} \end{cases} \tag{10-17}$$

其中，T_{th} 代表峰值脉冲熄灭门限。此时，非线性脉冲干扰抑制器输出信号矢量 $\boldsymbol{r}$ 的第 n 个分量 r_n 表示为

$$r_n = q_n \sum_{j=0}^{K-1} s_j h_{(n-j)\bmod K} + q_n \cdot n_n + q_n \cdot i_n \tag{10-18}$$

式（10-18）进一步化简为

$$r_n = \sum_{j=0}^{K-1} s_j h_{(n-j)\bmod K} + \tilde{i}_{n,\text{blanking}} \tag{10-19}$$

其中，$\tilde{i}_{n,\text{blanking}}$ 代表脉冲熄灭器输出的等效噪声信号，即

$$\tilde{i}_{n,\text{blanking}} = \begin{cases} -\sum_{j=0}^{K-1} s_j h_{(n-j)\bmod K}, & b_n = 1,\quad q_n = 0 \\ n_n + g_n, & b_n = 1, \quad q_n = 1 \\ n_n, & b_n = 0 \end{cases} \tag{10-20}$$

信号矢量 $\boldsymbol{r}$ 进一步通过 K 点 DFT 得到频域信号矢量 $\boldsymbol{R}$，其第 k 个分量表示为

$$R_k = S_k \cdot H_k + \tilde{I}_{k,\text{blanking}} \tag{10-21}$$

其中，S_k 代表 OFDM 发射机第 k 个子信道传输的复符号；H_k 代表第 k 个子信道的频域响应；$\tilde{I}_k$ 代表第 k 个子信道的等效噪声。第 k 个子信道的期望信号定义为 $E_k \equiv S_k \cdot H_k$，期望信号的方差表示为

$$\text{var}(E_k) = \sigma_s^2 \cdot |H_k|^2 \tag{10-22}$$

利用本章附录 A 的计算结果，可得到 $\tilde{i}_{n,\text{blanking}}$ 的方差。由于 DFT 是酉变换，则 $\tilde{I}_{k,\text{blanking}}$

表示为

$$\tilde{I}_{k,\text{blanking}} = \frac{1}{\sqrt{K}} \sum_{n=0}^{K-1} \tilde{i}_{n,\text{blanking}} \mathrm{e}^{-2\pi \mathrm{j}\frac{kn}{K}}, \quad k = 0,1,\cdots,K-1 \tag{10-23}$$

因此，第 k 个子信道等效噪声 $\tilde{I}_{k,\text{blanking}}$ 的方差为

$$\begin{aligned}\operatorname{var}\left(\tilde{I}_{k,\text{blanking}}\right) &= E\left\{\left|\tilde{I}_{k,\text{blanking}}\right|^2\right\} \\ &= E\left\{\left|\tilde{i}_{n,\text{blanking}}\right|^2\right\} \\ &= \sigma_s^2 \cdot p \cdot \exp\left(-\frac{T_{\text{th}}^2}{2\delta_I^2}\right) + \left(\sigma_n^2 + \sigma_g^2\right) p \cdot \left[1 - \exp\left(-\frac{T_{\text{th}}^2}{2\delta_I^2}\right)\right] + \sigma_n^2 \cdot (1-p)\end{aligned} \tag{10-24}$$

根据式（10-22）和式（10-24）的计算结果，可以得到峰值脉冲熄灭 OFDM 接收机解调器第 k 个子信道瞬时输出 SNR 为

$$\gamma_{k,\text{blanking}} = \eta_{\text{blanking}} \cdot \left|H_k\right|^2 \tag{10-25}$$

其中，$\eta_{\text{blanking}} = \dfrac{\sigma_s^2/\sigma_n^2}{p \cdot \left(\sigma_s^2/\sigma_n^2\right) \cdot \exp\left(-\dfrac{T_{\text{th}}^2}{2\delta_I^2}\right) + p \cdot \left(1 + \sigma_g^2/\sigma_n^2\right) \cdot \left[1 - \exp\left(-\dfrac{T_{\text{th}}^2}{2\delta_I^2}\right)\right] + (1-p)}$。当峰值门限 $T_{\text{th}} \to \infty$ 时，非线性峰值脉冲熄灭 OFDM 接收机退化为常规 OFDM 接收机。

10.3.3　峰值脉冲限幅 OFDM 接收机输出信干噪比

当 OFDM 接收机采用峰值脉冲限幅方法消除脉冲噪声时，脉冲干扰抑制矩阵 $\boldsymbol{Q} = \operatorname{diag}(c_0,\cdots,c_n,\cdots,c_{K-1})$ 矩阵的第 n 个对角元素 c_n 设置方法如下：当接收信号样值 y_n 超过熄灭门限 T_{th} 时，即 $|y_n| \geqslant T_{\text{th}}$，$c_n$ 取值为 $T_{\text{th}} \cdot \mathrm{e}^{\mathrm{j}\arg(y_n)}$；当接收信号样值 y_n 低于熄灭门限 T_{th} 时，c_n 取值为 1，参数 c_n 表示为

$$c_n = \begin{cases} T_{\text{th}} \cdot \mathrm{e}^{\mathrm{j}\arg(y_n)}, & |y_n| \geqslant T_{\text{th}} \\ 1, & |y_n| < T_{\text{th}} \end{cases} \tag{10-26}$$

其中，T_{th} 代表峰值脉冲限幅门限。此时，脉冲干扰抑制器输出信号矢量 $\boldsymbol{r}$ 的第 n 个分量 r_n 表示为

$$r_n = c_n \sum_{j=0}^{K-1} s_j h_{(n-j)\bmod K} + c_n \cdot n_n + c_n \cdot i_n \tag{10-27}$$

式（10-27）进一步化简为

$$r_n = \sum_{j=0}^{K-1} s_j h_{(n-j)\bmod K} + \tilde{i}_{n,\text{Clipping}} \tag{10-28}$$

其中，$\tilde{i}_{n,\text{Clipping}}$ 代表脉冲限幅器输出的等效噪声，即

$$\tilde{i}_{n,\text{Clipping}}=\begin{cases}T_{\text{th}}\mathrm{e}^{\mathrm{j}\arg(y_n)}-\sum\limits_{j=0}^{K-1}s_j h_{(n-j)\bmod K}, & b_n=1,|y_n|\geqslant T_{\text{th}}\\ n_n+g_n, & b_n=1,|y_n|<T_{\text{th}}\\ n_n, & b_n=0\end{cases}\tag{10-29}$$

根据本章附录 B 给出的计算结果可得到$\tilde{i}_{n,\text{Clipping}}$的方差。$\tilde{i}_{n,\text{Clipping}}$经过 DFT 后得到$\tilde{I}_{k,\text{Clipping}}$，其表示为

$$\tilde{I}_{k,\text{Clipping}}=\frac{1}{\sqrt{K}}\sum_{n=0}^{K-1}\tilde{i}_{n,\text{Clipping}}\mathrm{e}^{-2\pi\mathrm{j}\frac{kn}{K}},\quad k=0,1,\cdots,K-1\tag{10-30}$$

因此，第 k 个子信道等效噪声$\tilde{I}_{k,\text{Clipping}}$的方差为

$$\begin{aligned}\operatorname{var}\left(\tilde{I}_{k,\text{Clipping}}\right)&=E\left\{\left|\tilde{I}_{k,\text{Clipping}}\right|^2\right\}\\&=E\left\{\left|\tilde{i}_{n,\text{Clipping}}\right|^2\right\}\\&=\left(T_{\text{th}}^2+\sigma_s^2\right)\cdot p\cdot\exp\left(-\frac{T_{\text{th}}^2}{2\delta_I^2}\right)+\left(\sigma_n^2+\sigma_g^2\right)\cdot p\cdot\left[1-\exp\left(-\frac{T_{\text{th}}^2}{2\delta_I^2}\right)\right]+\sigma_n^2\cdot(1-p)\end{aligned}\tag{10-31}$$

峰值脉冲限幅 OFDM 接收机解调器第 k 个子信道输出瞬时 SNR 为

$$\gamma_{k,\text{Clipping}}=\eta_{\text{Clipping}}\cdot\left|H_k\right|^2,\quad k=0,\cdots,K-1\tag{10-32}$$

其中，$\eta_{\text{Clipping}}=\dfrac{\sigma_s^2}{\left(T_{\text{th}}^2+\sigma_s^2\right)\cdot p\cdot\exp\left(-\frac{T_{\text{th}}^2}{2\delta_I^2}\right)+\left(\sigma_n^2+\sigma_g^2\right)\cdot p\cdot\left[1-\exp\left(-\frac{T_{\text{th}}^2}{2\delta_I^2}\right)\right]+\sigma_n^2\cdot(1-p)}$。

当脉冲限幅T_{th}设置为无限大时，式（10-32）中因子η_{Clipping}取值等于η_{OFDM}，此时峰值脉冲限幅接收机退化为常规 OFDM 接收机。

10.4　基于峰值门限的非线性 OFDM 接收机差错性能

10.4.1　瑞利衰落信道 OFDM 接收机符号差错概率

在频率选择性瑞利衰落信道环境下，信道矢量 $\boldsymbol{h}$ 的第 l 径分量 h_l 服从均值为 0、方差为σ_l^2的复高斯分布，其第 n 个分量 h_n 与第 l 个分量 h_l 在 $n\neq l$ 时统计独立。此外，由于信道功率是归一的，即$\sum\limits_{l=0}^{L-1}E\left\{\left|h_l\right|^2\right\}=1$，因此第 k 个子信道的频率响应$H_k=\sum\limits_{l=0}^{L-1}h_l\mathrm{e}^{-\mathrm{j}2\pi\frac{kl}{K}}$服从均值为 0、方差为 1 的复高斯分布，$\left|H_k\right|^2$服从自由度为 2 的$\chi^2$分布，即$E\left\{\left|H_k\right|^2\right\}=1$。假设脉冲噪声出现概率 p 给定，则常规 OFDM 接收机、峰值脉冲熄灭 OFDM 接收机、峰值脉冲限幅 OFDM 接收机解调器第 k 个子信道输出瞬时信干噪比$\gamma_{k,\text{OFDM}}$、$\gamma_{k,\text{blanking}}$与

$\gamma_{k,\mathrm{Clipping}}$ 均服从自由度为 2 的 χ^2 分布，其概率密度函数（PDF）可统一表示为[28]

$$p(\gamma_{k,\mathrm{Rayleigh}}) = \frac{1}{\bar{\gamma}_{k,\mathrm{Rayleigh}}} \mathrm{e}^{-\frac{\gamma_{k,\mathrm{Rayleith}}}{\bar{\gamma}_{k,\mathrm{Rayleigh}}}}, \quad \gamma_{k,\mathrm{Rayleigh}} \geqslant 0 \tag{10-33}$$

其中，当采用常规 OFDM 接收方法时，$\bar{\gamma}_{k,\mathrm{Rayleigh}} = \eta_{\mathrm{OFDM}}$；当采用峰值脉冲熄灭方法时，$\bar{\gamma}_{k,\mathrm{Rayleigh}} = \eta_{\mathrm{blanking}}$；当采用峰值脉冲限幅方法处理时，$\bar{\gamma}_{k,\mathrm{Rayleigh}} = \eta_{\mathrm{Clipping}}$。

利用参考文献[28]的结果，可得到采用 MPSK 调制的非线性 OFDM 接收机第 k 个子信道条件符号差错概率为

$$P_{e,\mathrm{MPSK}}(\gamma_{k,\mathrm{Rayleith}}) = \frac{1}{\pi}\int_0^{(M-1)\pi/M} \exp\left(-\gamma_{k,\mathrm{Rayleith}} \cdot \frac{\sin^2(\pi/M)}{\sin^2\theta}\right)\mathrm{d}\theta \tag{10-34}$$

利用式（10-33）给出的概率密度函数对式（10-34）进行统计平均，可得到第 k 个子信道平均符号差错概率为[28]

$$\begin{aligned} P_{k,\mathrm{MPSK}}^{\mathrm{Rayleigh}} &= \int_0^{\infty} P_{e,\mathrm{MPSK}}(\gamma_{k,\mathrm{Rayleith}}) \cdot p(\gamma_{k,\mathrm{Rayleith}})\mathrm{d}\gamma_{k,\mathrm{Rayleith}} \\ &= \left(\frac{M-1}{M}\right)\left\{1 - \frac{M}{(M-1)\pi} \cdot \sqrt{\frac{g\bar{\gamma}_{k,\mathrm{Rayleigh}}}{1+g\bar{\gamma}_{k,\mathrm{Rayleigh}}}}\right. \\ &\quad \left. \times \left[\frac{\pi}{2} + \arctan\left(\cos\left(\frac{\pi}{M}\right) \cdot \sqrt{\frac{g\bar{\gamma}_{k,\mathrm{Rayleigh}}}{1+g\bar{\gamma}_{k,\mathrm{Rayleigh}}}}\right)\right]\right\} \end{aligned} \tag{10-35}$$

其中，$g = \sin^2(\pi / M)$。对于常规 OFDM 接收机，$\bar{\gamma}_{k,\mathrm{Rayleigh}} = \eta_{\mathrm{OFDM}}$；对于峰值脉冲熄灭 OFDM 接收机，$\bar{\gamma}_{k,\mathrm{Rayleigh}} = \eta_{\mathrm{blanking}}$；对于峰值脉冲限幅 OFDM 接收机，$\bar{\gamma}_{k,\mathrm{Rayleigh}} = \eta_{\mathrm{Clipping}}$。

采用相同分析方法可得到 MQAM 调制的非线性 OFDM 接收机第 k 个子信道平均符号差错概率为[28]

$$\begin{aligned} P_{k,\mathrm{MQAM}}^{\mathrm{Rayleigh}} &= 2g \cdot \left(1 - \sqrt{\frac{1.5\bar{\gamma}_{k,\mathrm{Rayleigh}}}{M-1+1.5\bar{\gamma}_{k,\mathrm{Rayleigh}}}}\right) \\ &\quad - g^2 \cdot \left[1 - \sqrt{\frac{1.5\bar{\gamma}_{k,\mathrm{Rayleigh}}}{M-1+1.5\bar{\gamma}_{k,\mathrm{Rayleigh}}}} \cdot \left(\frac{4}{\pi}\arctan\sqrt{\frac{M-1+1.5\bar{\gamma}_{k,\mathrm{Rayleigh}}}{1.5\bar{\gamma}_{k,\mathrm{Rayleigh}}}}\right)\right] \end{aligned} \tag{10-36}$$

其中，$g = \dfrac{\sqrt{M}-1}{\sqrt{M}}$。对于常规 OFDM 接收机，$\bar{\gamma}_{k,\mathrm{Rayleigh}} = \eta_{\mathrm{OFDM}}$；对于峰值脉冲熄灭 OFDM 接收机，$\bar{\gamma}_{k,\mathrm{Rayleigh}} = \eta_{\mathrm{blanking}}$；对于峰值脉冲限幅 OFDM 接收机，$\bar{\gamma}_{k,\mathrm{Rayleigh}} = \eta_{\mathrm{Clipping}}$。

由于各个子信道具有相同的符号差错概率，因此非线性 OFDM 接收机平均符号差错概率为

$$P_{\text{Rayleigh}}=\frac{1}{K}\sum_{k=0}^{K-1}P_k^{\text{Rayleigh}} \\ =P_k^{\text{Rayleigh}} \tag{10-37}$$

其中，P_k^{Rayleigh} 为式（10-35）和式（10-36）的计算结果。

10.4.2　莱斯衰落信道 OFDM 接收机符号差错概率

在频率选择性莱斯衰落信道环境下，信道矢量 $\boldsymbol{h}=[h_0,\cdots,h_l,\cdots,h_{L-1}]$ 中 h_0 代表直视径分量，$h_0\sim\mathcal{CN}\left(u,\sigma_0^2\right)$，$h_l(l\neq 0)$ 代表散射径分量，$h_l(l\neq 0)\sim\mathcal{CN}\left(0,\sigma_l^2\right)$，其第 l 个分量 h_l 与第 n 个分量 h_n 在 $l\neq n$ 时统计独立，此外由于信道功率是归一的，即 $|u|^2+\sum_{l=0}^{L-1}\sigma_l^2=1$，信道莱斯因子定义为 $K_{\text{rice}}\equiv|u|^2\Big/\sum_{l=0}^{L-1}\sigma_l^2$，则第 k 个子信道频域响应 H_k 服从均值为 u、方差为 $\sum_{l=0}^{L-1}\sigma_l^2-|u|^2$ 的复高斯分布，因此 $|H_k|^2$ 服从自由度为 2 的非中心 χ^2 分布，且 $E\{|H_k|^2\}=1$。

假设脉冲噪声出现概率 p 给定时，常规 OFDM 接收机、峰值脉冲熄灭 OFDM 接收机、峰值脉冲限幅 OFDM 接收机解调器第 k 个子信道输出瞬时信噪比 $\gamma_{k,\text{OFDM}}$、$\gamma_{k,\text{blanking}}$ 与 $\gamma_{k,\text{Clipping}}$ 均服从自由度为 2 的非中心 χ^2 分布，其概率密度函数可统一表示为[28]

$$p(\gamma_{k,\text{Ricean}})=\frac{\left(1+K_{\text{rice}}\right)\mathrm{e}^{-K_{\text{rice}}}\mathrm{e}^{-\frac{(1+K_{\text{rice}})\gamma_{k,\text{Ricean}}}{\bar{\gamma}_{k,\text{Ricean}}}}}{\bar{\gamma}_{k,\text{Ricean}}}\cdot I_0\left(2\sqrt{\frac{K_{\text{rice}}\left(1+K_{\text{rice}}\right)\gamma_{k,\text{Ricean}}}{\bar{\gamma}_{k,\text{Ricean}}}}\right),\gamma_{k,\text{Ricean}}\geqslant 0 \tag{10-38}$$

其中，当采用常规 OFDM 方法接收时，$\bar{\gamma}_{k,\text{Ricean}}=\eta_{\text{OFDM}}$；当采用峰值脉冲熄灭方法时，$\bar{\gamma}_{k,\text{Ricean}}=\eta_{\text{blanking}}$；当采用峰值脉冲限幅方法时，$\bar{\gamma}_{k,\text{Ricean}}=\eta_{\text{Clipping}}$。进一步对式（10-38）进行拉普拉斯变换得到 $\gamma_{k,\text{Ricean}}$ 的矩量母函数（MGF）[28]：

$$M_{\gamma_{k,\text{Ricean}}}(s)=\int_0^{\infty}p(\gamma_{k,\text{Ricean}})\cdot\mathrm{e}^{s\cdot\gamma_{k,\text{Ricean}}}\mathrm{d}\gamma_{k,\text{Ricean}} \\ =\frac{1+K_{\text{rice}}}{1+K_{\text{rice}}-s\cdot\bar{\gamma}_{k,\text{Ricean}}}\cdot\exp\left(\frac{K_{\text{rice}}\cdot s\cdot\bar{\gamma}_{k,\text{Ricean}}}{1+K_{\text{rice}}-s\cdot\bar{\gamma}_{k,\text{Ricean}}}\right) \tag{10-39}$$

利用参考文献[28]的结果，可获得采用 MPSK 调制的非线性 OFDM 接收机第 k 个子信道的平均符号差错概率为

$$P_{k,\text{MPSK}}^{\text{Ricean}}=\int_0^{\infty}P_{k,\text{MPSK}}^{\text{Ricean}}(\gamma_{k,\text{Ricean}})\cdot p(\gamma_{k,\text{Ricean}})\cdot\mathrm{d}\gamma_{k,\text{Ricean}} \\ =\frac{1}{\pi}\int_0^{(M-1)\pi/M}M_{\gamma_{k,\text{Ricean}}}\left(-\frac{\sin^2(\pi/M)}{\sin^2\theta}\right)\mathrm{d}\theta \tag{10-40}$$

采用相同分析方法可得到MQAM 调制的非线性OFDM 接收机第 k 个子信道平均符号差错概率为

$$\begin{aligned} P_{k,\mathrm{MQAM}}^{\mathrm{Ricean}} &= \int_0^{\infty} P_{k,\mathrm{MQAM}}^{\mathrm{Ricean}}(\gamma_{k,\mathrm{Ricean}}) \cdot p(\gamma_{k,\mathrm{Ricean}}) \mathrm{d}\gamma_{k,\mathrm{Ricean}} \\ &= \frac{4(\sqrt{M}-1)}{\pi\sqrt{M}} \int_0^{\pi/2} M_{\gamma_{k/B}} \left(-\frac{3}{2(M-1)\sin^2\theta} \right) \mathrm{d}\theta \\ &\quad - \frac{4(\sqrt{M}-1)^2}{\pi M} \int_0^{\pi/4} M_{\gamma_{k/B}} \left(-\frac{3}{2(M-1)\sin^2\theta} \right) \mathrm{d}\theta \end{aligned} \tag{10-41}$$

由于各个子信道具有相同的符号差错概率，因此系统总的符号差错概率计算公式为

$$\begin{aligned} P_{\mathrm{Ricean}} &= \frac{1}{K} \sum_{k=0}^{K-1} P_k^{\mathrm{Ricean}} \\ &= P_k^{\mathrm{Ricean}} \end{aligned} \tag{10-42}$$

其中，P_k^{Ricean} 为式（10-40）和式（10-41）的计算结果。

10.5　数值仿真结果

10.5.1　仿真参数设置

为验证本章所提出的基于峰值门限的非线性 OFDM 系统链路差错性能分析方法的准确性，本节构建了基于峰值门限的非线性 OFDM 仿真系统。表 10-1 所示为非线性 OFDM 仿真系统的主要技术参数。

表 10-1　非线性 OFDM 仿真系统参数

参数	数值
总载波个数	1024
循环前缀长度	32
调制方式	QPSK、8PSK、16QAM
信道类型	10 径频率选择性瑞利衰落信道与莱斯信道
莱斯因子/ dB	10、15
脉冲噪声模型	伯努利-复高斯噪声
信干比/dB	−15
干扰概率	2×10^{-4} 、1×10^{-4}
脉冲熄灭器	峰值门限脉冲熄灭器
均衡器	迫零均衡器

10.5.2　频率选择性瑞利衰落信道仿真结果

图 10-3 所示为非线性OFDM 接收机符号差错性能（频率选择性瑞利衰落信道，QPSK 调制，SIR=−15dB），其横坐标表示输入信噪比（dB），纵坐标表示输出符号差错概率。图 10-3 中共包含 4 组曲线，其中实线代表理论曲线，虚线代表仿真曲线。标注有

“o”号的曲线代表无脉冲噪声理论与仿真曲线；标注有“□”“+”“△”号的曲线代表脉冲噪声出现概率 p 为 2×10^{-4} 时接收机分别采用峰值脉冲熄灭、峰值脉冲限幅和不处理时的理论曲线与仿真曲线。

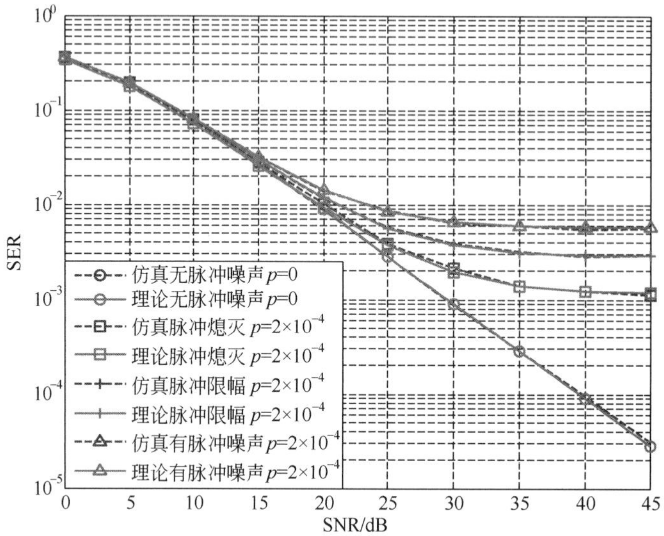

图 10-3　非线性 OFDM 接收机差错性能

（频率选择性瑞利衰落信道，QPSK 调制，SIR=−15dB）

图 10-3 所示曲线表明：①理论计算结果与计算机仿真结果完全一致；②峰值脉冲熄灭方法优于峰值脉冲限幅方法，性能最差的是常规 OFDM 方法；③高信噪比情况下，峰值脉冲熄灭、峰值脉冲限幅与常规 OFDM 接收机方法均会出现差错性能错误平台。

表 10-2 所示为对不同非线性脉冲噪声干扰抑制方法的符号差错概率错误平台进行比较（QPSK 调制、SIR=−15dB、$p=2\times10^{-4}$）。表 10-2 表明：①理论计算与仿真结果一致；②脉冲噪声出现概率给定情况下，峰值脉冲熄灭方法的错误平台最低，其次是峰值脉冲限幅方法，最差是常规 OFDM 接收方法。

表 10-2　差错性能错误平台比较

（QPSK 调制，SIR=−15dB，$p=2\times10^{-4}$）

非线性脉冲噪声抑制方法	理论计算错误平台	仿真曲线观测错误平台
峰值脉冲熄灭	1.5×10^{-3}	1.0×10^{-3}
峰值脉冲限幅	2.6×10^{-3}	3.0×10^{-3}
常规 OFDM 接收机（不处理）	5.7×10^{-3}	6.0×10^{-3}

图 10-4 所示为非线性 OFDM 接收机符号差错性能（频率选择性瑞利衰落信道，16QAM 调制，SIR=−15dB），其横坐标表示输入信噪比（dB），纵坐标表示符号差错概率。图 10-4 中共包含 4 组曲线，其中实线表示理论曲线，虚线表示仿真曲线。标注有“o”号的曲线表示无脉冲噪声理论与仿真曲线；标注有“□”“+”“△”号的曲线表示脉冲噪声出现概率 p 为 1×10^{-4} 时接收机分别采用峰值脉冲熄灭、峰值脉冲限幅和不处理时的理论与仿真曲线。图 10-4 曲线观测结果与图 10-3 完全一致。

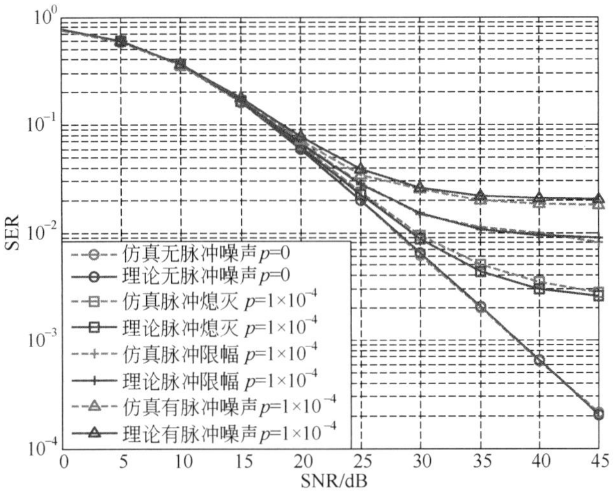

图 10-4　非线性 OFDM 接收机符号差错性能

（频率选择性瑞利衰落信道，16QAM 调制，SIR=−15dB）

10.5.3　频率选择性莱斯衰落信道仿真结果

图 10-5 所示为非线性 OFDM 接收机符号差错性能（频率选择性莱斯衰落信道，8PSK 调制，K_{rice}=10dB），其横坐标代表输入信噪比（dB），纵坐标代表输出符号差错概率。图 10-5 中共包含 4 组曲线，其中实线表示理论曲线，虚线表示仿真曲线。标注有“○”号的曲线表示无脉冲噪声的理论与仿真曲线；标注有“□”“+”“△”号的曲线表示脉冲噪声出现概率 p 为 0.002 时接收机分别采用峰值脉冲熄灭、峰值脉冲限幅和不处理时的理论与仿真曲线。图 10-5 曲线观测结果与图 10-3 完全一致。

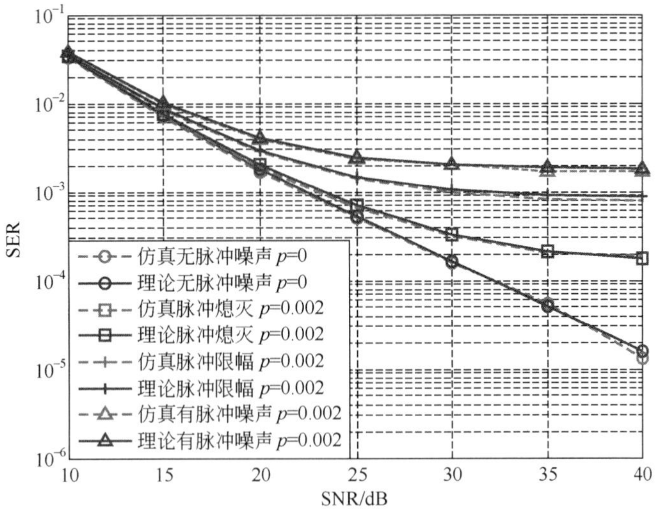

图 10-5　非线性 OFDM 接收机符号差错性能

（莱斯衰落信道，8PSK，$K_{\text{rice}}=10$ dB）

图 10-6 所示为非线性 OFDM 接收机符号差错性能（频率选择性莱斯衰落信道，16QAM 调制，K_{rice}=15dB），其横坐标代表输入信噪比（dB），纵坐标代表符号差错概率。图 10-6 中共包含 4 组曲线，其中实线表示理论曲线，虚线表示仿真曲线。标注有“o”号的曲线表示无脉冲噪声的理论与仿真曲线；标注有“□”“+”“△”号的曲线表示脉冲噪声出现概率 p 为 0.001 时接收机分别采用峰值脉冲熄灭、峰值脉冲限幅和不处理时的理论与仿真曲线。图 10-6 曲线观测结果与图 10-3 完全一致。

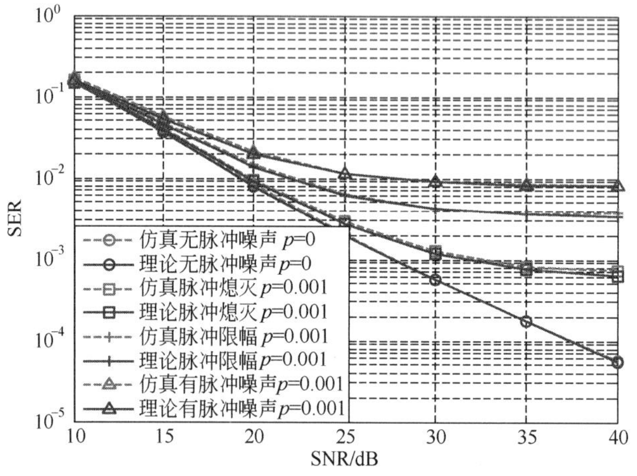

图 10-6　非线性 OFDM 接收机符号差错性能
（莱斯衰落信道，16QAM 调制，$K_{\text{rice}} = 15$ dB）

10.6　本章小结

为定量给出峰值脉冲熄灭与峰值限幅对 OFDM 接收机链路差错性能的影响，在频率选择性衰落信道下理论分析给出了非线性 OFDM 接收机的符号差错性能。首先，分析给出常规 OFDM 接收机在脉冲噪声环境下解调器输出信噪比的计算公式；随后分析给出基于峰值脉冲熄灭和峰值脉冲限幅 OFDM 接收机在脉冲噪声环境下的解调器输出信干噪比计算公式，以此为基础，理论分析给出非线性 OFDM 接收机的符号差错概率计算公式；最后，通过仿真验证了理论分析结果的正确性。

本章研究结论如下：①峰值脉冲熄灭、峰值脉冲限幅及常规 OFDM 接收机各个子信道具有相同符号差错概率；②峰值脉冲熄灭、峰值脉冲限幅及常规 OFDM 接收机的符号差错性能曲线均存在错误平台；③三种接收方法中，峰值脉冲熄灭方法性能最优，其次是峰值脉冲限幅方法，最差是常规 OFDM 接收方法。

参 考 文 献

[1] ZHIDKOV S V. Performance analysis and optimization of OFDM receiver with blanking nonlinearity in impulsive noise environment [J]. IEEE transactions on vehicular technology, 2006, 55(1):234-242.

[2] EPPLE U, BRANDES S, GLIGOREVIC S, et al. Receiver optimization for L-DACS1[C]// IEEE /AIAA 28th Digital Avionics Systems Conference, Piscataway, NJ: IEEE Press, 2009: 4.B.1-1-4.B.1-12.

[3] CAIRE G, AL-NAFFOURI T Y, NARAYANAN A K. Impulse noise cancellation in OFDM: an application of compressed sensing[C]// IEEE International Symposium on Information Theory, Piscataway, NJ:IEEE Press, 2008:1293-1297.

[4] LIN J, NASSAR M, EVANS B L. Impulsive noise mitigation in powerline communications using sparse bayesian learning[J]. IEEE journal on selected areas in communications, 2013, 31(7):1172-1183.

[5] BANELLI P, RUGINI L. Impulsive noise mitigation for wireless OFDM [C]// 2015 IEEE 16th International Workshop on Signal Processing Advances in Wireless Communications, 2015:346-350.

[6] 刘海涛, 张智美, 成玮, 等. 联合压缩感知与干扰白化的脉冲干扰抑制方法[J]. 北京航空航天大学学报, 2015, 41(8): 1367-1373.

[7] 刘海涛, 成玮, 张学军. 联合正交变换与信号交织的测距仪脉冲干扰抑制方法[J]. 航空学报, 2014, 35(5):1365-1373.

[8] 李冬霞, 高贝贝, 刘海涛. 联合小波变换与残留干扰白化的测距仪脉冲干扰抑制方法[J]. 信号处理, 2015, 31(6):710-719.

[9] 曾孝平, 贺渊, 简鑫, 等. 基于高阶统计量的 L-DACS1 系统自适应干扰消除技术研究[J]. 电子学报, 2016, 44(10): 2377-2383.

[10] HARA S, HANE S, HARA Y. Simple-steering OFDM adaptive array antenna for doppler-shifted signal suppression [J]. IEEE transactions on vehicular technology, 2005, 54(1):91-99.

[11] BUDSABATHON M, HARA Y, HARA S. Optimum beamforming for pre-FFT OFDM adaptive antenna array [J]. IEEE transactions on vehicular technology, 2004, 53(4):945-955.

[12] 刘海涛, 刘亚洲, 成玮, 等. 联合正交投影与盲波束形成的干扰抑制方法[J]. 系统工程与电子技术, 2015, 37(8): 1880-1886.

[13] 刘海涛, 刘亚洲, 张学军. 联合 DOA 估计与主波束形成的干扰抑制方法[J]. 哈尔滨工业大学学报, 2016, 48(11): 103-108.

[14] 刘海涛, 刘亚洲, 张学军. 联合正交投影与 CLEAN 的测距仪脉冲干扰抑制方法[J]. 信号处理, 2015, 31(5):536-543.

[15] ZHIDKOV S V. Analysis and comparison of several simple impulsive noise mitigation schemes for OFDM receivers[J]. IEEE transactions on communications, 2008, 56(1):5-9.

[16] HYUNGKOOK O, HAEWOON N, SEUNGKEUN P. Adaptive threshold blanker in an impulsive noise environment [J]. IEEE transactions on electromagnetic compatibility, 2014, 56(5):1045-1052.

[17] EPPLE U, SCHNELL M. Adaptive threshold optimization for a blanking nonlinearity in OFDM receivers[C]// IEEE Global Communications Conference, Piscataway, NJ:IEEE Press，2012:3661-3666.

[18] ALSUSA E, RABIE K M. Dynamic peak-based threshold estimation method for mitigating impulsive noise in power-line communication systems [J]. IEEE transactions on power delivery, 2013, 28(4):2201-2208.

[19] RABIE K M, ALSUSA E. Quantized peak-based impulsive noise blanking in power-line communications [J]. IEEE transactions on power delivery, 2014, 29(4):1630-1638.

[20] RABIE K M, ALSUSA E. Preprocessing-based impulsive noise reduction for power-line communications [J]. IEEE transactions on power delivery, 2014, 29(4):1648-1658.

[21] RABIE K M, ALSUSA E. Threshold and scaling factor optimization for enhancing impulsive noise cancellation in PLC systems [C]// Global Communications Conference，Piscataway, NJ: IEEE Press, 2014:2977-2982.

[22] Ghosh M. Analysis of the effect of impulse noise on multicarrier and single carrier QAM systems [J]. IEEE transactions on communications, 1996, 44(2): 145-147.

[23] MA Y H, SO P L, GUNAWAN E. Performance analysis of OFDM systems for broadband power line communications under impulsive noise and multipath effects[J]. IEEE transactions on power delivery, 2005, 20(2):674-682.

[24] 刘海涛, 尹志胜, 张学军. 频率选择性瑞利衰落信道脉冲熄灭 OFDM 接收机差错性能分析[J]. 北京邮电大学学报, 2015,

38(4):28-32.

[25] LIU H T, YIN Z S, JIA M, et al. SER analysis of the MRC-OFDM receiver with pulse blanking over frequency selective fading channel[J]. Journal on wireless communications and networking, 2016, 1:135.

[26] LIU H T, CONG W, WANG L, et al. Symbol error rate performance of nonlinear OFDM receiver with peak value threshold over frequency selective fading channel[J]. International journal of electronics and communications, 2017, 74:163-170.

[27] LI Y, STUBER G. Orthogonal frequency division multiplexing for wireless communications[M]. New, York: Springer Science & Business Media, 2006.

[28] SIMON M K, ALOUINI M S. Digital communications over fading channels [M]. 2nd ed. New York: John Wiley & Sons, 2005.

附　录

附录 A　峰值门限脉冲熄灭等效噪声信号的方差

针对式（10-20）给出的脉冲熄灭器输出信号模型，当接收信号 y_n 中存在脉冲噪声时，接收信号表示为 $y_n=\sum_{j=0}^{L-1}h_j s_{(n-j)\bmod K}+n_n+g_n$，由于信道冲激响应在一个 OFDM 符号传输期间内保持恒定，且信道总功率是归一的，进一步考虑到 $\{s_n,n=0,\cdots,K-1\}$ 是均值为 0、方差为 σ_s^2 的复高斯分布的随机变量，则 $\sum_{j=0}^{L-1}h_j s_{(n-j)\bmod K}$ 是复高斯随机变量的线性组合，因此该参量仍是服从复高斯分布的随机变量，即 $\sum_{j=0}^{L-1}h_j s_{(n-j)\bmod K}\sim\mathcal{CN}\left(0,\sigma_s^2\right)$。此外，考虑到 $n_n\sim\mathcal{CN}\left(0,\sigma_n^2\right)$，$g_n\sim\mathcal{CN}\left(0,\sigma_g^2\right)$，且 s_n、n_n 及 g_n 相互统计独立，因此 y_n 是均值为 0、方差为 $\sigma_s^2+\sigma_n^2+\sigma_g^2$ 的复高斯分布的随机变量，即 $y_n\sim\mathcal{CN}\left(0,\sigma_s^2+\sigma_n^2+\sigma_g^2\right)$，则 $|y_n|$ 是一个瑞利分布的随机变量，$|y_n|$ 的概率密度函数表示为

$$f\left(|y_n|\right)=\frac{|y_n|}{\sigma_s^2+\sigma_n^2+\sigma_g^2}\exp\left[-\frac{|y_n|^2}{2\left(\sigma_s^2+\sigma_n^2+\sigma_g^2\right)}\right] \tag{A-1}$$

当信号 y_n 包含脉冲噪声 $b_n=1$，且信号 y_n 的幅值超过脉冲熄灭门限时，接收信号 y_n 被熄灭为 0（$q_n=0$），则事件 $b_n=1$ 与事件 $q_n=0$ 的联合概率为

$$\begin{aligned}P(q_n=0,b_n=1)&=P(q_n=0|b_n=1)\cdot P(b_n=1)\\&=P\left(|y_n|\geqslant T_{\text{th}}\,|\,b_n=1\right)\cdot P(b_n=1)\\&=p\cdot\int_{T_{\text{th}}}^{\infty}f\left(|y_n|\right)\cdot\mathrm{d}|y_n|\\&=p\cdot\exp\left[-\frac{T_{\text{th}}^2}{2\left(\sigma_s^2+\sigma_n^2+\sigma_g^2\right)}\right]\end{aligned} \tag{A-2}$$

当接收信号 y_n 包含脉冲噪声 $b_n=1$，且 y_n 的幅值不超过脉冲熄灭门限时，则 y_n 保持

不变（$q_n=1$），则事件$b_n=1$与事件$q_n=1$的联合概率表示为

$$\begin{aligned}P\left(q_n=1,b_n=1\right)&=P(q_n=1\,|\,b_n=1)\cdot P(b_n=1)\\&=P\left(\left|y_n\right|<T_{\text{th}}\,|\,b_n=1\right)\cdot P(b_n=1)\\&=p\cdot\int_0^{T_{\text{th}}}f\left(\left|y_n\right|\right)\cdot\mathrm{d}\left|y_n\right|\\&=p\cdot\left\{1-\exp\left[-\frac{T_{\text{th}}^2}{2\left(\sigma_s^2+\sigma_n^2+\sigma_g^2\right)}\right]\right\}\end{aligned}\tag{A-3}$$

当接收信号y_n不包含脉冲噪声时，其概率为$P(b_n=0)=1-p$。利用式（A-2）与式（A-3）的计算结果，可计算得到等效噪声$\tilde{i}_n$的方差为

$$\begin{aligned}\operatorname{var}\left\{\left|\tilde{i}_{n,\text{blanking}}\right|^2\right\}&=E\left\{\left|\tilde{i}_{n,\text{blanking}}\right|^2\right\}\\&=E\left\{\left|-\sum_{j=0}^{K-1}s_jh_{(n-j)\bmod K}\right|^2\right\}\cdot P(q_n=0,b_n=1)\\&\quad+E\left\{\left|n_n+g_n\right|^2\right\}\cdot P(q_n=1,b_n=1)+E\left\{\left|n_n\right|^2\right\}\cdot P(b_n=0)\\&=\sigma_s^2\cdot p\cdot\exp\left(-\frac{T_{\text{th}}^2}{2\delta_I^2}\right)+(\sigma_n^2+\sigma_g^2)p\cdot\left[1-\exp\left(-\frac{T_{\text{th}}^2}{2\delta_I^2}\right)\right]+\sigma_n^2\cdot(1-p)\end{aligned}\tag{A-4}$$

其中，$\delta_I^2=\left(\sigma_s^2+\sigma_n^2+\sigma_g^2\right)$。

附录 B　峰值门限脉冲限幅等效噪声信号的方差

针对式（10-28）给出的脉冲限幅器输出信号模型，如果接收信号y_n包含脉冲噪声，且信号y_n的幅值超过脉冲限幅的门限，则信号y_n被限幅设置为$T_{\text{th}}\mathrm{e}^{\mathrm{j}\arg(y_n)}$。考虑到$\sum_{j=0}^{L-1}s_jh_{(n-j)\bmod K}\sim\mathcal{CN}(0,\sigma_s^2)$，则信号分量$\left\{T_{\text{th}}\mathrm{e}^{\mathrm{j}\arg(y_n)}-\sum_{j=0}^{L-1}s_jh_{(n-j)\bmod K}\right\}$的方差为

$$\begin{aligned}E\left\{\left|T_{\text{th}}\mathrm{e}^{\mathrm{j}\arg(y_n)}-\sum_{j=0}^{L-1}s_jh_{(n-j)\bmod K}\right|^2\right\}&=E\left\{\left|T_{\text{th}}\mathrm{e}^{\mathrm{j}\arg(y_n)}\right|^2\right\}+E\left\{\left|\sum_{j=0}^{L-1}s_jh_{(n-j)\bmod K}\right|^2\right\}\\&=T_{\text{th}}^2+\sigma_s^2\end{aligned}\tag{B-1}$$

由于信号n_n与g_n是统计独立的，因此$E\left\{\left|n_n+g_n\right|^2\right\}=\sigma_n^2+\sigma_g^2$。当接收信号$y_n$不包含脉冲噪声时，$E\left\{\left|n_n\right|^2\right\}=\sigma_n^2$。根据式（A-2）和式（A-3）的计算方法可知，当信号y_n包含脉冲噪声，且信号幅值超过限幅门限时，信号被限幅处理，则事件$\left(\left|y_n\right|\geqslant T_{\text{th}},b_n=1\right)$的概率表示为$P\left(\left|y_n\right|\geqslant T_{\text{th}},b_n=1\right)=p\cdot\exp\left(-\frac{T_{\text{th}}^2}{2\left(\sigma_s^2+\sigma_n^2+\sigma_g^2\right)}\right)$；当$y_n$包含脉冲噪声，且信号幅值低于限幅门限时，信号不被限幅处理，则事件$\left(\left|y_n\right|<T_{\text{th}},b_n=1\right)$的概率表示为$P\left(\left|y_n\right|<\right.$

$T_{\mathrm{th}}, b_n = 1\big) = p \cdot \left[1 - \exp\left(-\frac{T_{\mathrm{th}}^2}{2\left(\sigma_s^2 + \sigma_n^2 + \sigma_g^2\right)}\right)\right]$；当 y_n 不包含脉冲噪声时，其概率为 $P(b_n = 0) = 1 - p$。因此，式（10-29）的方差可表示为

$$
\begin{aligned}
\operatorname{var}\left(\tilde{i}_{n,\mathrm{Clipping}}\right) &= E\left\{\left|\tilde{i}_{n,\mathrm{Clipping}}\right|^2\right\} \\
&= E\left\{\left|T_{\mathrm{th}} \mathrm{e}^{\mathrm{j}\arg(y_n)} - \sum_{j=0}^{L-1} s_j h_{(n-j) \bmod K}\right|^2\right\} \cdot P\left(|y_n| \geqslant T_{\mathrm{th}}, b_n = 1\right) \\
&\quad + E\left\{|n_n + g_n|^2\right\} \cdot P\left(|y_n| < T_{\mathrm{th}}, b_n = 1\right) + E\left\{|n_n|^2\right\} \cdot P(b_n = 0) \\
&= \left(T_{\mathrm{th}}^2 + \sigma_s^2\right) \cdot p \cdot \exp\left(-\frac{T_{\mathrm{th}}^2}{2\delta_I^2}\right) + \left(\sigma_n^2 + \sigma_g^2\right) p \cdot \left[1 - \exp\left(-\frac{T_{\mathrm{th}}^2}{2\delta_I^2}\right)\right] + \sigma_n^2 \cdot (1 - p)
\end{aligned}
\tag{B-2}
$$

其中，$\delta_I^2 = \left(\sigma_s^2 + \sigma_n^2 + \sigma_g^2\right)$。

第 11 章　非线性脉冲熄灭 OFDM 系统信道容量

11.1　引言

相对于单载波传输方案，OFDM 传输方案具有抗多径衰落能力强、频谱效率高、信道均衡简单、工程实现复杂度低等诸多方面的优点，因此 OFDM 传输方案广泛应用于现代通信系统[1]。在实际应用中，OFDM 通信系统经常受到脉冲噪声的干扰[2-4]，这些脉冲干扰来自于汽车点火噪声、邻道脉冲干扰、电力线噪声等。由于脉冲噪声的统计特性显著区别于常规的高斯白噪声，在高斯白噪声下优化设计的 OFDM 通信系统在脉冲噪声干扰下系统链路的传输可靠性显著下降[5]，因此针对脉冲噪声恶化 OFDM 系统链路传输可靠性问题开展脉冲噪声干扰抑制方法与性能的研究具有重要意义。

OFDM 接收机脉冲噪声干扰抑制方法主要有三类：非线性脉冲干扰抑制方法[6,7]（脉冲熄灭、脉冲限幅、联合脉冲熄灭与限幅）、基于脉冲重构的干扰抑制方法[8-13]、基于阵列天线空域滤波的方法[14-18]。与其他脉冲干扰抑制方法相比，非线性干扰抑制方法具有工程实现简单、适应性强的优点，因此该方法在实际系统中获得了广泛的应用。

围绕着 OFDM 接收机非线性干扰抑制方法，相关研究如下：为提高脉冲干扰环境下 OFDM 接收机链路传输的可靠性，文献[19]首次提出了基于脉冲熄灭与脉冲限幅的干扰抑制方法；为解决脉冲熄灭 OFDM 接收机最佳脉冲熄灭门限的设置问题，文献[20]在 AWGN 信道环境下基于输出信噪比最大化准则提出脉冲熄灭 OFDM 接收机最佳门限设置方法，文献[21,22]进一步提出了基于输出信干噪比最大化准则的自适应脉冲熄灭门限设置方法；然而，文献[20-22]提出的脉冲熄灭门限设置方法需要知道脉冲噪声的统计特性，因此这些方法难以直接应用于实际通信系统。为克服以上方法存在的问题，文献[23-26]提出了基于 OFDM 信号峰值幅度的门限设置方法。相对于最优门限设置方法，基于 OFDM 信号峰值幅度的设置方法具有运算复杂度低，不需要脉冲噪声的统计特性等方面的优点，因此该方法具有广阔的应用前景。

在脉冲熄灭 OFDM 系统链路差错性能分析方面，为定量比较脉冲噪声对单载波与多载波通信系统链路传输可靠性的影响，文献[27]在 AWGN 信道环境下比较了脉冲噪声对单载波及多载波系通信系统符号差错概率的影响；文献[5]进一步在频率选择性衰落信道环境下给出脉冲噪声对 OFDM 系统链路可靠性的影响；文献[28-30]定量分析给出脉冲熄灭 OFDM 接收机在频率选择性衰落信道下的符号差错概率。此外，文献[31-33]在 AWGN 信道环境下定量分析了发射机限幅处理对 OFDM 系统信道容量的影响。根据作者了解，目前尚没有发现对脉冲熄灭 OFDM 系统信道容量方面开展研究。

为定量给出脉冲熄灭干扰抑制方法对 OFDM 系统信道容量的影响，本章基于 FM-EM 算法给出了频率选择性衰落信道 OFDM 系统瞬时信道容量的概率密度函数，并以此为基础分析给出了脉冲熄灭 OFDM 系统的遍历信道容量及信道容量的中断概率计算公式，最后通过计算机仿真验证理论分析结果的正确性。

11.2 系统模型

11.2.1 OFDM 发射机模型

图 11-1 所示为 OFDM 系统发射机的模型[1]。首先信源输出的比特序列 $\boldsymbol{I}$ 经调制器完成符号的映射，调制器输出的调制符号矢量记为 $\boldsymbol{X}=\left[X_0,\cdots, X_k,\cdots,X_{N-1}\right]^{\mathrm{T}}$，其中，$X_k$ 是调制符号矢量 $\boldsymbol{X}$ 的第 k 个分量，X_k 建模为均值为零、方差为 $\sigma_s^2=E\left[\left|X_k\right|^2\right]=1$ 的复高斯分布的随机变量，当 $k\neq q$ 时，随机变量 X_k 与 X_q 统计独立。调制符号矢量 $\boldsymbol{X}$ 经串/并转换后送入 N 点 IDFT 完成 OFDM 调制，IDFT 输出信号矢量 $\boldsymbol{x}$ 记为

$$\boldsymbol{x}=\boldsymbol{F}^{-1}\cdot\boldsymbol{X} \tag{11-1}$$

其中，$\boldsymbol{F}^{-1}$ 代表 IDFT 矩阵，具体可表示为

$$\boldsymbol{F}_{n,k}^{-1}=\frac{1}{\sqrt{N}}\mathrm{e}^{2\pi\mathrm{j}\frac{kn}{N}},\quad k,n=0,\cdots,N-1 \tag{11-2}$$

由于 IDFT 为酉变换，因此 $\boldsymbol{x}$ 的统计特性与 $\boldsymbol{X}$ 保持一致，即 $x_n\sim\mathcal{CN}\left(0,\sigma_s^2\right)$。信号矢量 $\boldsymbol{x}$ 进一步插入循环前缀后通过 D/A 转换器转换为模拟基带信号，随后模拟基带信号通过射频单元转换为射频信号，最后射频信号通过天线送入信道。

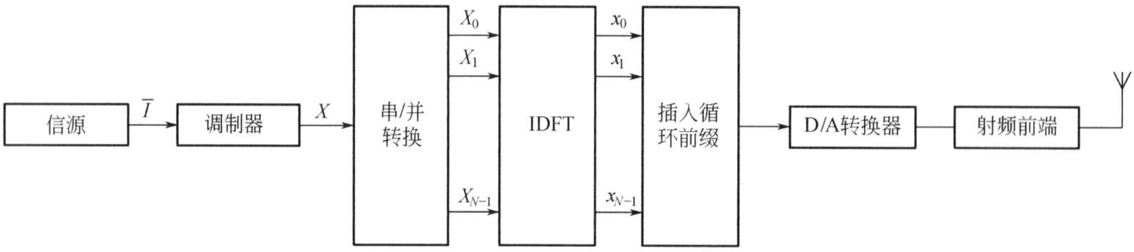

图 11-1　OFDM 系统发射机模型

11.2.2 脉冲熄灭 OFDM 接收机模型

图 11-2 所示为脉冲熄灭 OFDM 接收机模型。来自天线的射频信号通过射频前端转换为模拟基带信号，模拟基带信号通过 A/D 转移器转换为数字基带信号，假设 OFDM 接收机已建立符号定时同步，则单个 OFDM 符号周期内接收信号矢量在移除循环前缀后接收信号矢量表示为 $\boldsymbol{r}=\left[r_0,r_1,\cdots,r_n,\cdots,r_{N-1}\right]^{\mathrm{T}}$[1]

$$\boldsymbol{r}=\boldsymbol{x}\otimes\boldsymbol{h}+\boldsymbol{n}+\boldsymbol{i} \tag{11-3}$$

其中，$\otimes$ 代表离散圆卷积运算；$\boldsymbol{h}=\left[h_0,h_1,\cdots h_l,\cdots,h_{L-1}\right]$ 代表信道冲激响应矢量，其中 L 代表信道的多径数，h_l 建模为复高斯分布的随机变量，即 $h_l\sim\mathcal{CN}\left(0,\sigma_l^2\right)$，且当 $l\neq n$ 时，

h_l 与 h_n 统计独立，此外进一步假设信道功率是归一的，即 $\sum_{l=0}^{L-1}\sigma_l^2=1$。$\boldsymbol{n}=[n_0,n_1,\cdots,n_n,\cdots,n_{N-1}]^{\mathrm{T}}$ 代表信道输入的复高斯白噪声矢量，$n_n(n=0,1,\cdots,N-1)$ 建模为均值为零、方差为 σ_n^2 的复高斯分布的随机变量，即 $n_n\sim\mathcal{CN}(0,\sigma_n^2)$。此外，当 $n\neq m$，n_n 与 n_m 统计独立，信道输入信噪比定义为 $\mathrm{SNR}=\sigma_s^2/\sigma_n^2$。$\boldsymbol{i}=[i_0,i_1,\cdots,i_n,\cdots,i_{N-1}]^{\mathrm{T}}$ 代表信道中输入的脉冲噪声矢量，i_n 代表信道输入的第 n 个脉冲噪声信号，其建模为贝努利-高斯分布的随机变量，即 $i_n=b_n\cdot g_n$，其中 b_n 为贝努利分布的随机变量，其可能取值为 $\{0,1\}$，$p=P(b_n=1)$ 代表脉冲噪声 i_n 出现的概率；g_n 为均值为零、方差为 σ_g^2 的复高斯分布的随机变量，且 $n\neq m$ 时，g_n 与 g_m 统计独立，信道输入的信干比定义为 $\mathrm{SIR}=\sigma_s^2/\sigma_g^2$。

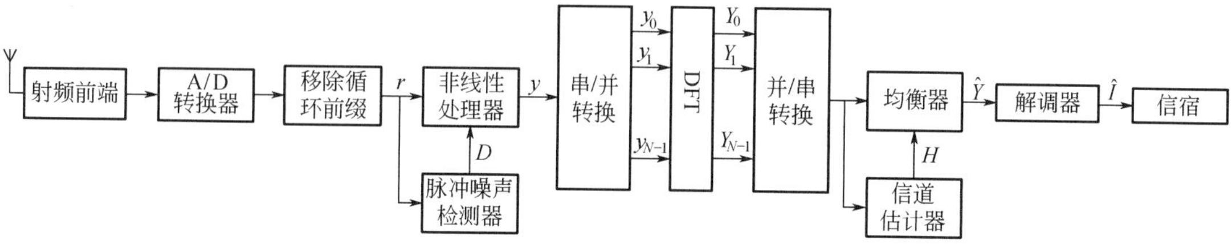

图 11-2　脉冲熄灭 OFDM 接收机模型

接收信号矢量 $\boldsymbol{r}$ 送入脉冲熄灭器以消除脉冲噪声的干扰，脉冲熄灭器输出信号矢量 $\boldsymbol{y}$ 记为

$$\boldsymbol{y}=\boldsymbol{D}\cdot\boldsymbol{r} \tag{11-4}$$

其中，$\boldsymbol{D}$ 代表脉冲熄灭矩阵，$\boldsymbol{D}=\mathrm{diag}(d_0,d_1,\cdots d_n,\cdots d_{N-1})$，$\mathrm{diag}(\cdot)$ 代表对角矩阵。脉冲熄灭器输出信号矢量 $\boldsymbol{y}$ 经串/并转换后进一步通过 N 点 DFT 转换为频域信号矢量 $\boldsymbol{Y}=[Y_0,Y_1,\cdots,Y_k,\cdots,Y_{N-1}]^{\mathrm{T}}$

$$\boldsymbol{Y}=\boldsymbol{F}\cdot\boldsymbol{y} \tag{11-5}$$

其中，$\boldsymbol{F}$ 代表 DFT 运算，具体可表示为

$$\boldsymbol{F}_{k,n}=\frac{1}{\sqrt{N}}\mathrm{e}^{-2\pi\mathrm{j}\frac{kn}{N}},k,n=0,\cdots,N-1 \tag{11-6}$$

随后，频域信号矢量 $\boldsymbol{Y}$ 经并/串转换后通过均衡器，均衡器输出信号矢量记为 $\hat{Y}$。最后信号矢量 $\hat{\boldsymbol{Y}}$ 送入解调器完成信号的解调，解调器输出比特序列 $\hat{\boldsymbol{I}}$ 就是发送比特序列 $\bar{\boldsymbol{I}}$ 的估计值。

11.3　脉冲熄灭 OFDM 接收机输出信噪比

本节首先给出常规 OFDM 接收机解调器输出信噪比的计算公式，随后分别给出理想脉冲熄灭、峰值门限脉冲熄灭及任意门限脉冲熄灭 OFDM 接收机解调器输出信噪比的计算公式。

11.3.1 常规 OFDM 接收机输出信噪比

对于常规 OFDM 接收机，脉冲熄灭矩阵 $\boldsymbol{D}$ 取值为单位矩阵

$$\boldsymbol{D} = \boldsymbol{I}_N \tag{11-7}$$

其中，$\boldsymbol{I}_N$ 代表 $N \times N$ 的单位矩阵。将式（11-7）代入式（11-4）得

$$\boldsymbol{y} = \boldsymbol{r} \tag{11-8}$$

信号矢量 $\boldsymbol{y}$ 经过 N 点的 DFT 后，式（11-5）可表示为

$$\boldsymbol{Y} = \boldsymbol{HX} + \boldsymbol{N} + \boldsymbol{I} \tag{11-9}$$

其中，$\boldsymbol{H} = \mathrm{diag}\left(H_0, \cdots, H_k, \cdots, H_{N-1}\right)$ 代表信道的频域响应矩阵；$\boldsymbol{N} = \boldsymbol{F} \cdot \boldsymbol{n}$ 代表频域噪声矢量；$\boldsymbol{I} = \boldsymbol{F} \cdot \boldsymbol{i}$ 是频域脉冲噪声矢量。式（11-9）展开后，矢量 $\boldsymbol{Y}$ 的第 k 个分量表示为

$$Y_k = X_k \cdot H_k + N_k + I_k, \quad k = 0, 1, \cdots, N-1 \tag{11-10}$$

其中，H_k 代表矩阵 $\boldsymbol{H}$ 的第 k 个对角元素，N_k 为频域噪声矢量 $\boldsymbol{N} = [N_0, \cdots, N_k, \cdots, N_{N-1}]^{\mathrm{T}}$ 的第 k 个分量，由于 DFT 为酉变换，所以 N_k 与 n_m 的统计特性保持一致，即 $N_k \sim \mathcal{CN}\left(0, \sigma_n^2\right)$，且 $k \neq q$ 时，N_k 与 N_q 统计独立；I_k 为频域噪声矢量的第 k 个分量。

式（11-10）表明，Y_k 由两部分组成，其中 $U_k = X_k \cdot H_k$ 是第 k 个子信道的期望信号，其他部分统一视为噪声信号分量。式（11-10）进一步表示为

$$Y_k = U_k + \tilde{N}_{k,\mathrm{Blanking}}, \quad k = 0, 1, \cdots, N-1 \tag{11-11}$$

其中，$\tilde{N}_{k,\mathrm{Blanking}}$ 表示频域等效噪声信号，具体可表示为

$$\tilde{N}_{k,\mathrm{Blanking}} = \begin{cases} N_k, & b_n = 0 \\ N_k + G_k, & b_n = 1 \end{cases} \tag{11-12}$$

其中，G_k 为 $\boldsymbol{G} = \boldsymbol{F} \cdot \boldsymbol{g} = \left[G_0, \cdots, G_k, \cdots, G_{N-1}\right]^{\mathrm{T}}$ 的第 k 个分量，且 $G_k \sim \mathcal{CN}\left(0, \sigma_g^2\right)$。因此 $\tilde{N}_{k,\mathrm{Blanking}}$ 的方差为

$$\begin{aligned} \mathrm{var}(\tilde{N}_{k,\mathrm{Blanking}}) &= E\left[\left|N_k + G_k\right|^2\right] \cdot P(b_n = 1) + E\left[\left|N_k\right|^2\right] \cdot P(b_n = 0) \\ &= \left(\sigma_n^2 + \sigma_g^2\right) \cdot p + \sigma_n^2 \cdot (1 - p) \end{aligned} \tag{11-13}$$

期望信号 U_k 的方差表示为

$$\mathrm{var}(U_k) = \sigma_s^2 \cdot \left|H_k\right|^2 \tag{11-14}$$

根据式（11-13）与式（11-14），常规的 OFDM 解调器中，第 k 个子信道输出瞬时信噪比 $r_{k,\mathrm{out}}$ 表示为

$$r_{k,\mathrm{out}} = \rho_{\mathrm{OFDM}} \cdot \left|H_k\right|^2, \quad k = 0, 1, \cdots, N-1 \tag{11-15}$$

其中，$\rho_{\mathrm{OFDM}} = \dfrac{\sigma_s^2}{(\sigma_n^2 + \sigma_g^2) \cdot p + \sigma_n^2 \cdot (1 - p)}$。当信道仅存在加性高斯白噪声时，即脉冲噪声出现的概率 $p = 0$，式（11-15）可简化为 $r_{k,\mathrm{out}} = \left(\sigma_s^2 / \sigma_n^2\right) \cdot \left|H_k\right|^2$。

11.3.2 理想脉冲熄灭 OFDM 接收机输出信噪比

假设 OFDM 接收机精确知晓脉冲噪声出现的位置，则脉冲熄灭矩阵 $\boldsymbol{D}$ 的第 n 个对角元素 d_n 取值为

$$d_n = \begin{cases} 0, & b_n = 1 \\ 1, & b_n = 0 \end{cases}, \quad n = 0,1,\cdots,N-1 \tag{11-16}$$

将式（11-16）代入式（11-4），则信号矢量 $\boldsymbol{y}$ 的第 n 个分量可表示为

$$y_n = d_n \cdot \sum_{l=0}^{L-1} h_l x_{(n-l)\bmod N} + d_n \cdot n_n + d_n \cdot i_n, \quad n = 0,1,\cdots,N-1 \tag{11-17}$$

式（11-17）表明 y_n 由两部分构成：第一部分与第 n 个子信道传输的信号 x_l 有关，另一部分与脉冲噪声及信道输入的复高斯白噪声有关。记 $u_n = \sum_{l=0}^{L-1} h_l \cdot x_{(n-l)\bmod N}$，因此式（11-17）可等效为

$$y_n = u_n + \tilde{i}_{n,\text{Blanking}} \tag{11-18}$$

其中，u_n 代表期望信号；$\tilde{i}_{n,\text{Blanking}}$ 代表等效噪声，可表示为

$$\tilde{i}_{n,\text{Blanking}} = \begin{cases} -\sum_{l=0}^{L-1} h_l x_{(n-l)\bmod N}, & b_n = 1 \\ n_n, & b_n = 0 \end{cases} \tag{11-19}$$

信号 $\boldsymbol{y}$ 进一步经过 DFT 后，则频域信号矢量 $\boldsymbol{Y}$ 的第 k 个分量可表示为

$$Y_k = U_k + \tilde{I}_{k,\text{Blanking}}, \quad k = 0,\cdots,N-1 \tag{11-20}$$

其中，$U_k = X_k \cdot H_k$；$\tilde{I}_{k,\text{Blanking}}$ 代表频域等效噪声信号，具体形式为

$$\tilde{I}_{k,\text{Blanking}} = \frac{1}{\sqrt{N}} \sum_{n=0}^{N-1} \tilde{i}_{n,\text{Blanking}} \mathrm{e}^{-2\pi \mathrm{j}\frac{kn}{N}}, \quad k = 0,\cdots,N-1 \tag{11-21}$$

由于 DFT 为酉变换，所以 $\tilde{I}_{k,\text{Blanking}}$ 的平均功率为（见本章附录 A 的推导）

$$\begin{aligned} \operatorname{var}\left(\tilde{I}_{k,\text{Blanking}}\right) &= \operatorname{var}\left(\tilde{i}_{k,\text{Blanking}}\right) \\ &= p \cdot \sigma_s^2 + (1-p) \cdot \sigma_n^2 \end{aligned} \tag{11-22}$$

根据式（11-14）与式（11-19），可得到理想脉冲熄灭情况下第 k 个子信道输出的瞬时信噪比为

$$r_{k,\text{out}} = \rho_{\text{OFDM}} \cdot \left|H_k\right|^2, \quad k = 0,1,\cdots,N-1 \tag{11-23}$$

其中，$\rho_{\text{OFDM}} = \dfrac{\sigma_s^2}{p\sigma_s^2 + (1-p)\sigma_n^2}$。当脉冲噪声出现概率为零时，第 k 个子信道输出的瞬时信噪比退化为 $r_{k,\text{out}} = \left(\sigma_s^2 / \sigma_n^2\right) \cdot \left|H_k\right|^2$。

11.3.3　峰值门限脉冲熄灭 OFDM 接收机输出信噪比

假设 OFDM 接收机精确知晓 OFDM 信号的峰值幅度，接收机可根据信号的峰值幅度作为脉冲熄灭的门限值[24-26]。假设脉冲熄灭器的峰值门限为T_{th}，当接收信号$\boldsymbol{r}$的幅度值超过脉冲熄灭门限T_{th}后，脉冲熄灭器输出信号被置为 0，否则保持输入信号值不变，脉冲熄灭矩阵记为$\boldsymbol{D}=\text{diag}(d_0,d_1,\cdots,d_n,\cdots,d_{N-1})$，其中第$n$个对角元素$d_n$取值为

$$d_n=\begin{cases}0, & |r_n|>T_{\text{th}}\\ 1, & |r_n|\leqslant T_{\text{th}}\end{cases},\quad n=0,1,\cdots,N-1 \tag{11-24}$$

根据式（11-24），式（11-17）可等效为

$$y_n=u_n+\hat{i}_{n,\text{Blanking}} \tag{11-25}$$

其中，$u_n=\sum_{l=0}^{L-1}h_l\cdot x_{(n-l)\bmod N}$ 代表期望信号；$\hat{i}_{n,\text{Blanking}}$ 代表脉冲熄灭器输出的等效噪声分量，$\hat{i}_{n,\text{Blanking}}$ 表示为

$$\hat{i}_{n,\text{Blanking}}=\begin{cases}-\sum_{l=0}^{L-1}h_l\cdot x_{(n-l)\bmod N}, & b_n=1,\quad d_n=0\\ n_n+g_n, & b_n=1,\quad d_n=1\\ n_n, & b_n=0\end{cases} \tag{11-26}$$

信号$\boldsymbol{y}$进一步经过 DFT 后，则频域信号矢量$\boldsymbol{Y}$的第k个分量可表示为

$$Y_k=U_k+\hat{I}_{k,\text{Blanking}} \tag{11-27}$$

其中，第k个子信道频域上的等效噪声$\hat{I}_{k,\text{Blanking}}$定义为

$$\hat{I}_{k,\text{Blanking}}=\frac{1}{\sqrt{N}}\sum_{n=0}^{N-1}\hat{i}_{n,\text{Blanking}}\text{e}^{-2\pi\text{j}\frac{kn}{N}},\quad k=0,1,\cdots,N-1 \tag{11-28}$$

其中，$U_k=X_k\cdot H_k$。根据文献[30]，第k个子信道输出等效噪声$\hat{I}_{k,\text{Blanking}}$的平均功率为

$$\text{var}\left(\hat{I}_{k,\text{Blanking}}\right)=\left(\sigma_s^2-\sigma_n^2-\sigma_g^2\right)\cdot p\cdot\exp\left(-\frac{T_{\text{th}}^2}{2\left(\sigma_s^2+\sigma_n^2+\sigma_g^2\right)}\right)+\sigma_g^2\cdot p+\sigma_n^2 \tag{11-29}$$

根据式（11-14）与式（11-28）可得第k个子信道的输出瞬时信噪比：

$$r_{k,\text{out}}=\rho_{\text{OFDM}}\cdot|H_k|^2,\quad k=0,1,\cdots,N-1 \tag{11-30}$$

其中，$\rho_{\text{OFDM}}=\dfrac{\sigma_s^2}{\left(\sigma_s^2-\sigma_n^2-\sigma_g^2\right)\cdot p\cdot\eta+\sigma_g^2\cdot p+\sigma_n^2}$，$\eta=\exp\left(-\dfrac{T_{\text{th}}^2}{2\left(\sigma_s^2+\sigma_n^2+\sigma_g^2\right)}\right)$。

在式（11-29）中，当输入信噪比$\text{SNR}\to\infty$时，输出信噪比$r_{k,\text{out}(\text{SNR}\to\infty)}$化简为

$$r_{k,\text{out}(\text{SNR}\to\infty)}=\frac{1}{p\cdot\left(1-\sigma_g^2\right)\cdot\eta'+p\cdot\sigma_g^2}\cdot|H_k|^2 \tag{11-31}$$

其中，$\eta' = \exp\left[-\dfrac{T_{\text{th}}^2}{2\left(1+\sigma_g^2\right)}\right]$。

11.3.4 任意门限脉冲熄灭 OFDM 接收机输出信噪比

假设脉冲熄灭器的限幅门限为T，则脉冲熄灭矩阵$\boldsymbol{D}$第n个分量表示为

$$d_n = \begin{cases} 0, & |r_n| > T \\ 1, & |r_n| \leqslant T \end{cases}, \quad n = 0,1,\cdots,N-1 \tag{11-32}$$

将式（11-32）代入式（11-4），则信号矢量$\boldsymbol{y}$的第n个分量可表示为

$$y_n = \begin{cases} r_n, & |r_n| < T \\ 0, & |r_n| \geqslant T \end{cases}, \quad n = 0,1,\cdots,N-1 \tag{11-33}$$

根据 Bussgang 定理[6,20,34]，式（11-33）可等效为

$$y_n = \gamma u_n + \hat{i}_{n,\text{Blanking}}, \quad n = 0,1,\cdots,N-1 \tag{11-34}$$

其中，$u_n = \sum_{l=0}^{L-1} h_l \cdot x_{(n-l)\bmod N}$ 代表期望信号分量。考虑到在一个 OFDM 符号传输时间内信道冲激响应保持恒定，所以u_n可视为复高斯随机变量的线性组合，因此u_n仍服从复高斯分布，即$u_n \sim \mathcal{CN}\left(0,\sigma_s^2\right)$；$\hat{i}_{n,\text{Blanking}} = y_n - \gamma u_n$代表熄灭脉冲噪声后的等效噪声分量，其满足$E\left[\hat{i}_{n,\text{Blanking}} u_n^*\right] = 0$；因此衰落系数$\gamma$可表示为

$$\gamma = \frac{E[y_n u_n^*]}{E\left[|u_n|^2\right]} = E[y_n u_n^*] \tag{11-35}$$

信号$\boldsymbol{y}$进一步经过 DFT 后，则频域信号矢量$\boldsymbol{Y}$的第k个分量可表示为

$$Y_k = \gamma U_k + \hat{I}_{k,\text{Blanking}} \tag{11-36}$$

其中，$U_k = X_k \cdot H_k$；$\hat{I}_{k,\text{Blanking}}$表示频域等效噪声分量，具体形式为

$$\hat{I}_{k,\text{Blanking}} = \frac{1}{\sqrt{N}} \sum_{n=0}^{N-1} \hat{i}_{n,\text{Blanking}} \mathrm{e}^{-2\pi \mathrm{j}\frac{kn}{N}}, \quad k = 0,\cdots,N-1 \tag{11-37}$$

由于 DFT 为酉变换，所以$\tilde{I}_{k,\text{Blanking}}$的平均功率为

$$\begin{aligned} \operatorname{var}\left(\hat{I}_{k,\text{Blanking}}\right) &= \operatorname{var}\left(\hat{i}_{k,\text{Blanking}}\right) \\ &= E\left[\left|y_n - \gamma u_n\right|^2\right] \end{aligned} \tag{11-38}$$

根据式（11-14）与式（11-38），第k个子信道输出信噪比$r_{k,\text{out}}$可表示为

$$\begin{aligned} r_{k,\text{out}} &= \frac{\gamma^2 E\left[|U_k|^2\right]}{E\left[\left|y_n - \gamma u_n\right|^2\right]} \\ &= \rho_{\text{OFDM}} \cdot |H_k|^2 \end{aligned} \tag{11-39}$$

其中，$\rho_{\text{OFDM}} = \left(\dfrac{E\left[\left|y_n\right|^2\right]}{\gamma^2} - 1 \right)^{-1}$。$\gamma$、$E\left[\left|y_n\right|^2\right]$具体表达式如下[6,20,34]：

$$\gamma = 1 - \sum_{i \in \{I, \bar{I}\}} \left\{ \left(1 + \frac{T^2}{\sigma_i^2}\right) \cdot \mathrm{e}^{-\frac{T^2}{\sigma_i^2}} \right\} \cdot P(i) \tag{11-40}$$

$$E\left[\left|y_n\right|^2\right] = \sum_{i \in \{I, \bar{I}\}} \left\{ \sigma_i^2 - (\sigma_i^2 + T^2) \cdot \mathrm{e}^{-\frac{T^2}{\sigma_i^2}} \right\} \cdot P(i) \tag{11-41}$$

其中，存在脉冲噪声用事件I表示，即$r_k = u_k + n_k + g_k$，其方差$\sigma_I^2 = \sigma_s^2 + \sigma_n^2 + \sigma_g^2$；不存在脉冲噪声用事件$\bar{I}$表示，即$r_k = u_k + n_k$，其方差$\sigma_{\bar{I}}^2 = \sigma_s^2 + \sigma_n^2$；时间$I$发生的概率$P(I) = p$；事件$\bar{I}$发生的概率$P(\bar{I}) = 1 - p$。根据式（11-40），当输入限幅门限$T \to \infty$时，输出信噪比$r_{k,\text{out}(T\to\infty)}$可表示为

$$r_{k,\text{out}(T\to\infty)} = \frac{1}{\sigma_n^2 + p\sigma_g^2} \left|H_k\right|^2 \tag{11-42}$$

11.4　脉冲熄灭 OFDM 系统的信道容量

根据式（11-15）、式（11-23）、式（11-31）和式（11-39）得到了脉冲熄灭 OFDM 接收机解调器输出的瞬时信噪比，则脉冲熄灭 OFDM 系统的瞬时信道容量可统一表示为[35]

$$C = \frac{1}{N} \sum_{k=0}^{N-1} \log_2(1 + r_{k,\text{out}}) \tag{11-43}$$

其中，$r_{k,\text{out}}$代表脉冲熄灭 OFDM 接收机第k个子信道解调器输出的瞬时信噪比。在频率选择性瑞利及莱斯衰落信道环境下，依据式（11-43）难以直接给出 OFDM 系统的遍历容量与信道容量的中断概率。本节通过 FM-EM 算法来估计得到信道容量C的瞬时概率密度函数$f_C(c)$，然后计算给出 OFDM 系统信道的遍历容量与信道容量的中断概率。依据 FM-EM 算法[36-38]，瞬时信道容量C的概率密度函数可表示为

$$f_C(c) = \sum_{k=1}^{g} \pi_k \left(\frac{1}{2\pi\sigma_k^2} \right)^{1/2} \exp\left[-\frac{(c - \mu_k)^2}{2\sigma_k^2} \right] \tag{11-44}$$

其中，g代表构成 FM 模型混合项的数目；参数μ_k, σ_k^2分别代表 FM 模型中第k项的均值与方差；$\pi_k > 0$，代表第k个混合项的加权系数，且$\sum_{k=1}^{g} \pi_k = 1$。

式（11-44）给出的瞬时概率密度函数表达式中的$3g-1$个参数可利用 EM 算法估计得到。基于 EM 算法获取 FM 模型$3g-1$个参数的方法请参考本章附录 B 的推导。利用式（11-44）求得的瞬时信道容量C的概率密度函数，便可计算得到脉冲熄灭 OFDM 系统的遍历容量：

$$
\begin{aligned}
E(C) &= \int_0^{\infty} c \cdot f_C(c)\mathrm{d}c \\
&= \sum_{k=1}^{g}\int_0^{\infty} c\frac{\pi_k}{\sqrt{2\pi}\sigma_k}\exp\left[-\frac{(c-\mu_k)^2}{2\sigma_k^2}\right]\cdot \mathrm{d}c \\
&= \sum_{k=1}^{g}\pi_k\left\{\left(\frac{\sigma_k^2}{2\pi}\right)^{1/2}\exp\left(-\frac{\mu_k^2}{2\sigma_k^2}\right)+\mu_k\left[1-Q\left(\frac{\mu_k}{\sigma_k}\right)\right]\right\}
\end{aligned} \tag{11-45}
$$

其中，$Q(x)$ 代表高斯 Q 函数 $Q(x)=\int_x^{\infty}\frac{1}{\sqrt{2\pi}}\exp\left(-\frac{u^2}{2}\right)\mathrm{d}u$ 。

同样，利用式（11-44）求得的瞬时信道容量 C 的概率密度函数，也可进一步计算得到脉冲熄灭 OFDM 系统信道容量的中断概率：

$$
\begin{aligned}
P_{\text{out}}(C_{\text{th}}) &= \Pr[C \leqslant C_{\text{th}}] \\
&= \int_0^{C_{\text{th}}} f_C(c)\cdot \mathrm{d}c \\
&= \sum_{k=1}^{g}\pi_k\left[1-Q\left(\frac{C_{\text{th}}-\mu_k}{\sigma_k}\right)-Q\left(\frac{\mu_k}{\sigma_k}\right)\right]
\end{aligned} \tag{11-46}
$$

11.5　仿真结果

11.5.1　仿真参数设置

为验证本章给出的脉冲熄灭 OFDM 系统遍历容量与信道容量中断概率计算方法的正确性，设计给出脉冲熄灭 OFDM 系统仿真环境。仿真系统主要参数如下：OFDM 系统子载波总数 512，循环前缀长度 16，调制方式为 QPSK 或 16QAM，信道模型为 9 径频率选择性瑞利与莱斯衰落信道，噪声模型为伯努利-高斯脉冲噪声模型，信干比为−10dB 。OFDM 接收机采用四种脉冲熄灭方法：常规 OFDM 接收机、理想脉冲熄灭、峰值门限脉冲熄灭、最佳门限脉冲熄灭，接收机采用理想信道估计和线性迫零均衡器。在估计瞬时信道容量概率密度函数时，FM 混合模型中混合项的个数为 6，中断门限 C_{th} 设置为 5dB。

在计算系统遍历容量与中断概率时，首先根据接收机输入信噪比及脉冲出现概率 p 利用式（11-15）、式（11-23）、式（11-31）和式（11-39）计算得到 OFDM 接收机解调器输出平均信噪比 $r_{k,\text{out}}$ ，再将 $r_{k,\text{out}}$ 代入式（11-44）得到 OFDM 系统瞬时信道容量并对其采样，然后根据得到的采样值利用 FM-EM 算法估计该系统信道容量的概率密度函数，最后通过估计得到的概率密度函数利用式（11-45）和式（11-46）即可得到脉冲熄灭 OFDM 系统的遍历容量与信道容量的中断概率。

11.5.2　频率选择性瑞利衰落信道的遍历容量与中断概率

图 11-3 所示为脉冲熄灭 OFDM 系统瞬时信道容量的概率密度（理想脉冲熄灭法，SNR=30dB），图 11-3 中虚线是基于 FM-EM 方法获得的瞬时信道容量的概率密度函数曲

线，实线是利用直方图估计方法得到的瞬时信道容量的概率密度函数。两条曲线比较表明：两种方法获得的瞬时信道容量概率密度函数完全一致。

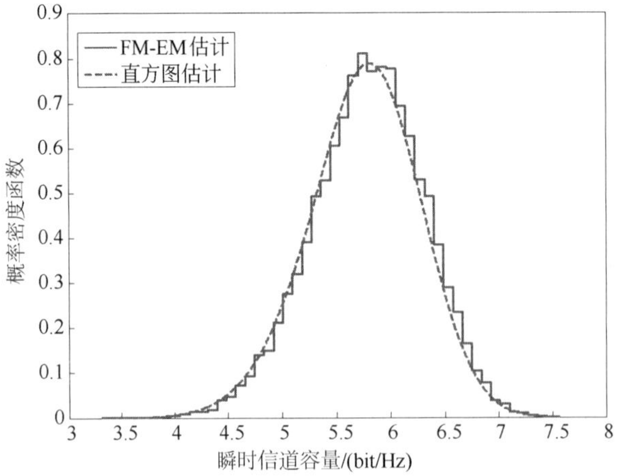

图 11-3　脉冲熄灭 OFDM 系统瞬时信道容量的概率密度

（理想脉冲熄灭法，SNR=30dB）

表 11-1 进一步给出了利用 EM 算法估计得到的 FM 模型中混合系数 π_k、均值 μ_k 及方差 σ_k^2 的值。

表 11-1　利用 EM 算法估计得到 FM 模型的参数值

（理想门限脉冲熄灭，SNR=30dB）

k	π_k	μ_k	δ_k^2
1	0.3762	4.9133	0.0995
2	0.2617	4.8302	0.0780
3	0.0011	4.6509	0.0489
4	0.3262	4.8619	0.0856
5	0.0001	4.6222	0.0459
6	0.0347	4.7260	0.0584

图 11-4 所示为脉冲熄灭 OFDM 系统遍历容量与输入信噪比的关系曲线（频率选择性瑞利衰落信道，理想脉冲熄灭法）。图 11-4 包含两类曲线，其中，标示为“MO”的曲线代表由蒙特卡罗仿真方法获得的遍历容量曲线，标示为“FM”的曲线表示由 FM-EM 方法获得的遍历容量曲线。

曲线比较表明：①基于 FM-EM 方法计算得到的遍历信道容量与蒙特卡罗仿真方法得到的信道容量完全一致，验证所提出方法的正确性；②随着脉冲噪声出现概率的增加，理想脉冲熄灭的 OFDM 系统的遍历容量趋于减小，导致信道容量降低的原因是脉冲熄灭造成有用信号能量的损失；③当脉冲噪声出现的概率为 0，理想脉冲熄灭 OFDM 接收机退化为常规的 OFDM 系统。

图 11-5 所示为脉冲熄灭 OFDM 系统遍历容量与输入信噪比的关系曲线（频率选择性瑞利衰落信道，峰值脉冲熄灭法，调制方式 QPSK 与 16QAM，脉冲噪声出现概率分别为10^{-4}、

10^{-3}、10^{-2})。图 11-5 包含两类曲线，其中，标示为“MO”的曲线代表由蒙特卡罗仿真方法获得的遍历容量曲线，标示为“FM”的曲线表示由 FM-EM 方法获得的遍历容量曲线。

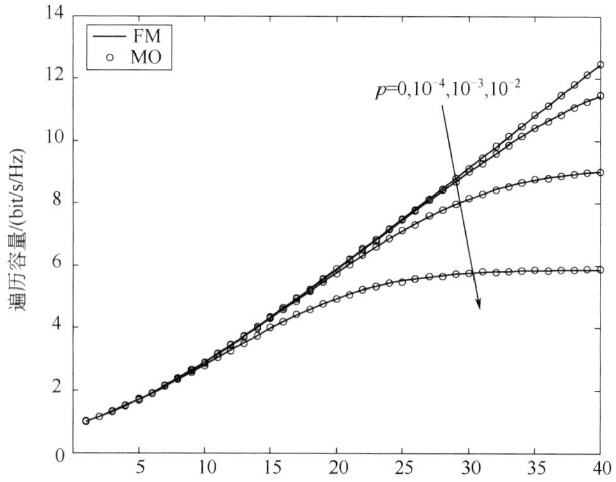

图 11-4　脉冲熄灭 OFDM 系统遍历容量与输入信噪比的关系曲线
（频率选择性瑞利衰落信道，理想脉冲熄灭法）

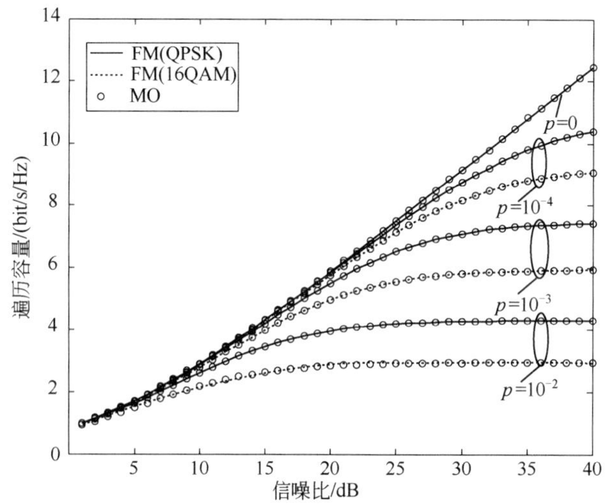

图 11-5　脉冲熄灭 OFDM 系统遍历容量与输入信噪比的关系曲线
（频率选择性瑞利衰落信道，峰值脉冲熄灭法，调制方式 QPSK 与 16QAM）

曲线比较表明：①基于 FM-EM 方法计算得到的遍历信道容量与蒙特卡罗仿真方法得到的容量完全一致，验证提出的峰值脉冲熄灭 OFDM 系统信道容量计算方法的正确性；②随着脉冲噪声出现概率的增加，峰值脉冲熄灭 OFDM 系统的信道容量趋于降低，导致以上现象的原因：随着脉冲噪声出现概率增加，被熄灭样点数增加，导致被熄灭有用信号样点增加，最终导致信道容量的损失；③高峰均比信号的遍历容量低于低峰均比信号，产生以上现象的原因是，信号峰均比越高，脉冲熄灭门限设置越高，导致脉冲熄灭后残留噪声信号功率的增加，最终造成信道容量的损失。

图 11-6 所示为脉冲熄灭 OFDM 系统信道遍历容量与限幅门限的关系曲线（频率选

择性瑞利衰落信道，任意限幅门限）。图 11-6 包含两类曲线，其中，标示为“MO”的曲线代表由蒙特卡罗仿真方法获得的遍历容量曲线，标示为“FM”的曲线表示由 FM-EM 方法获得的遍历容量曲线。

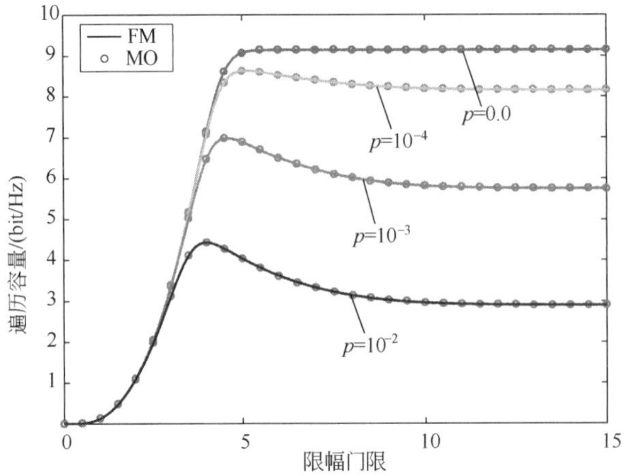

图 11-6　脉冲熄灭 OFDM 系统信道遍历容量与限幅门限的关系曲线
（频率选择性瑞利衰落信道，任意限幅门限）

曲线比较表明：①基于 FM-EM 方法理论计算得到的遍历信道容量与仿真方法获得的容量完全一致，验证所提出的脉冲熄灭 OFDM 系统遍历容量计算方法的正确性；②随着脉冲噪声出现概率的增加，任意门限脉冲熄灭 OFDM 系统的遍历容量趋于降低；③脉冲熄灭 OFDM 接收机一定存在最佳脉冲熄灭门限值，使得脉冲熄灭 OFDM 系统信道容量最大化。

图 11-7 所示为脉冲熄灭 OFDM 系统信道容量的中断概率与限幅门限的关系曲线(频率选择性瑞利衰落信道，任意限幅门限）。图 11-7 包含两类曲线，其中，标示为“MO”的曲线代表由蒙特卡罗仿真方法获得的中断概率曲线，标示为“FM”的曲线表示由 FM-EM 方法获得的中断概率曲线。

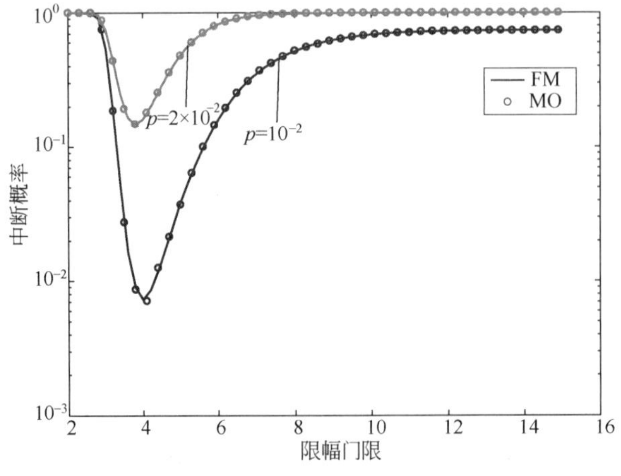

图 11-7　脉冲熄灭 OFDM 系统信道容量的中断概率与限幅门限的关系曲线
（频率选择性瑞利衰落信道，任意限幅门限）

曲线比较表明：①基于 FM-EM 方法理论计算得到的中断概率与计算机仿真结果完全一致，验证本章提出的脉冲熄灭 OFDM 系统中断概率计算方法的正确性；②随着脉冲噪声出现概率的增加，脉冲熄灭 OFDM 系统的中断概率趋于降低；③在信道噪声特性给定情况下，脉冲熄灭 OFDM 接收机一定存在最佳脉冲熄灭门限值，使得脉冲熄灭 OFDM 系统信道容量的中断概率最小。

图 11-8 与图 11-9 所示分别为脉冲熄灭 OFDM 系统遍历容量及中断概率与输入信噪比的关系曲线（频率选择性瑞利衰落信道，脉冲噪声出现概率为 $p=10^{-2}$ ）。曲线比较表明：理想脉冲熄灭方案具有最大的遍历容量与最小的中断概率，其次是最佳门限脉冲熄灭方法，最差的是峰值脉冲熄灭方法，该方法导致遍历容量损失最大。

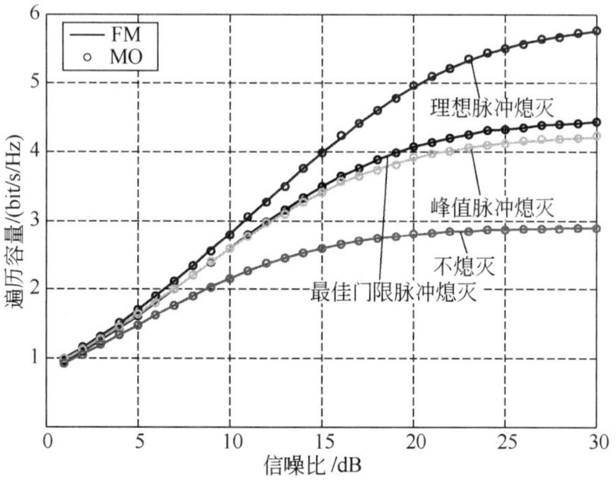

图 11-8　脉冲熄灭 OFDM 系统信道遍历容量与输入信噪比的关系曲线
（频率选择性瑞利衰落信道，调制方式 QPSK，$p=10^{-2}$ ）

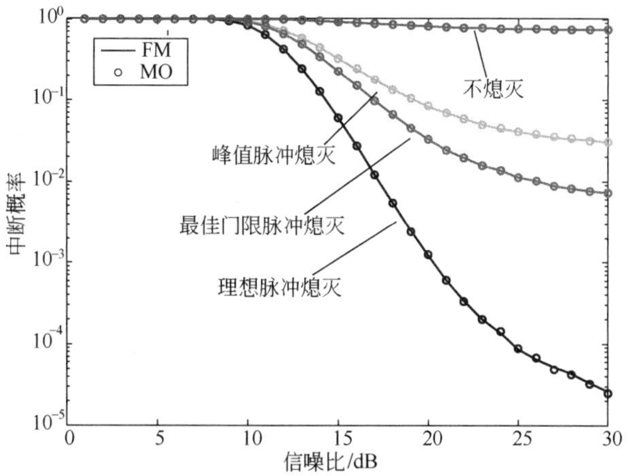

图 11-9　脉冲熄灭 OFDM 系统信道容量的中断概率与输入信噪比的关系曲线
（频率选择性瑞利衰落信道，调制方式 QPSK，$p=10^{-2}$ ）

11.5.3　频率选择性莱斯衰落信道的遍历容量与中断容量

图 11-10 与图 11-11 所示分别为频率选择性莱斯衰落信道脉冲熄灭 OFDM 系统遍历

信道容量及中断概率与信噪比的关系曲线，仿真参数如下：频率选择性莱斯衰落信道，莱斯因子为 10dB，中断门限取值为 6.5dB，脉冲噪声出现概率为 $p=10^{-2}$ 。

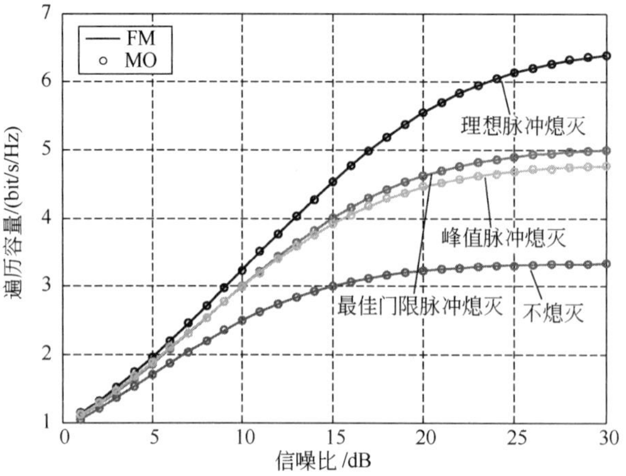

图 11-10　脉冲熄灭 OFDM 系统信道遍历容量与信噪比的关系曲线
（频率选择性莱斯衰落信道，调制方式 QPSK， $p=10^{-2}$ ， $K_{\text{Rice}}=10\text{dB}$ ）

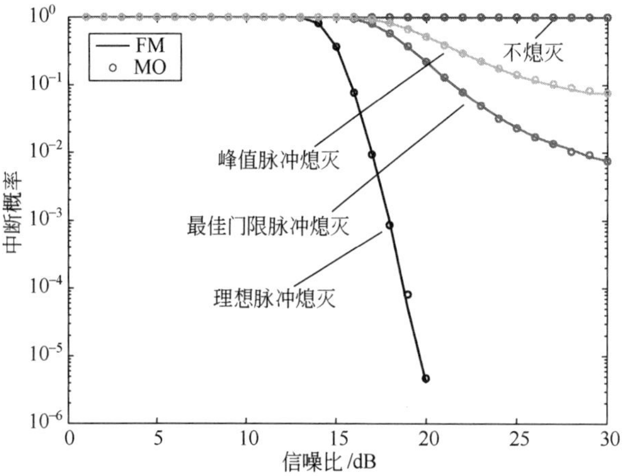

图 11-11　脉冲熄灭 OFDM 系统信道容量的中断概率与信噪比的关系曲线
（频率选择性莱斯衰落信道，调制方式为 QPSK， $p=10^{-2}$ ， $K_{\text{Rice}}=10\text{dB}$ ）

曲线比较表明：①基于 FM-EM 方法理论计算得到的中断概率曲线与计算机仿真结果完全一致，验证本章提出的脉冲熄灭 OFDM 系统信道容量计算方法的正确性；②理想脉冲熄灭法具有最大的遍历容量与最小的中断概率，其次是最佳脉冲熄灭方法，最差的是峰值脉冲熄灭方法。

11.6　本章小结

为定量给出非线性脉冲熄灭对 OFDM 系统信道容量的影响，基于 FM-EM 算法给出了频率选择性衰落信道 OFDM 系统瞬时信道容量的概率密度函数，并以此为基础分析给出了脉冲熄灭 OFDM 系统的遍历信道容量及信道容量的中断概率计算公式，最后通过计算机仿真验证理论分析结果的正确性。

本章研究结论如下：①对采用非线性脉冲熄灭的 OFDM 系统，脉冲熄灭法将导致信道容量的损失，且脉冲噪声出现概率越高，信道容量损失越大；②从遍历容量最大化及信道容量中断概率最小化角度，脉冲熄灭 OFDM 接收机一定存在最佳脉冲熄灭门限使得信道容量损失最小；③从信道容量损失最小的角度，最优的脉冲抑制法是理想脉冲熄灭法，其次是最佳脉冲熄灭法，最差是峰值脉冲熄灭法。

参 考 文 献

[1] LI Y, STUBER G. Orthogonal frequency division multiplexing for wireless communications[M]. New York: Springer Science & Business Media, 2006.

[2] BLACKARD K L, RAPPAPORT T S, BOSTIAN C W. Measurements and models of radio frequency impulsive noise for indoor wireless communications[J]. IEEE journal on selected areas in communications, 1993, 11(7):991-1001.

[3] SANCHEZ M G, HARO L D, RAMON M C, et al. Impulsive noise measurements and characterization in a UHF digital TV channel[J]. IEEE transactions on electromagnetic compatibility, 1999, 41(2):124-136.

[4] ZIMMERMANN M, DOSTERT K. Analysis and modeling of impulsive noise in broad-band power line communications[J]. IEEE transactions electromagnetic compatibility, 2002, 44(1):249-258.

[5] MA Y H, SO P L, GUNAWAN E. Performance analysis of OFDM systems for broadband power line communications under impulsive noise and multipath effects[J]. IEEE transactions on power delivery, 2005, 20(2):674-682.

[6] ZHIDKOV S V. Performance analysis and optimization of OFDM receiver with blanking nonlinearity in impulsive noise environment [J]. IEEE transactions on vehicular technology, 2006, 55(1): 234-242.

[7] EPPLE U, BRANDES S, GLIGOREVIC S, et al. Receiver optimization for L-DACS1[C]// IEEE /AIAA 28th Digital Avionics Systems Conference, Piscataway, NJ: IEEE Press, 2009: 4.B.1-1-4.B.1-12.

[8] CAIRE G, AL-NAFFOURI T Y, NARAYANAN A K. Impulse noise cancellation in OFDM: an application of compressed sensing[C]// IEEE International Symposium on Information Theory, Piscataway, NJ:IEEE Press, 2008:1293-1297.

[9] LIN J, NASSAR M, EVANS B L. Impulsive noise mitigation in powerline communications using sparse bayesian learning [J]. IEEE journal on selected areas in communications, 2013, 31(7) :1172-1183.

[10] BANELLI P, RUGINI L. Impulsive noise mitigation for wireless OFDM [C]// 2015 IEEE 16th International Workshop on Signal Processing Advances in Wireless Communications, 2015:346-350.

[11] 刘海涛, 张智美, 成玮, 等. 联合压缩感知与干扰白化的脉冲干扰抑制方法[J]. 北京航空航天大学学报, 2015, 41(8): 1367-1373.

[12] 李冬霞, 高贝贝, 刘海涛. 联合小波变换与残留干扰白化的测距仪脉冲干扰抑制方法[J]. 信号处理, 2015, 31(6): 710-719.

[13] 曾孝平, 贺渊, 简鑫, 等. 基于高阶统计量的 L-DACS1 系统自适应干扰消除技术研究[J]. 电子学报, 2016, 44(10): 2377-2383.

[14] HARA S, HANE S, HARA Y. Simple-steering OFDM adaptive array antenna for doppler-shifted signal suppression [J]. IEEE transactions on vehicular technology, 2005, 54(1): 91-99.

[15] BUDSABATHON M, HARA Y, HARA S. Optimum beamforming for pre-FFT OFDM adaptive antenna array [J]. IEEE

transactions on vehicular technology, 2004, 53(4):945-955.

[16] 刘海涛, 刘亚洲, 成玮, 等. 联合正交投影与盲波束形成的干扰抑制方法[J]. 系统工程与电子技术, 2015, 37(8): 1880-1886.

[17] 刘海涛, 刘亚洲, 张学军. 联合 DOA 估计与主波束形成的干扰抑制方法[J]. 哈尔滨工业大学学报, 2016,48(11): 103-108.

[18] 刘海涛, 刘亚洲, 张学军. 联合正交投影与 CLEAN 的测距仪脉冲干扰抑制方法[J]. 信号处理, 2015, 31(5):536-543.

[19] HAFFENDEN O P, NOKES C, MITCHELL J D. Detection and removal of clipping in multicarrier receiver: EP1043874[P]. 2000-10-11.

[20] ZHIDKOV S V. Analysis and comparison of several simple impulsive noise mitigation schemes for OFDM receivers[J]. IEEE transactions on communications. 2008,56(1):5-9.

[21] HYUNGKOOK O, HAEWOON N, SEUNGKEUN P. Adaptive threshold blanker in an impulsive noise environment [J]. IEEE transactions on electromagnetic compatibility, 2014, 56(5):1045-1052.

[22] EPPLE U, SCHNELL M. Adaptive threshold optimization for a blanking nonlinearity in OFDM receivers[C]// IEEE Global Communications Conference, Piscataway, NJ:IEEE Press，2012:3661-3666.

[23] ALSUSA E, RABIE K M. Dynamic peak-based threshold estimation method for mitigating impulsive noise in power-line communication systems [J]. IEEE transactions on power delivery, 2013, 28(4):2201-2208.

[24] RABIE K M, ALSUSA E. Quantized peak-based impulsive noise blanking in power-line communications [J]. IEEE transactions on power delivery, 2014, 29(4):1630-1638.

[25] RABIE K M, ALSUSA E. Preprocessing-based impulsive noise reduction for power-line communications [J]. IEEE transactions on power delivery, 2014, 29(4):1648-1658.

[26] RABIE K M, ALSUSA E. Threshold and scaling factor optimization for enhancing impulsive noise cancellation in PLC systems [C]// Global Communications Conference, Piscataway, NJ: IEEE Press, 2014:2977-2982.

[27] GHOSH M. Analysis of the effect of impulse noise on multicarrier and single carrier QAM systems[J]. IEEE transactions on communications, 1996, 44(2):145-147.

[28] 刘海涛, 尹志胜, 张学军. 频率选择性瑞利衰落信道脉冲熄灭 OFDM 接收机差错性能分析[J]. 北京邮电大学学报, 2015, 38(4):28-32.

[29] LIU H T, YIN Z S, JIA M, et al. SER analysis of the MRC-OFDM receiver with pulse blanking over frequency selective fading channel[J]. Journal on wireless communications and networking,2016,1:135.

[30] LIU H T, CONG W, WANG L, et al. Symbol error rate performance of nonlinear OFDM receiver with peak value threshold over frequency selective fading channel[J]. International journal of electronics and communications, 2017, 74:163-170.

[31] FISCHER R F H. Capacity of clipped 4-QAM-OFDM[C]// International ITG Conference on Source and Channel Coding, Piscataway, NJ:IEEE Computer Society, 2010:1-6.

[32] PENG F, RYAN W E. On the Capacity of Clipped OFDM Channels[C]// International Symposium on Information Theory, Piscataway, NJ: IEEE, 2006: 1866-1870.

[33] OCHIAI H, IMAI H. Channel capacity of clipped OFDM systems[C]// International Symposium on Information Theory, Sorrento, Italy: IEEE Press, 2000:219.

[34] JUWONO F H, GUO Q, CHEN Y, et al. Linear combining of nonlinear preprocessors for OFDM-based power-line communications[J]. IEEE transactions on smart grid, 2016, 7(1):253-260.

[35] CLARK A, SMITH P J, TAYLOR D P. Instantaneous capacity of OFDM on Rayleigh-Fading channels[J]. IEEE transactions on information theory, 2007, 53(1):355-361.

[36] MARTINEZ W L, MARTINEZ A R. Computational Statistics Handbook with MATLAB[M]. Boca Raton, Florida: Chapman and Hall/CRC Press, 2002.

[37] ABUALHAOL I Y, MATALGAH M M. Capacity analysis of MIMO system over identically independent distributed weibull fading channels[C]// IEEE International Conference on Communications, 2007:5003-5008.

[38] MCLACHLAN G, PEEL D. Finite Mixture Models[M]. New York: John Wiley&Sons, 2004.

附　　录

附录 A　式（11-22）的推导

考虑到在一个 OFDM 符号传输时间内信道的冲激响应应保持恒定，$\{h_l, l=0,\cdots,L-1\}$ 可被视为恒定未知的参量，此时参量 u_n 可视为复高斯随机变量的线性组合，因此该参量仍服从高斯分布，即 $u_n \sim \mathcal{CN}\left(0,\sigma_s^2\right)$。根据以上假设，等效噪声 $\tilde{i}_{n,\text{Blanking}}$ 的方差最终化简为

$$\begin{aligned}\operatorname{var}\left(\tilde{i}_{n,\text{Blanking}}\right) &= E\left[\left|\tilde{i}_{n,\text{Blanking}}\right|^2\right] \\ &= E\left[\left|u_n\right|^2\right]\cdot P(b_n=1) + E\left[\left|n_n\right|^2\right]\cdot P(b_n=0) \\ &= p\cdot\sigma_s^2 + (1-p)\cdot\sigma_n^2\end{aligned} \tag{A-1}$$

附录 B　FM-EM 算法

假设在 FM 模型中，被估计的概率密度函数 $f_X(x)$ 由 g 个高斯分布的概率密度函数加权求和组成。因此对于单变量的 FM 模型，随机变量 X 的概率密度函数可表示为[36,38]

$$f_X(x|\boldsymbol{\Theta}) = \sum_{k=1}^{g} \pi_k \varPhi_k(x;\boldsymbol{\theta}_k) \tag{B-1}$$

其中，π_k 表示第 k 个分量的加权系数且满足 $\sum_{k=1}^{g}\pi_k = 1(\pi_k > 0)$；符号 $\boldsymbol{\Theta}$ 代表参数 $(\pi_1,\pi_2,\cdots,\ \pi_k;\boldsymbol{\theta}_1,\boldsymbol{\theta}_2,\cdots,\boldsymbol{\theta}_k)$ 的集合；$\varPhi_k(x;\boldsymbol{\theta}_k)$ 代表 FM 模型中第 k 个分量的概率密度函数，其参数为 $\boldsymbol{\theta}_k = \left[\sigma_k^2, \mu_k\right]$，$\varPhi_k(x;\boldsymbol{\theta}_k)$ 具体表示为

$$\varPhi_k(x;\boldsymbol{\theta}_k) = \left(\frac{1}{2\pi\sigma_k^2}\right)^{1/2} \exp\left(-\frac{(x-\mu_k)^2}{2\sigma_k^2}\right) \tag{B-2}$$

对于上述 FM 模型中混合项的参数估计问题可利用经典 EM 算法解决。本章参考文献[38] 详细给出了计算步骤。利用 EM 算法估计 FM 模型中混合项的参数，首先要确定：①混合项的个数 g；②被估计参数的初始值 $\boldsymbol{\Theta}_0$；③EM 算法迭代运算的终止条件 ε。其次，利用 EM 算法的迭代公式不断更新参数 $\boldsymbol{\Theta}$，直到满足 EM 算法的终止条件。

下面将给出上述参数的具体迭代公式：加权系数 π_k 的迭代计算公式为

$$\pi_k^{(t+1)} = \frac{\sum_{i=1}^{n} \tau_{i,k}^{(t)}}{n} \tag{B-3}$$

其中，n 为样本点的总个数；$\tau_{i,k}^{(t)}$ 表示第 t 次更新参数集时第 i 个样本点 x_i 属于第 k 个混合项的后验概率，具体表示为

$$\tau_{i,k}^{(t)} = \frac{\hat{\pi}_k^{(t)} \Phi_k\left(x_i \middle| \boldsymbol{\theta}_k^{(t)}\right)}{\sum_{k=1}^{g} \hat{\pi}_k^{(t)} \Phi_k\left(x_i \middle| \boldsymbol{\theta}_k^{(t)}\right)}, \quad k = 1,2,\cdots; g, i = 1,2,\cdots,n \tag{B-4}$$

均值 μ_k 的迭代公式为

$$\mu_k^{(t+1)} = \frac{\sum_{i=1}^{n} \tau_{i,k}^{(t)} x_i}{\sum_{i=1}^{n} \tau_{i,k}^{(t)}} \tag{B-5}$$

方差 σ_k^2 的迭代公式为

$$\sigma_k^{2(t+1)} = \frac{\sum_{i=1}^{n} \tau_{i,k}^{(t)} \left(x_i - \mu_k^{(t)}\right)^2}{\sum_{i=1}^{n} \tau_{i,k}^{(t)}} \tag{B-6}$$

对应用 EM 算法进行 FM 模型估计的计算步骤总结如下：

1）确定 FM 模型中混合项的项数 g；

2）对参数集 $\boldsymbol{\Theta} = \left\{\pi_k, \mu_k, \sigma_k^2; k = 1,2,\cdots,N\right\}$ 进行初始化；

3）利用式（B-4）计算每一个观测数据 x_i 所对应的后验概率；

4）利用式（B-3）、式（B-5）、式（B-6）更新参数集 $\boldsymbol{\Theta}$；

5）重复 3）与 4)，直到 EM 算法收敛。